社 政 文 典

本书受国家社会科学基金青年项目"乡村空间变迁中的数字化治理转型研究"
(编号:22CSH015)资助

空间治理

村落空间变迁类型及治理优化

丁 波◎著

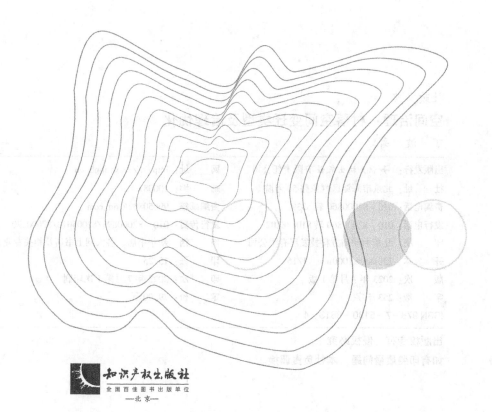

知识产权出版社
全国百佳图书出版单位
—北京—

图书在版编目（CIP）数据

空间治理：村落空间变迁类型及治理优化/丁波著. —北京：知识产权出版社，2023.7
ISBN 978－7－5130－8613－4

Ⅰ.①空…　Ⅱ.①丁…　Ⅲ.①农村—空间规划—研究—中国　Ⅳ.①TU984.11

中国国家版本馆 CIP 数据核字（2023）第 002394 号

责任编辑：江宜玲	**责任校对**：潘凤越
封面设计：杨杨工作室·张冀	**责任印制**：孙婷婷

社政文典

空间治理：村落空间变迁类型及治理优化

丁　波　著

出版发行：知识产权出版社 有限责任公司	**网　　址**：http：//www.ipph.cn
社　　址：北京市海淀区气象路 50 号院	**邮　　编**：100081
责编电话：010－82000860 转 8339	**责编邮箱**：99650802@qq.com
发行电话：010－82000860 转 8101/8102	**发行传真**：010－82000893/82005070/82000270
印　　刷：北京中献拓方科技发展有限公司	**经　　销**：新华书店、各大网上书店及相关专业书店
开　　本：720mm×1000mm　1/16	**印　　张**：15.25
版　　次：2023 年 7 月第 1 版	**印　　次**：2023 年 7 月第 1 次印刷
字　　数：253 千字	**定　　价**：79.00 元

ISBN 978－7－5130－8613－4

目　录

第一章

导　论

第一节　问题的提出

中国共产党十八届三中全会提出"国家治理体系和治理能力现代化"的全面深化改革总目标。基层治理现代化是国家治理体系和治理能力现代化的重要组成部分。俞可平指出，"治理"是"在一个既定的范围内运用权威维持秩序，满足公众的需要。治理的目的是在各种不同的制度关系中运用权力去引导、控制和规范公民的各种活动，以最大限度地增进公共利益"❶。党的十九大报告指出，新时代我国社会主要矛盾已经转化为人民日益增长的美好生活需要和不平衡不充分的发展之间的矛盾。我国发展最大的不平衡是城乡发展不平衡，最大的不充分是农村发展不充分。❷ 面对新形势和新问题，党的十九大报告提出实施"乡村振兴战略"。习近平总书记在党的十九大报告中提出："要坚持农业农村优先发展，按照产业兴旺、生态宜居、乡风文明、治理有效、生活富裕的总要求，建立健全城乡融合发展体制机制和政策体系，加快推进农业农村现代化。"❸ 中国共产党十九届五中全会指出"全面实施乡村振兴战略，

---

❶ 俞可平. 治理与善治 [M]. 北京：社会科学文献出版社，2000：5.

❷ 习近平. 决胜全面建成小康社会 夺取新时代中国特色社会主义伟大胜利：在中国共产党第十九次全国代表大会上的报告 [M]. 北京：人民出版社，2017.

❸ 习近平. 决胜全面建成小康社会 夺取新时代中国特色社会主义伟大胜利：在中国共产党第十九次全国代表大会上的报告 [M]. 北京：人民出版社，2017：40.

强化以工补农、以城带乡，推动形成工农互促、城乡互补、协调发展、共同繁荣的新型工农城乡关系，加快农业农村现代化”。乡村振兴战略总要求中的农业农村现代化，不仅是农业产业现代化和农民生活现代化，更是基层治理体系和治理能力的现代化。因此，乡村振兴着重解决的是城乡发展不平衡问题❶，增强农村内生发展动力，营造“人人有责、人人尽责、人人享有的社会治理共同体”，缩小城乡差距，促进城乡融合发展，进一步推进基层治理体系和治理能力现代化。

转型期，中国社会由“乡土中国”转向“城乡中国”，社会结构要素和运行机制快速变迁。在传统社会结构中，农村是一个极具稳定性的社会结构，其关键之处在于土地。由于农民的生产和生活依靠土地，土地是农业生产的对象，它将农民稳固在农村，并以其物理空间形态展示着传统熟人社会的空间秩序。❷ 传统乡村社会的家族组织具有排他性特征，农村生活自给自足，这导致村庄之间的空间边界清晰。❸ 我国城镇化的快速推进，使得村庄数量急剧减少和村庄社会结构发生变迁。有些村庄走向了终结，在“撤村并居”“村改居”等过程中，这些村庄的基层自治组织由“村民委员会”转为“社区居民委员会”，村落空间转为城市空间，传统农村生产、生活方式逐渐终结。❹ 同时，越来越多的自然村在居住空间上实现了重构，推动村庄空间的集中居住。❺ 随着城乡一体化发展和农村流动性加剧，传统时期封闭、静止、同质的乡村社会结构逐步变迁为开放、流动、异质的现代农村社会结构。

当前，学界对于农村社会变迁主要有两种观点。（1）农村终结论，认为农村最终将会在城镇化进程中被终结❻，农村运营资源缺失和具有“乡土

---

❶ 贺雪峰. 关于实施乡村振兴战略的几个问题 [J]. 南京农业大学学报（社会科学版），2018（3）：19－26.

❷ 杜鹏. 熟人社会的空间秩序 [J]. 华南农业大学学报（社会科学版），2020（5）：115－129.

❸ 项继权. 集体经济背景下的乡村治理：南街、向高和方家泉村村治实证研究 [M]. 武汉：华中师范大学出版社，2002.

❹ 黄成亮. 村改居社区公共性治理机制重构研究：基于四川省某市H社区的个案分析 [J]. 云南大学学报（社会科学版），2020（5）：127－134.

❺ 李飞，钟涨宝. 农民集中居住背景下村落熟人社会的转型研究 [J]. 中州学刊，2013（5）：74－78.

❻ 李培林. 村落的终结：羊城村的故事 [M]. 北京：商务印书馆，2010：10.

性"的共同体将会消解❶。在过去一段时间内，我国行政村数量快速减少，村委会数量从 2008 年的 604285 个减少至 2017 年的 554218 个，平均每天减少13.72 个。❷ 这些村庄主要是通过以下三种方式消失的：第一种是撤销和兼并，即多个行政村合并为一个行政村；第二种方式是"村改居"，治理体制由原来的村委会变为居委会，原来的农民身份变为居民身份；第三种方式是整村拆迁或集中安置到城市、城镇社区和大型集中区域。❸（2）农村再生论，认为农村不会因城镇化而消失，反而会重新积累发展资本，并在现代化进程中获得再生。❹ 例如，通过国家和农民的积极行动，农村可以保持自主性的共同体❺，以及城镇化使部分乡村呈现出某种"新乡村性"❻。然而，无论是农村终结论还是农村再生论，都无法回避的是现在农村空间形态，已不同于传统村落空间形态，农村空间正发生着不同程度的变迁，农村社会结构逐步由"同质同构"转为"异质异构"❼。

村落空间是农民生产生活的基本地理空间，同时也是实现社会整合与秩序构建的治理单元。❽ 传统村落空间是依据村庄地形、地势散落聚集的空间形态。村落空间边界界定了农民的权利和义务，它是农民心理认可和日常生活的边界。乡村社会的空间变迁，一方面，使村庄传统共同体转变为城市治理单元，打破了原有村庄的自然边界和行政边界❾；另一方面，使原有村庄组织结

---

❶　王萍. 城市化的诉求与弱质村庄的形成机制 [J]. 浙江学刊, 2016 (4): 217 – 224.

❷　谈小燕. 三种"村转居"社区治理模式的比较及优化: 基于多村合并型"村转居"社区的实证研究 [J]. 农村经济, 2019 (7): 111 – 118.

❸　王春光. 城市化中的"撤并村庄"与行政社会的实践逻辑 [J]. 社会学研究, 2013 (3): 15 – 28.

❹　林聚任, 王春光, 李善峰, 等. 东亚村落发展的比较研究: 经验与理论反思笔谈 [J]. 山东社会科学, 2014 (9): 60 – 72.

❺　李飞, 杜云素. 中国村落的历史变迁及其当下命运 [J]. 中国农业大学学报 (社会科学版), 2015 (2): 41 – 50.

❻　文军, 吴越菲. 流失"村民"的村落: 传统村落的转型及其乡村性反思: 基于 15 个典型村落的经验研究 [J]. 社会学研究, 2017 (4): 22 – 45.

❼　李红波. 转型期乡村聚落空间重构研究: 以苏南地区为例 [M]. 南京: 南京师范大学出版社, 2015: 3.

❽　毛绵逵. 村庄共同体的变迁与乡村治理 [J]. 中国矿业大学学报 (社会科学版), 2019 (6): 76 – 86.

❾　崔宝琛, 彭华民. 空间重构视角下"村改居"社区治理 [J]. 甘肃社会科学, 2020 (3): 76 – 83.

构和村庄内部社会关系发生解构，村庄生活和生产方式发生重构❶。城镇化推动传统村落空间形态发生改变，分散杂乱的村落居住空间逐渐发生改变，村落空间形态呈现出差异性，导致农民的关系网络产生变化，表现为由熟人关系向半熟人或陌生性关系转变。❷ 在城镇化进程中，村落空间形态逐步转向城市空间形态，农民的生活方式、生产方式逐步转向城市居民的行为模式，但农民的身份认同并没有及时转变，由此造成"农转非"的社会行为失范，致使农民陷入社会适应的困境。转型期，村落空间变迁主要有消失、重组和改造三种方式。村落空间形态的消失主要发生在城中村、城郊村，村落空间在城市空间包围和扩张下，其边界逐步缩小，最终村落空间消失在城市空间扩张中。村落空间重组、改造等方式，则是通过"农民上楼"或集中居住等形式，使村落空间形态产生不同程度的空间变迁，推动农村空间的集约化、规范化和有序化。

　　空间是人类存在方式及其变迁的一个基本维度，也是探究社会变迁演进的一个基本视角。❸ 目前，农村社会结构的变迁，不仅使乡村社会的传统空间形态发生前所未有的变化，更使处于其中的农民面临生活方式和生产方式的变迁。村庄内部空间往往划分为私人空间和公共空间，村庄私人空间一般是农民的居住空间，包括农民房屋以及屋外围墙。村庄公共空间有两类含义，一类是实体公共空间，如宗族祠堂或村委会议室等；另一类是虚拟公共空间，如农民红白喜事、村庄的公共活动等。其中，村庄公共空间变迁显著，原先的村庄各类公共空间，如房前屋后的公共场地、洗用的池塘边、宗族祠堂等，随着村落空间变迁逐步消失殆尽。村庄传统公共空间的消失，导致农民对参与村庄公共事务的积极性下降，并消解了农民的集体认同感和村庄治理的信任感。❹ 同时，村庄各类新型公共空间兴起，如健身广场、便民服务中心、文化广场、农家书屋等，但大多数新型公共空间面临的问题是利用率不高、农民参与度低，这使新型公共空间没有发挥拓展公共性的功能。因此，空间是透视农村社会结

❶ 郭占锋，李琳，吴丽娟. 村落空间重构与农村基层社会治理：对村庄合并的成效、问题和原因的社会学阐释 [J]. 学习与实践，2017 (1)：85 – 95.

❷ 林聚任. 村庄合并与农村社区化发展 [J]. 人文杂志，2012 (1)：160 – 164.

❸ 付高生. 社会空间问题研究 [M]. 北京：新华出版社，2018：30.

❹ 崔宝琛，彭华民. 空间重构视角下"村改居"社区治理 [J]. 甘肃社会科学，2020 (3)：76 – 83.

构变迁的重要研究视角。

综上所述，传统农村空间主动或被动地进行不同程度的重构，尤其是城镇化加速了村落空间变迁，使农村数量急剧减少。可以说，村落空间变迁不仅是农村物理空间上的实体改变，更是农村空间结构和空间关系的适应性改变。村落空间变迁意味着传统乡村治理的整体性变革，其中主要是治理主体与治理内容的转型。治理主体转型主要是重塑治理权威，通过各种形式整合治理资源；治理内容转型是农民的空间适应和社会关系的重新整合，并通过空间治理策略实现治理共同体再造。❶ 空间变迁是权力运作和空间实践的后果，它生产着新的社会关系和治理秩序。新的空间结构在治理秩序的重构过程中被建构出来，同时空间也会对治理秩序进行再生产。❷

空间作为研究乡村社会的新视角，从乡村社会的空间面向切入，成为研究乡村治理机制的新方式。❸ 村落空间具有乡村社会的结构特点，村落空间是乡村社会历史文化的外显，也是熟人社会结构的空间秩序。村落空间研究主要是两个向度，一个是农民日常生活的空间向度，另一个是基层治理的治理向度。❹ 本书主要研究村落空间变迁对基层治理转型的影响机制，即从农民日常生活的空间向度，分析生活空间、生产空间和公共空间的变迁；从基层治理的治理向度，研究村落空间变迁的权力和治理。本书以空间理论作为分析视角，建构"空间—治理网络"的理论分析路径，突出由空间到治理的分析过程，并在三个空间变迁案例的基础上，提出将空间治理作为理解空间形态与基层治理的新视角，重点关注空间变迁如何诱发基层治理转型。总而言之，村落空间变迁在城镇化进程中成为不可逆转的趋势，而村落空间变迁在形式和内容上分化为不同的形态和特征，不同空间形态的新型居住空间与治理转型有着密不可分的关系。因此，本书主要回答的是村落空间变迁下不同空间形态的治理机制，并探究村落空间变迁中的权力运作和治理特征。

---

❶ 黄成亮. 村改居社区公共性治理机制重构研究：基于四川省某市 H 社区的个案分析 [J]. 云南大学学报（社会科学版），2020（5）：127－134.

❷ 吴莹. 空间变革下的治理策略："村改居"社区基层治理转型研究 [J]. 社会学研究，2017（6）：94－116.

❸ 陆益龙，韩梦娟. 村落空间的解构与重构：基于华北 T 村新型农村社区建设的考察 [J]. 社会建设，2020（1）：44－57.

❹ 杜鹏. 熟人社会的空间秩序 [J]. 华南农业大学学报（社会科学版），2020（5）：115－129.

第二节　文献梳理与文献评述

一、文献梳理

(一) 基层治理转型：从乡土社会到规范治理

"治理"一词的最初意思是操纵或控制，传统"治理"与"统治"的内涵类似。奥利·洛贝尔认为，治理具有多元性、竞争性、透明性、参与性与分权化等价值主张。[1] H. 科尔巴齐提出，将"治理"作为分析性概念，用以研究特定社会现象。[2] 现代治理理论中的"治理"意为"多主体、多中心共同管理"，所以治理是指多主体参与公共事务的运行。詹姆斯·N. 罗西瑙认为："治理指的是任何社会系统都应承担而政府却没有管起来的那些职能。它专门用于描述那些政府管理职能部门不能触及的领域，指涉那些非正式的惯例、共识、冲突形成的自然状态。"[3] 治理不同于统治，治理强调各主体是在共同目标协商的基础上达成共识的行动。[4] 俞可平认为："治理一词的基本含义是指官方的或民间的公共管理组织在一个既定的范围内运用公共权威维持秩序，满足公众的需要。治理的目的是在各种不同的制度关系中运用权力去引导、控制和规范公民的各种活动，以最大限度地增进公共利益。"[5] 虽然在学术话语体系中，治理理论倡导的是多元社会力量的参与[6]，但实际情况是政府组织在治理体系中处于核心位置，治理往往被认为是政府的主要权力和责任[7]。现代治

---

[1] LOBEL ORLY. Setting the agenda for new governance research [J]. Minnesota Law Review, 2005, 89 (498).

[2] H K COLEBATCH. Making sense of governance [J]. Policy and Society, 2014, 33 (4): 307 –316.

[3] 詹姆斯·N. 罗西瑙. 没有政府的治理：世界政治中的秩序与变革 [M]. 张胜军, 刘小林, 等译. 南昌：江西人民出版社, 2001: 5.

[4] ROSENAU J N. Governance, order and change in world politics [M]. Cambridge：Cambridge University Press, 1992: 2 –7.

[5] 俞可平. 全球治理引论 [J]. 马克思主义与现实, 2002 (1): 20 –32.

[6] 周红云. 社会创新理论及其检视 [J]. 国外理论动态, 2015 (7): 78 –86.

[7] 陈家建, 赵阳. "低治理权"与基层购买公共服务困境研究 [J]. 社会学研究, 2019 (1): 132 –155.

理理论在发展中提出"没有政府的治理",即"无政府状态就是不考虑普遍原则、规章、程序等的非等级式统治"❶,但不同于政府的完全不参与,其强调的是政府不是作为治理的主导力量参与治理。可以说,治理理论打破了传统以政府为中心的等级式治理,侧重于多元主体共同参与治理,并推动治理效能提高。

基层治理是国家治理体系和治理能力现代化的重要组成部分,其理论可溯源至治理理论。治理理论是应对政府失败和市场失灵的理论,治理理论的基础是公共选择理论和新自由主义思潮❷,它主要是调适国家、社会和市场之间的关系。其中,公共选择理论认为,政府作为利益行动者会因为追求自身利益,而放弃公共利益,导致政府管理失败;为此,应引入竞争机制,利用资本和市场进行调节。❸ 新自由主义看到政府的弊端,要求限制政府的权力,突出市场机制的调节作用。❹ 国外治理理论的研究对象具有多样化特点,包括国家、地方、企业、网络等,其研究方法和研究路径也各有差异。治理理论中的主体主要是国家和社会,其中针对两者治理关系的不同,可分为国家中心论和社会中心论两种不同理论主张。国家中心论认为,统治依赖自上而下的政府机构及其权力,但国家治理与此不同,治理是政府通过伙伴关系,把社会中其他行动者吸纳到公共事务的管理中来;社会中心论强调治理依靠社会各主体的自主协商,政府作为普通的参与者,不应该依靠权力来对这种公私关系进行主导。❺ 同时,治理模式研究则集中在网络化治理和整体性治理上,网络化治理关注政府与非政府行动者间的合作,而整体性治理侧重于政府内部不同部门或不同层级间的合作,但两种治理模式在本质上都强调在治理过程中一个行动者与其他行动者进行合作。❻ 此外,治理理论还有以市场为研究中心、以网络为研究

---

❶ 詹姆斯·N. 罗西瑙. 没有政府的治理:世界政治中的秩序与变革 [M]. 张胜军,刘小林,等译. 南昌:江西人民出版社,2001:5.

❷ 施雪华,张琴. 国外治理理论对中国国家治理体系和治理能力现代化的启示 [J]. 学术研究,2014 (6):31-36.

❸ 詹姆斯·布坎南. 自由、市场和国家 [M]. 吴良健,桑伍,曾获,译. 北京:北京经济学院出版社,1988:18.

❹ 弗里德里希·奥古斯特·哈耶克. 自由宪章 [M]. 杨玉生,冯兴元,陈茅,等译. 北京:中国社会科学出版社,1998:28.

❺❻ 田凯,黄金. 国外治理理论研究:进程与争鸣 [J]. 政治学研究,2015 (6):47-58.

中心等不同理论学派。总而言之，西方治理理论的基础是"国家—市场—社会"的关系结构，而中国"国家—市场—社会"的关系结构不同于西方的"小政府大社会"❶，因此国内治理理论的研究路径也不同于西方。国内学者在借鉴西方治理理论的基础上，结合中国社会的治理实践，提出不同形式和内容的治理模式，但发展趋势主要是多元主体、参与治理、网络化治理等。

国内学界关于治理理论的研究，具有分析治理理论本身的本体论与侧重于治理实践的方法论两个取向。❷ 乡村治理是国家治理体系的有机构成部分，同时也是国家治理体系的微观层面。乡村治理研究丰富着国家治理的实践层面和事实层面，推动治理理论从理论思辨走向实证研究，从宏观研究走向微观层面的行动研究和过程研究。❸ 同时，乡村治理受治理理论中国家和社会不同治理逻辑的影响，主要表现为国家政权建设和乡土社会之间的治理互动关系。乡村社会的治理场域具有基层治理的缩影，其中主要表现为不同历史阶段国家与社会互动关系的不同。国内学界以往关于乡村治理的研究，成果丰硕。不同学科的学者分别从社会学、政治学、历史学等视角分析乡村治理的实践场域，对乡村治理的不同方面进行了精辟的论述。因此，回顾和梳理乡村治理转型以及基层新型空间形态的空间适应和治理特征的大量文献，可为以空间视角研究基层治理做足铺垫。

1. 国家政权建设与乡土社会的关系

长期以来，学界关于乡村治理的研究，大多是从国家政权建设的角度展开，研究国家如何渗透、支配和调适国家和社会的互动。❹ 美国学者查尔斯·蒂利在研究西欧民族国家形成过程中发现，国家是由多中心和碎片化的状态逐步向中央集权的统一国家转变的。❺ 国家政权建设视角主要关注基层社会中国家与社会的关系，其中不同时期的国家权力在基层社会中的主导力量不同，由

❶ 郑杭生，邵占鹏. 治理理论的适用性、本土化与国际化 [J]. 社会学评论，2015 (2)：34–46.
❷ 王刚，宋锴业. 治理理论的本质及其实现逻辑 [J]. 求实，2017 (3)：50–65.
❸ 田凯，黄金. 国外治理理论研究：进程与争鸣 [J]. 政治学研究，2015 (6)：47–58.
❹ 章文光，刘丽莉. 精准扶贫背景下国家权力与村民自治的"共栖" [J]. 政治学研究，2020 (3)：102–112.
❺ 查尔斯·蒂利. 强制、资本和欧洲国家：公元990—1992年 [M]. 魏洪钟，译. 上海：上海人民出版社，2007.

此产生国家与农村、农民的不同治理关系。

清代，中国对乡村社会的干预较少，主要依靠半正式的地方准官员对乡村进行管理，并允许他们利用乡土习俗等地方性规则，这时国家对乡村社会的渗透程度低，乡村社会拥有较大的治理自主权。韦伯提出，皇权的辐射范围是城市和县乡地区，而对乡村社会的影响较小，他认为传统农村地区是没有国家正式官员管辖的自治地区。黄宗智通过研究清代的县政府档案，发现国家并没有直接对乡村进行治理，而是利用准官员对乡村社会进行简约治理。❶ 简约治理是国家本着简约主义的原则，对乡村采取低渗透和"半放任"的策略，利用游离于官僚机构外的准官员对乡村进行治理，而准官员运用个人的权威和地方性文化规则处理乡村事务。黄宗智提出，基层治理中的行政体制不同于国家正式科层机构，其在基层治理实践中具有地方性特征，受乡规民约、宗族势力等影响，表现为准官员采取具有地方性文化治理的手段进行治理。简约治理意味着国家为降低行政成本，减少对基层治理秩序的干预，给予准官员们较大的行政自主权。换言之，简约治理即国家允许乡村社会具有一定的治理自主权，国家权力对乡村治理的干预较少。李怀印的实体治理主要突出乡村社会中的国家行为与地方制度并存，并且国家愿意减少对乡村治理的渗透，强调村民的自组织行为。❷ 李怀印的实体治理与黄宗智的简约治理都是强调中央政府对乡土社会的低渗透和低干预，允许基层治理运行地方性规则的治理模式。

不同于清代国家对乡村汲取资源较少，民国时期由于连年战争，国家有意愿汲取更多的乡村资源，强化对乡村社会的控制，以增加赋税，故建立了半正式的村长制。虽然民国政府加强了对乡村社会的控制，但乡村治理仍是"简约"的治理模式，国家只关心税收的上缴和乡村社会稳定，而对准官员采取的治理手段并无太多规定。中华人民共和国成立后，特别是在人民公社时期，"政社合一"的农村治理机构，使全能型政府强化了对农村的控制，也使国家政权能够渗透到农村。同时，社会主义国家的意识形态在此期间深入人心，使

---

❶ 黄宗智. 集权的简约治理：中国以准官员和纠纷解决为主的半正式基层行政 [J]. 开放时代，2008（2）：10 - 29.

❷ 李怀印. 华北村治：晚清和民国时期的国家与乡村 [M]. 北京：中华书局，2008.

得国家在农村具有强大的组织动员能力，集体化时代的总体性国家制度是对乡村社会的全面性控制。这时，国家在基层加强政权的体现是"公社"和"生产大队"的设立。相对于传统社会中没有薪金的准官员，集体化时代"公社"一级的官员拥有政府薪金。集体化时代后的"大包干"时期，主要有两个阶段，分别是国家减免农业税的前后时期。在减免农业税之前，虽然"大包干"时期实施的家庭联产承包责任制，使村级组织的动员能力减弱，但是由于村级组织承担着国家规定的征收农业税等任务，国家权力仍然主导着乡村治理。随着农业税的减免，农民越来越离散于村庄共同体，村干部对村庄治理缺乏有效手段，农民也由强集体意识的共同体变为原子化的个体存在，乡村治理更多表现为悬浮化的治理形态。周飞舟认为，国家税费改革导致基层治理趋向于"悬浮型治理"，他通过对税费改革进程中政府财政转移的研究，发现基层政府主要依靠上级财政支付转移，基层政府的主要任务转为"跑钱"和借债，由此基层政府与农民的关系由汲取型转为悬浮型。❶

当前，国家通过权力组织网络和官僚科层组织向乡村社会下沉和渗透，并将国家权力延伸至乡村社会的各个方面。❷ 在国家资源下乡背景下，为了更好地掌握国家资源下乡后的使用情况，国家推行数字化的技术治理，以期能够及时准确反映国家资源下乡的实际效果。因此，"国家力量"在基层治理中的作用和角色不断强化，基层承担的治理任务不断增多，涉及民政、社保、维稳等多项治理任务。乡村治理任务主要体现为自身发展任务和上级指派任务两大类，不仅包括发展村级集体经济、组织动员村民参与集体事务、提高基础设施建设水平、丰富村庄公共生活等，还要承担上级部门分配下来的各种行政任务。同时，上级行政机构为了保证治理任务不打折扣，往往对基层治理任务"层层加码"，导致基层治理压力和责任倍增，形成"上面千条线，下面一根针"的局面。新时代国家推行"项目治国"，利用项目的运作过程和结果进行基层治理，推动乡村社会加速融入国家治理体系。此外，新农村建设、乡村振兴、精准扶贫等国家战略的实施，使得国家加大了对乡村的资源输入力度。为了保证

---

❶ 周飞舟. 从汲取型政权到"悬浮型"政权：税费改革对国家与农民关系之影响 [J]. 社会学研究, 2006 (3)：1 - 38, 243.

❷ 唐皇凤, 王豪. 可控的韧性治理：新时代基层治理现代化的模式选择 [J]. 探索与争鸣, 2019 (12)：53 - 62.

国家资源下乡过程的合理有效，国家权力通过检查和监督等规范形式随之下乡。❶

2. 乡村治理的乡土性和非正式治理

国家政权建设的国家中心视角，容易忽视乡村社会的乡土性，这主要体现在国家推行的正式治理规则与乡村社会所认同的地方性规范之间的张力。❷ 克利福德·吉尔兹提出"地方性知识"概念，他强调关注"不见人、不见特殊文化的独有精神品性"❸，不能忽视地方文化的差异性❹，"地方性知识"包括地方性规则、话语、习俗等。传统乡村社会是熟人社会，乡村社会的乡土性潜移默化地影响着村民生活和乡村治理。村民间各种形式的社会交往通常局限在村庄内部，村民以血缘、地缘、亲缘关系等联结纽带，形成团结紧密的村庄共同体，可以说，传统村庄具有较强的乡土观念和集体感。乡村社会之所以不同于城市社区，在于乡村社会的乡土性，表现为村民日常行为的非规范性、治理主体的人格化治理权威和非正式的权力结构，以及熟人社会的人际关系等，这些乡土性特征使得乡村社会拥有一套完整治理体系。目前，国家虽然不断强化乡村治理的标准化和制度化，并要求依据正式规则来推动治理规范化，但在乡村治理实践中仍然存在"上有政策，下有对策"等策略主义。简言之，乡土社会的情理至上、差别化关联的互动模式❺，以及由此产生的非正式治理方式是乡村治理不可忽视的因素。

针对乡村治理中的非正式治理，孙立平提出了"正式权力的非正式运作"，用以解释国家正式制度在乡村社会的异化和变形，当国家正式权力与乡村社会的非正式乡土文化相遇时，将产生正式权力和非正式治理情境的矛盾。孙立平和郭于华分析了正式权力资源是如何被非正式运作的，他们通过定购粮收购过程的案例表明农村中存在一种特殊的权力使用方式，这种使用方式是正式权力的非正式运作，并阐述了乡土社会的非正式因素是如何进入国家正式权

---

❶ 贺雪峰. 村级治理的变迁、困境与出路 [J]. 思想战线, 2020 (4)：129 - 136.

❷❺ 狄金华. 农村基层政府的内部治理结构及其演变：一个组织理论视角的分析 [J]. 北京大学学报 (哲学社会科学版), 2020 (2)：87 - 98.

❸ 克利福德·吉尔兹. 地方性知识：阐释人类学论文集 [C]. 王海龙, 张家宣, 译. 北京：中央编译出版社, 2004.

❹ 包先康. 农村社区微治理研究基本问题论纲 [J]. 北京社会科学, 2018 (1)：67 - 77.

力的运作过程，以及国家正式权力在农村中如何进行运作。同时，村干部结合
地方乡规民约等，使国家正式权力得以在乡村社会非正式运作，将乡村社会中
非正式手段运用于国家正式权力的使用过程中。基层干部对国家正式权力的非
正式运作，推动国家政策在乡村社会落地生根，避免国家政策出现"水土不
服"的情况。❶ 欧阳静根据乡镇权力的非正式运作提出基层治理的策略主义，
基层治理的策略主义是"上有政策，下有对策"的行动表现，有时却是很接
地气的治理行动。不同于基层治理的规范和正式，基层治理的策略主义注重灵
活变通，主要是非正式权力技术、权力手段的运用。❷ 基层治理的策略主义应
对的是国家的正式制度和公共规则在乡村社会难以有效执行，而乡村社会有其
固有的乡土性存在的情况，因此需要将国家正式制度和公共规则进行变通，以
适合乡村社会的治理情境。简言之，基层干部是策略主义的执行者，他们掌握
着熟人社会的关系网络和人情世故，能够将治理困境以村民接受的方式解决。
因此，基层干部对乡村社会乡土性的熟悉程度，成为策略主义能否取得成功的
关键。

　　乡村社会的乡土性特征所形成的非正式治理，在黄宗智看来，是有别于国
家和社会的"第三领域"中的半正式治理制度。"第三领域"的治理特征体现
在两方面：一方面，国家的行政权力主要依靠国家认可的半正式官员来延伸，
他们是基层行政权力在乡村社会中的具体执行者和贯彻者；另一方面，乡村社
会的各类非正式民间组织得到国家的认可，在一定程度上能够代表国家意志对
乡村社会进行治理。❸ 杜赞奇通过对华北农村的实地研究，提出"权力文化网
络"模型，"权力文化网络"是指由乡村社会中不同组织体系和象征规范等组
成的网络，乡村社会中的任何组织和个人都需要在这个网络中行动，"权力文
化网络"构成了乡村社会权力的参照坐标和活动范围。❹ 杜赞奇的"权力文化
网络"模型所揭示的是，通过乡村社会的"权力文化网络"，国家政权能够被

---

❶ 孙立平，郭于华. "软硬兼施"：正式权力非正式运作的过程分析：华北 B 镇收粮的个案研究
[C] //清华大学社会学系. 清华社会学评论：特辑. 厦门：鹭江出版社，2000.

❷ 欧阳静. 基层治理中的策略主义 [J]. 地方治理研究，2016（3）：58－64.

❸ 黄宗智. 集权的简约治理：中国以准官员和纠纷解决为主的半正式基层行政 [J]. 开放时代，
2008（2）：10－29.

❹ 魏治勋. 论乡村社会权力结构合法性分析范式：对杜赞奇"权力文化网络"的批判性重构
[J]. 求是学刊，2004（6）：99－104.

乡村社会认可，获得合法性的建构。❶"权力文化网络"改变了以往乡村治理研究中对村庄宗教、文化、组织等社会性因素的忽视，将乡土性特征考虑进来。随着新时代国家权力不断嵌入乡村社会，杜赞奇的"权力文化网络"模型对当下乡村社会治理情境的解释力逐渐减弱。在国家权力渗透到乡村社会的过程中，村庄的保护型经纪人逐渐退出治理主体结构，而赢利型经纪人却不断操控治理权力。总之，乡村治理不同于国家治理，乡村治理受乡村社会的乡土性影响，国家权力下沉过程中需要考虑治理情境的影响，并在此基础上形成乡村社会的非正式治理。

3. 乡村治理权力的规范化和正式化

乡村权力结构是乡村政治研究的核心。乡村权力结构是指在乡村场域中，各权力主体围绕权力分配和运作的地位及相互间关系，其中主要包括权力运行制度、权力运行主体等。传统乡村权力结构是国家权力和乡绅权威的"双轨政治"❷，乡村治理受"自上而下的中央集权专制体制"和"由下而上的地方自治民主体制"的双重影响，国家正式权力对乡土社会的低渗透，源于乡村治理有其一套自我权力延续体系。❸费孝通在《乡土中国》中提出，乡村社会的治理秩序，主要依靠熟人社会的礼俗和"无为而治"，其中教化权力是乡村社会得以长期稳定的文化基础。❹申端锋对村庄权力进行了三个阶段的划分，这三个阶段分别是国家政权内卷化背景下的村庄权力、人民公社时期的村庄权力和"乡政村治"背景下的村庄权力。❺新中国成立后的集体化时代和人民公社时期，农村是"政社合一"的人民公社体制，基层政府扮演着全能型政府的角色，农村更多表现为国家行政体制安排下的基层权力结构。随着家庭联产承包责任制的实施和集体化时代的结束，国家权力逐步从乡村社会撤退，乡村社会的权力结构发生改变，各种矛盾凸显，这直接影响了村民日常生活和村庄发展。

---

❶ 王爱平. 权力的文化网络：研究中国乡村社会的一个重要概念：读杜赞奇《文化、权力与国家》[J]. 华侨大学学报（哲学社会科学版），2004（2）：128 – 132.

❷ 费孝通. 乡土重建 [M]. 长沙：岳麓书社，2012：27.

❸ 狄金华. 被困的治理：一个华中乡镇中的复合治理（1980—2009）[D]. 武汉：华中科技大学，2011.

❹ 费孝通. 乡土中国 [M]. 北京：人民出版社，2017：13.

❺ 申端锋. 村庄权力研究：回顾与前瞻 [J]. 中国农村观察，2006（5）：51 – 58.

村民自治在时代发展下应运而生，村民自治的主要内容是"四个民主"，包括民主选举、民主决策、民主管理、民主监督。❶徐勇强调，中国农村村民自治是农村基层人民群众的自治，通过"四个民主"实现"三个自我"的具有中国特色的基层民主治理形式。❷村民通过村民自治制度能够选举出自己的"当家人"，基层政府也能够确定乡村"代理人"。不同学者对村民自治制度下的乡村治理展开研究，其中主要包括农民政治参与、村"两委"之间的权力关系、村民自治与农村公共产品供给、乡村治理结构等方面。❸桂华通过分析指出村庄内部利益影响着村民自治的实际运作，利益密集将会推动村民自治制度的精细化；利益越是密集，村庄中的派系斗争就越激烈，选举动员程度就越深，对村庄生活的影响也就越深。❹陈柏峰将中国农村的村务民主治理概括为四种理想类型——动员型、分配型、清障型、监理型，并认为村务民主治理的完善，需要加强制度建设和筑牢村务民主治理的经济社会基础。❺

随着农村家庭联产承包责任制的实施和村民自治制度的完善，农民拥有经营自主权和管理村庄事务的权利。在村民自治实际运作过程中，乡镇政府作为国家行政机构，存在干预村庄选举和挤压村民自治运行空间的现象。乡镇政府为了调动村干部收取税费，完成上级政府规定的各种任务的积极性，采取各种激励措施，并形成"乡村利益共同体"。❻随着国家实施农业税费减免，村庄治理逐步悬浮化。汪杰贵认为，村庄治理权力呈现出分权的趋势，村干部权力逐步弱化，而村庄新型非正式组织因公共产品供给能力增强，其在村庄治理中的权力地位逐步提升；同时，由于项目制等资源供给方式的实施，上级政府权力逐步嵌入乡村权力结构，由此村庄治理权力结构转为多元主体治理结构。❼仝志辉和贺雪峰构建了村庄权力结构的"体制精英—非体制精英—普通村民"

❶ 徐勇. 民主与治理：村民自治的伟大创造与深化探索 [J]. 当代世界与社会主义, 2018 (4): 28 – 32.

❷ 徐勇. 中国农村村民自治 [M]. 武汉：华中师范大学出版社, 1997.

❸ 杜威漩. 村民自治问题、对策与未来走向研究综述 [J]. 河南科技大学学报 (社会科学版), 2011 (4): 88 – 92.

❹ 桂华. "东部地区" 村级治理的类型建构 [J]. 中共杭州市委党校学报, 2016 (3): 54 – 60.

❺ 陈柏峰. 村务民主治理的类型与机制 [J]. 学术月刊, 2018 (8): 93 – 103.

❻ 贺雪峰. 乡村治理 40 年 [J]. 华中师范大学学报 (人文社会科学版), 2018 (6): 14 – 16.

❼ 汪杰贵. 改革开放 40 年村庄治理模式变迁路径探析：基于浙江省村治实践 [J]. 河南大学学报 (社会科学版), 2019 (3): 25 – 32.

三层分析工具，并分析了非体制精英在不同类型村庄权力运行中的作用，以及不同类型村庄权力结构的不同特征。❶ 综上可见，村民自治制度的实际运行状况受村庄内部治理情境、治理结构、权力结构等因素影响，但其作为乡村治理的基础性制度依然在发展中不断完善和规范。

新时代国家重视乡村治理的法治化和制度化，推动自治、法治和德治的有效融合，强化村民自治制度的规范性，避免乡村治理的无序性。国家通过各种资源配置、制度安排等方式控制乡村社会和规范乡村治理。例如，国家通过项目制等农村公共产品供给路径，推动国家权力强势嵌入乡村社会，使乡村社会按照国家整体规划进行发展。尤其以精准扶贫为例，将国家正式公职人员派驻乡村实施精准帮扶，使得国家意志和国家正式制度在乡村社会中运行，俨然改变了过去"皇权不下县"的简约治理。与此同时，近年来各地开展农村社区治理建设，以城市社区的网格化治理等治理模式为蓝本，将网格化治理逐步运用于农村社区治理。此外，村干部作为基层政府的"代理人"，承担的国家正式治理任务越来越多，村干部的角色逐渐发生变化，国家对村干部能力的要求也越来越高。乡村治理由悬浮型向渗透型转变，强调村干部坐班化、脱产化、职业化，并不断加大对村干部的职业要求，使村干部成为具有实质性的国家"代理人"。贺雪峰认为，国家对乡村由资源汲取型向资源输入型转变，村干部被各种制度和规范要求所牵制，难以运用乡村社会的乡土规则进行有效治理；国家对乡村治理的规范性要求严格，自上而下各种形式的督查，使村干部失去了乡村治理的主体性和主动性，乡村治理可能会出现空转与内卷化。❷ 冷波提出，规范型治理是乡村治理依据制度化、法治化的治理规则，乡村治理通过构建规则本位的治理机制、责权明晰的分工机制和办事留痕的免责机制，实现乡村治理制度化和法治化。❸ 简言之，乡村治理主体的治理权力和治理身份的规范化、正式化，进一步推动了乡村治理体系的制度化发展。

---

❶ 仝志辉，贺雪峰. 村庄权力结构的三层分析：兼论选举后村级权力的合法性 [J]. 中国社会科学，2002（1）：158 – 167.

❷ 贺雪峰. 规则下乡与治理内卷化：农村基层治理的辩证法 [J]. 社会科学，2019（4）：64 – 70.

❸ 冷波. 基层规范型治理的基础与运行机制：基于南京市 W 村的经验分析 [J]. 南京农业大学学报（社会科学版），2018（4）：27 – 34，156 – 157.

（二）基层空间变迁中的社会适应与治理秩序

随着国家力量不断嵌入乡村社会，国家对村落空间的塑造作用逐步加强。基层政府积极进行空间变迁的行动逻辑主要是土地增减挂钩项目等土地政策，土地使用权的严格限制使得基层政府拥有改变农村传统空间形态的行动力，以"村改居""撤村并居""城中村改造"等形式推动"农民上楼"和"集中居住"，这不仅能够改善农村的生态环境，而且可以获取农村空间改造中的土地收益。然而，村民面临社会空间的剧烈变迁，其中生活空间和生产空间的现代化转变，使得村民在短时间内难以适应新的空间形态，产生空间变迁的社会适应困境。对此，学界分别从社会资本、身份认同、社会关系等角度展开研究，主要是分析个体在新的空间环境中的社会适应问题，试图重新建构个体的社会空间，以适应新的空间结构和行为规范，并完成个体的身心融合过程。

当前，新型空间形态的农村社区呈现多样化发展，主要表现为"村改居""城中村改造"和易地扶贫搬迁等空间变迁形式，这些空间内部行动者的身份认同和社会资本各不相同，如"贫困户""失地农民""拆迁户"等群体，所以每种空间形态的治理主体、治理策略、治理目标等具有差异。同时，不同于传统乡村治理，空间变迁使得这些新型空间形态社区的权力结构和治理结构发生变化，进而生成新的治理秩序。学界对新型空间形态的农村社区治理展开了不同维度的研究，其研究重点是农民在空间变迁后如何适应新的空间结构和社会关系，以及空间特征与治理有效的关系。其中，主要是分析新型农村社区空间结构内的权力结构、联结关系和治理过程等问题，并从注重"谁在治理"逐步转向新型空间形态下的"如何治理"❶，强调空间形态与治理模式的适应。因此，学界从社会适应和治理秩序两个维度，阐述基层新型空间形态的空间适应和治理特征，以分析基层新型空间形态的治理转型。

---

❶ 狄金华，钟涨宝. 从主体到规则的转向：中国传统农村的基层治理研究 [J]. 社会学研究，2014（5）：73－97，242.

1. "村改居"社区的空间适应与治理特征

基层空间变迁最为显著的是"村改居"社区。随着我国近年来城镇化进程的加速，大量村庄进行"村改居"。"村改居"作为"农民上楼"的一种空间变迁形式，不同于传统农村村落和城市社区，其社区的空间结构发生巨大变化，直接改变了农民的生产方式和生活方式。顾永红等提出"村改居"社区居民缺乏足够的信任和共识性的规范，由此使居民参与社区管理的积极性减弱。❶"村改居"社区居民由原先熟人社会中的农民转变而来，面临居民身份转换困难、社区公共参与不足等问题，胡振光认为此类问题归根结底是社区社会资本问题所导致❷，所以需要重建社区居民的社会资本，建立社区共识规范等。社会认同本是心理学范畴，而社会学中的社会认同，更加强调在社会互动中建构。从认同视角对"村改居"社区居民进行研究，发现"村改居"社区的居民往往在身份认同、群体认同和组织认同方面具有新的特征❸，新的社会认同会产生新的治理困境。谷玉良和江立华以空间为视角，提出"农民上楼"后，居住空间对身体的规训较差，交往空间逐步缩小；同时，单元楼空间结构使得公共空间与私人空间的界限清晰化，缺少半私密性空间的过渡，导致居民间的交往意愿降低和社会关系变化。❹"村改居"社区不同于村庄的原有边界，村民熟人社会的人际交往和社会网络遭到破坏，导致村民间关系的"疏离化"和"陌生化"，原有面对面的邻里关系被现在单元楼居住空间的陌生关系所替代，原子化的生活方式使村民的人际关系处于断裂重建的状态，村民间的交往范围变小、交往频率变低。❺因此，"村改居"的空间变迁形式，推动居民的生活方式和生产方式发生改变，"农民上楼"后适应新的空间环境和身份认同成为社区治理的主要任务。

"村改居"社区空间不同于传统村庄空间形态，依靠传统村庄治理方式

❶ 顾永红，向德平，胡振光."村改居"社区：治理困境、目标取向与对策 [J]. 社会主义研究，2014（3）：107－112.

❷ 胡振光."村改居"社区治理与社区社会资本培育 [J]. 安徽理工大学学报（社会科学版），2017（5）：80－85.

❸❺ 吴莹，叶健民."村里人"还是"城里人"：上楼农民的社会认同与基层治理 [J]. 江海学刊，2017（3）：88－95.

❹ 谷玉良，江立华. 空间视角下农村社会关系变迁研究：以山东省枣庄市 L 村"村改居"为例 [J]. 人文地理，2015（4）：45－51.

难以有效执行，所以引起学界对于"村改居"社区治理的关注。吴莹通过对我国多地"村改居"社区治理调研，发现将城市社区的网格式管理运用于"村改居"社区，是"村改居"社区治理的新形式。同时，以绿地景观和社区服务中心为代表的新型空间，改变了社区居民的互动方式，进而形成不同于传统村落的新空间特征。[1] 黄成亮认为，"村改居"社区的治理秩序具有自身的本源性特征，所以"村改居"社区面临多重治理困境，"村改居"社区治理应以协同治理为主，强化社区居民的归属感，推进社区共同体建设，实现社区的共建、共治与共享。[2] 刘红等运用多中心治理理论，强调"村改居"社区的治理主体应是多元主体结构，以避免政府成为单一治理主体的低效治理模式，但基层政府应在"村改居"社区治理中发挥主导作用。[3] 同时，"村改居"社区的空间变迁内含着不同权力主体的权力运作，从而影响社区治理的权力结构。马远航认为，国家宏观制度环境和村庄内部传统组织制度的改变是促使村落空间演变的重要因素。[4] 徐晖提出，空间生产逻辑是秩序生产空间，在代表当前秩序的权力、资本、意识形态等强力推动下，以空间规划者、技术专家为代表的主体主导了村落空间变迁。[5] 费钧通过对村落空间变迁的分析，探讨了村庄空间变迁的动力机制，空间变迁方向受到土地资本化与权力科层化的双重影响。[6] 此外，还有学者从社会关系视角研究"村改居""撤村并居"等"农民上楼"行为对基层治理的影响。传统村庄治理基础是熟人社会的关系网络，"村改居"社区打破了传统村庄中村民间的联结关系，在新的居住空间中，村民间日常交往受阻，导致村民自治意愿不强。"村改居"的空间变迁使得熟人社会的关系网络发生解构，并直接影响村民对村庄治理主体权威的认可程度。因此，"村改居"社区的治理目标主要是帮助居民建构新

[1] 吴莹. 空间变革下的治理策略："村改居"社区基层治理转型研究 [J]. 社会学研究，2017 (6)：94-116.

[2] 黄成亮. 村改居社区治理的现实困境及其破解 [J]. 中州学刊，2019 (2)：80-85.

[3] 刘红，张洪雨，王娟. 多中心治理理论视角下的村改居社区治理研究 [J]. 理论与改革，2018 (5)：153-162.

[4] 马远航. 制度变迁视角下邑圾村空间演进研究 (1949—2015) [D]. 西安：西安建筑科技大学，2016.

[5] 徐晖. 空间秩序与空间生产：昆明桦村的空间形态变迁 [D]. 昆明：云南大学，2015.

[6] 费钧. 资本、权力与村庄空间形态的变迁：基于苏南 A 村的分析 [J]. 南京农业大学学报 (社会科学版)，2017 (2)：8-18.

的关系网络，重塑治理主体的治理权威。

2. 失地农民安置社区的空间适应与治理特征

随着城市的不断扩张和城镇化的快速推进，城市建设规划不断向城郊地区外延，城郊地区的大量土地被占用。原先城郊地区的农民被迫成为失地农民，这些失地农民的宅基地、土地被占用。基层政府为减少安置成本，将失地农民集中安置于统一规划的社区空间，现代城市社区的居住空间使得失地农民形成自我认同张力和多重适应困境。张劲松和杨颖认为，失地农民安置社区存在治理组织体系杂乱、公共参与不足、自治基础薄弱等治理困境，同时失地农民对新身份的认同感和归属感不强，参与社区治理的积极性不高，因此失地农民安置社区需要重构社区治理机制，培育居民的公共精神，重塑居民的社会资本。❶ 魏玉君和叶中华认为，失地农民在拆迁安置过程中存在身心难以融入的问题，社区专业组织应该积极发挥专业优势，帮助失地农民在生活方式转变、个体技能发展和社会关系重建等方面提供专业帮助。❷ 唐云锋等从"场域—惯习"视角分析失地农民在多种场域中的城市融入困难，发现失地农民社区归属感不强，而通过重构社区公共场域，能够推动失地农民快速融入新的城市空间。❸ 孙其昂和杜培培提出，拆迁安置社区的形成是空间重构的表征，反映了传统村落居住空间向现代居住空间的转换，在此过程中，失地农民需要适应居住空间的变迁。❹

失地农民安置社区与"村改居"社区、城中村等空间形态不同，失地农民安置社区是由失地农民组成的社区，失地农民的土地被征用，他们的生计模式发生改变，即由传统的农业种植转为非农生产，但是他们的关系网络和生活习惯等没有发生本质转变。杨波提出"都市村社共同体"是失地农民安置社区的组织形态，"都市村社共同体"是以多种纽带联结起来的，他认为失地农民安置社区治理应改变传统以政府为主体的治理方式，吸引失地农民参与治理

---

❶ 张劲松，杨颖. 论城郊失地农民社区的治理 [J]. 学习与探索，2013 (8): 52-58.

❷ 魏玉君，叶中华. 项目制服务下的身份认同与社会融合：公益组织促进失地农民市民化研究 [J]. 中国行政管理，2019 (10): 120-126.

❸ 唐云锋，刘海，徐小溪. 公共场域重构、社区归属感与失地农民城市融入 [J]. 中国农业大学学报（社会科学版），2019 (4): 78-85.

❹ 孙其昂，杜培培. 城市空间社会学视域下拆迁安置社区的实地研究 [J]. 河海大学学报（哲学社会科学版），2017 (2): 67-71.

主体，形成多元主体参与的治理模式。❶宋辉认为，城市拆迁安置社区要实现治理的精细化，应重塑社区治理主体的角色与功能，创新社区治理协作机制，通过治理结构的优化和制度创新满足社区居民多元化、个性化的需求，促进城市拆迁安置社区的善治。❷陈明认为，拆迁安置社区是介于城乡之间的中间形态，拆迁安置社区存在治理体系、身份认同、发展转型等困境，为此需要建立城乡统一的社区治理体系，构建适应新型空间形态的社区治理模式。❸周晶晶和朱力提出，失地农民安置社区治理体系的完善，需要政府在社区基础设施、公共服务、社会保障、治理体系等方面进行突破，提高失地农民的社区参与积极性，同时以政府为主导，实施多元治理主体参与的社区治理模式。❹

3. 城中村改造的空间适应与治理特征

城中村是在城镇化进程中城市不断扩张的结果，原有城镇空间的扩张，使处于城镇周边的城郊村落逐渐向城镇社区转变，形成城乡之间有别于城乡的"边缘社区"。❺卢福营和何花提出城中村的边缘性，认为城中村拥有过渡型和城镇化的非充分性，对城中村的改造是一项系统的新型城镇化过程。❻城中村往往生活着两类社会人，他们拥有处于一个空间中的两种身份。其中，一类是城中村的村民，他们的生活方式和生产方式早已发生改变，与周边的城市居民差异较小。城中村的村民由于所拥有的宅基地和土地等资源的升值，他们的财富迅速增长，成为城市中的"新贵阶层"。另一类是住在城中村的外地人，这部分人多是在城中村租房居住，他们作为城市的边缘人和"外来者"，在嘈杂

---

❶ 杨波. 论我国失地农民社区治理模式的创新与改革 [J]. 农村经济, 2006 (7): 92 – 95.

❷ 宋辉. 新型城镇化推进中城市拆迁安置社区治理体系重构研究 [J]. 中国软科学, 2019 (1): 62 – 71.

❸ 陈明. 拆迁安置社区: 治理困境与改革路径: 基于北京市海淀区 Z 村的调查 [J]. 农村经济, 2018 (4): 75 – 81.

❹ 周晶晶, 朱力. 城乡结合部失地农民安置房社区管理问题研究: 以 Y 市 X 镇 XF 社区为例 [J]. 东南学术, 2015 (3): 42 – 49.

❺ 卢福营, 何花. 城镇化进程中城郊村基层治理方式转换: 基于浙江省武义县王村 "撤村建居" 的历时性考察 [J]. 河北学刊, 2019 (1): 153 – 159, 173.

❻ 卢福营. 城中村改造: 一项系统的新型城镇化工程 [J]. 社会科学, 2017 (10): 84 – 89.

和混乱的居住空间中，对城市生活的"相对剥夺感"更加深刻。❶ 刘刚和李建华通过空间秩序维度，建构城中村治理的分析框架，提出城中村是新型城镇化过程中的空间形态，城中村的物理空间和社会空间不同于城市社区和传统农村，因此城中村空间秩序的重构，应有别于传统村庄治理方式，以实现城中村本地居民和外来人员的整体社会认同感，建构城中村空间秩序内的统一社会规范。❷

　　城中村作为城市独有的村落空间，在城镇化的扩张中被纳入城市。虽然城中村在短时间内成为城市空间结构的重要组成部分，但城乡融合问题并非随着物理形态"嵌入"城市而消失，城中村拥挤的居住空间与周边城市空间形成鲜明对比；同时，城中村内部空间的人员数量多且复杂，容易产生各类社会问题。❸ 关于城中村治理，大多数研究分别从城中村的有效治理和城中村居住群体的社会融合角度展开。陈晨认为，城中村作为城市社区治理的安全阀，不仅是城市和乡村的缓冲带，而且具有内部自给自足特征，能够维持内部体系稳定；城中村最为重要的功能是有效化解外来务工群体的抗争能力，城中村成为外来务工人员主体性再造的重要场所。因此，城中村的治理效果直接影响城市的稳定。❹ 城中村的发展趋势是逐渐融入城市社区，所以城中村的有效治理方向是转向城市社区的治理方式。众所周知，城镇化是乡村社会转变为城镇社会的过程。在城镇化进程中，基层治理的方式也发生转变，村庄治理是以村民自治的形式，而城市社区的自治体制是居民自治，两者的开放程度和治理方式均有所不同。❺ 卢俊秀认为，城中村的治理体制和村庄集体经济强的特征相符合，但由于城中村逐渐被纳入城市范围，城中村治理更加凸显"双轨政治"的特征；城中村的居民委员会与集体经济组织是共同参与城中村治理的重要主体，这种治理的实质是以国家为代表的全民所有制与以村集体为代表的集体所

　　❶ 王斌. 新型城镇化进程中的空间改造与认同变迁：基于武汉市江夏区的调查 [D]. 武汉：华中师范大学，2016.
　　❷ 刘刚，李建华. 空间秩序与城中村治理的实践逻辑 [J]. 齐鲁学刊，2018 (3)：82 – 87.
　　❸ 李怀. 争夺城市空间："正式权力正式行使"的制度分析："城中村"改造中村集体与地方政府博弈的民族志观察 [J]. 兰州大学学报 (社会科学版)，2020 (1)：10 – 22.
　　❹ 陈晨. 城中村：城市社区治理的安全阀 [J]. 新视野，2019 (2)：109 – 115.
　　❺ 卢福营，何花. 城镇化进程中城郊村基层治理方式转换：基于浙江省武义县王村"撤村建居"的历时性考察 [J]. 河北学刊，2019 (1)：153 – 159，173.

有制共同治理城中村的过程。● 吴莉娅提出，在城中村改造过程中，政府应将空间正义作为价值导向，通过包容性和整体性的空间治理，推进城中村改造主体的相互合作和互利共赢，从而实现空间再生产。●

4. 易地扶贫搬迁社区的空间适应与治理特征

易地扶贫搬迁是将生活在缺乏生存条件地区的贫困人口搬迁安置到其他地域空间，并通过改善搬迁社区的生活空间和生产空间，帮助贫困人口脱离贫困、增强自身发展能力。● 易地扶贫搬迁社区和"村改居"社区存在不同，易地扶贫搬迁社区的居民是贫困户身份，家庭经济条件差、社会资本匮乏，而"村改居"社区内居民的家庭经济条件各不相同，因此易地扶贫搬迁社区内居民具有较强的同质性。由于是空间的剧烈变迁，关于易地扶贫搬迁的研究，主要从贫困户各类空间再造和社会网络适应的理论视角进行分析。渠鲲飞和左停认为，易地扶贫搬迁关键是要改变贫困户贫困的空间因素，实现对贫困户生产空间的再造，同时新建贫困户的社会关系网络，进而再造守望相助的社区公共空间。● 郑娜娜和许佳君从易地扶贫搬迁社区的空间设计和空间适应等方面，研究居民的空间变化和社会空间情况，并从居住空间、经济空间和文化空间的变化方面，分析村民空间转换后的社区空间。● 同时，他们发现在易地扶贫搬迁社区中，国家通过文化的柔性治理技术将社区作为国家治理单元，并通过公共文化设施修建、文化资源下乡、文化活动开展等，实现社区文化共同体的重构。● 王寓凡和江立华认为，易地扶贫搬迁实质上是"空间再造"的过程，它改变了与贫困户相联结空间的"空间性"，即由乡土性转变为城市性。● 龙彦

● 卢俊秀. 从"乡政村治"到"双轨政治"：城中村社区治理转型：基于广州市一个城中村的研究 [J]. 西北师大学报（社会科学版），2013（6）：26 – 32.

● 吴莉娅. 论城中村改造的政府空间治理 [J]. 行政论坛，2019（6）：108 – 114.

● 吴伟，周五平. 易地搬迁扶贫模式存在的问题及对策研究：以湖北省鹤峰县易地搬迁模式为例 [J]. 农村经济与科技，2018（5）：148 – 150.

● 渠鲲飞，左停. 协同治理下的空间再造 [J]. 中国农村观察，2019（2）：134 – 146.

● 郑娜娜，许佳君. 易地搬迁移民社区的空间再造与社会融入：基于陕西省西乡县的田野考察 [J]. 南京农业大学学报（社会科学版），2019（1）：58 – 68.

● 郑娜娜，许佳君. 易地搬迁移民社区文化治理的实践逻辑：以陕南 G 社区为例 [J]. 云南大学学报（社会科学版），2020（1）：87 – 95.

● 王寓凡，江立华. 空间再造与易地搬迁贫困户的社会适应：基于江西省 X 县的调查 [J]. 社会科学研究，2020（1）：125 – 131.

亦和刘小珉从贫困户的生计空间视角出发，认为易地扶贫搬迁的关键是为贫困户构建适合他们生存的生计空间，因此单靠改变贫困户的物理空间并不能实现脱贫，需要依靠政府、社会和贫困户的多方努力，再造新的生计空间。❶

易地扶贫搬迁社区治理转型的重点在于实现贫困户"稳得住、能致富"的目标。吴新叶和牛晨光认为，易地扶贫搬迁社区治理的张力，主要体现在搬迁居民的日常生活与正式制度之间的冲突；因此，正式制度需要重视搬迁居民对社区治理的合理诉求，搬迁居民也要对自我行为进行约束，在新的空间规范下进行日常活动，实现生活空间和生产空间的转变。❷翟绍果等运用政策网络理论梳理易地扶贫搬迁的演进过程后发现，府际、生产者、专家网络在易地扶贫搬迁政策中的影响力日益增强，搬迁形式呈现多方协同合作的总体特点，因此需要不同网络主体通过形成共同价值选择、推进多元协同行动和实现体系优化，来推动易地扶贫搬迁的政策创新。❸吴尚丽提出"搬出文化"的文化治理策略，认为传统文化观念、生产方式改变、社会关系重建是影响搬迁的主要文化因素，易地扶贫搬迁需要重视文化融合和文化治理。❹张建认为，易地扶贫搬迁"时间紧、任务重、难度大"的特征突出，具有典型的"运动型治理"机制属性，它与常规治理方式相互作用，表现出长期目标和短期目标相结合的特征，所以需要在易地扶贫搬迁实践中增强运动型治理的有效性。❺

二、文献评述

总体而言，已有乡村治理研究大多集中在国家和社会的二元关系框架下进行不同层面的分析，乡村治理的权力主体不仅有国家权力和正式体制性权威，

❶ 龙彦亦，刘小珉. 易地扶贫搬迁政策的"生计空间"视角解读 [J]. 求索，2019 (1)：114-121.
❷ 吴新叶，牛晨光. 易地扶贫搬迁安置社区的紧张与化解 [J]. 华南农业大学学报（社会科学版），2018 (2)：118-127.
❸ 翟绍果，张星，周清旭. 易地扶贫搬迁的政策演进与创新路径 [J]. 西北农林科技大学学报（社会科学版），2019 (1)：15-22.
❹ 吴尚丽. 易地扶贫搬迁中的文化治理研究：以贵州省黔西南州为例 [J]. 贵州民族研究，2019 (6)：21-26.
❺ 张建. 运动型治理视野下易地扶贫搬迁问题研究：基于西部地区 X 市的调研 [J]. 中国农业大学学报（社会科学版），2018 (5)：70-80.

同时也包含乡村社会的非正式权力和内生性权威。因此，乡村治理研究重视乡村社会的乡土性，以及由此带来的乡村社会非正式权力运作和非正式治理。而随着国家行政权力不断下沉嵌入乡村社会，乡村治理逐渐规范化和行政化。简言之，国家权力对乡村社会的渗透不断加深，乡村治理的转型发展主要归纳为以下三个方面：一是乡村治理主体的正式化，治理主体逐渐成为国家意志和行政权力的"代理人"；二是国家对乡村社会的控制不断加强，村庄自治空间受到一定程度的挤压；三是国家正式制度的嵌入和下移，推动乡村治理权力逐步规范化、制度化。

乡村社会的空间变迁是基层治理转型的重要影响因素，其中"村改居"社区、易地扶贫搬迁社区、城中村、失地农民安置社区等空间变迁形式，一方面，推动着农民生活方式和生产方式发生改变，由此产生了一定的社会适应困境；另一方面，空间变迁促使基层治理的主体、规则和资源等治理要素发生变化。目前，学界关于新型农村空间形态的研究多集中于个案静态"深描"，没有对空间变迁中动态的基层治理进行多案例的系统研究。具体而言，从现有的研究基础来看，仍然存在以下三个方面的不足：

第一，乡村社会的空间变迁是农村社会结构性变迁最为显著的方面，但缺少从空间角度系统性地研究农村社会的结构性变迁，以及空间变迁下基层治理的独特性和差异性。农村社会变迁研究往往从时间角度对社会变迁进行纵向研究，而空间不同于时间，空间能够呈现由乡到城的转变过程和农村社会结构变迁的不同维度。

第二，已有基层治理研究从空间视角对乡村治理的研究较少且不充分，目前主要集中在对"村改居"社区、易地扶贫搬迁社区、城中村、失地农民安置社区等具有特殊空间形态的社区的治理研究，较少对这些空间变迁进行类别划分的对比研究。

第三，已有基层治理研究多是单案例的纵向比较研究，忽视了多个案的空间横向切割式研究，缺乏通过多个案的横向比较剖析空间变迁中的权力结构、权力运作、联结关系、治理过程等，以挖掘空间与治理的内在关系机制。

基于以上分析，基层治理受多种因素影响，其中既有组织、资源、关系等结构性影响因素，也有习俗、认知、规范等文化性影响因素❶，但以空间作为研究视角的多个案基层治理研究较少。本书在乡村振兴的"治理有效"背景下，基于空间理论视角，以空间变迁为起点，研究村落空间变迁对基层治理转型的影响机制。本书建构"空间—治理网络"分析路径，研究不同空间形态下基层治理的权力结构、治理策略和治理关系等，试图展现不同村落空间变迁类型的治理秩序，并提出将"空间治理"作为理解空间形态与基层治理关系的一个新视角，探讨村落空间变迁中的变迁主体和变迁动力，推动基层社会的空间正义和空间调适，从而进一步提升基层空间变迁中的有效治理。

第三节 概念界定

一、空间

空间是与时间相对的一种客观物质存在形式。❷ 地理学家一直强调空间是其研究的重要内容，建筑学和地理学等学科将空间作为实体存在的几何空间，关注空间的构造、形状、关系、转换过程等，但是社会学家也逐渐将空间带入社会学研究，社会学更加关注空间内部结构中的社会关系、权力运作、互动联结等议题。空间在以往社会科学研究中通常是研究的背景，并没有引起研究者的关注。然而，20 世纪下半叶西方社会理论呈现出整体性的"空间转向"，空间成为社会科学研究的新视角。

在空间社会学中，空间不再被简单地理解为客观物质环境，而是在支配性社会关系中发挥重要作用的场域和工具，把空间作为生产目的，空间不再是行动结果，而是行动原因。❸ 其中，真正推动社会科学空间转向的代表人物是法国学者亨利·列斐伏尔。列斐伏尔作为新马克思主义者，深受马克思关于资本

❶ 田凯，黄金. 国外治理理论研究：进程与争鸣 [J]. 政治学研究，2015（6）：47 – 58.
❷ 空间 [EB/OL]. [2022 – 12 – 24]. https：//baike. baidu. com/item/% E7% A9% BA% E9%97% B4/55280？ fr = aladdin.
❸ 王艺璇，刘诣. 空间边界的生产：关于 B 市格林苑社区分区的故事 [J]. 社会学评论，2018（4）：77 – 86.

主义生产理论的影响。列斐伏尔阐述的空间主要是资本主义对利润追逐的工具和手段，并强调从社会关系角度去界定或分析空间，他认为"空间里弥漫着社会关系；它不仅被社会关系支持，也生产社会关系和被社会关系所生产"❶。由此，列斐伏尔的空间理论突出了空间的社会性和实践性特征❷，空间生产的实质是建构符合人们需要的社会空间，其中充斥着各种矛盾和冲突。爱德华·苏贾认为，空间是一种社会性产物，因此他提出"空间性"，空间是"社会生产出来的空间"❸。空间不仅是行动者的生产工具或者生产对象，而且还是行动者和社会行动所具有的结构要素。换言之，空间结构和空间关系是社会结构和社会关系的物质表现形式❹，"社会关系在生产空间的同时将自身投射到空间中"❺。空间性是一种社会产物，空间既是实体空间存在，也是个体与社会的关系存在。❻ 本书的空间具有结构主义属性，拥有"实体空间"和"主观建构"的双重特征，空间不仅是客观物理空间，同时也是主观空间结构和空间关系。同时，主客体空间转换的中介力量是行动者，外在物理空间形态的变迁通过行动者而作用于由行动者行动和社会关系构成的空间结构。

二、乡村治理

关于乡村治理的概念，徐勇认为："乡村治理是指通过解决乡村面临的问题，实现乡村的发展和稳定。"❼ 贺雪峰提出："乡村治理是指如何对中国的乡村进行管理，或中国乡村如何可以自主管理，从而实现乡村社会的有序发

---

❶ 包亚明. 现代性与空间的生产 [M]. 上海：上海教育出版社，2003：48.

❷ 林聚任，申丛丛. 后现代理论与社会空间理论的耦合和创新 [J]. 社会学评论，2019 (5)：15-24.

❸ 刘亚品. 从社会空间到空间的社会赋意：对苏贾"空间性"概念的一种批判性解读 [J]. 当代中国价值观研究，2020 (6)：77-86.

❹ 房静静，袁同凯. 空间结构、时间叙事与乡村生活变迁 [J]. 重庆社会科学，2017 (5)：63-71.

❺ 钟晓华. 社会实践的空间分析路径：兼论城镇化过程中的空间生产 [J]. 南京社会科学，2016 (1)：60-66.

❻ 德雷克·格利高里，约翰·厄里. 社会关系与空间结构 [M]. 谢礼圣，吕增奎，译. 北京：北京师范大学出版社，2011：92.

❼ 徐勇. 挣脱土地束缚之后的乡村困境及应对：农村人口流动与乡村治理的一项相关性分析 [J]. 华中师范大学学报（人文社会科学版），2000 (2)：5-11.

展。"[1] 基层治理涵盖社区治理和乡村治理，它是国家治理体系的基础部分。基层群众性自治组织分别是居民委员会和村民委员会，乡村治理的重要运作形式是村民自治管理，其主要内容是"四个民主"，包括民主选举、民主决策、民主管理、民主监督。[2] 村民自治是乡村治理的制度性基础，村民委员会经由村民民主选举产生，作为基层群众性自治组织，进行自我管理、自我教育、自我服务。乡村治理受多重因素影响，包括村庄人口规模、文化习俗、经济水平、村庄治理能力、外部政策制度等，其中主要是以国家正式权力为代表的外部制度因素和以村庄乡土情感为代表的内部文化因素。

本书研究的乡村治理，侧重于村落空间形态变化的治理模式，如"村改居""撤村并居"等社区、集中居住村庄的治理特征，以及空间形态差异下的基层治理机制。这里的"村改居""撤村并居"等社区治理虽不属于传统意义上的乡村治理，但治理主体和治理对象仍是由原先村庄的治理主体和治理对象转变而成，为增加空间变迁的对比度，因此将其作为空间变迁中乡村治理的一种类型。乡村治理作为基层治理的重要组成部分，它是国家治理体系的重要基础。随着国家资源下乡和规则下乡，乡村治理面临转型，乡村治理的规范性特征不断凸显。党的十九大报告提出"加强农村基层基础工作，健全自治、法治、德治相结合的乡村治理体系"[3]，"三治融合"的乡村治理体系，有利于推动基层治理转型，实现基层治理体系和治理能力的现代化。

三、治理网络

马克·康斯戴恩认为，治理网络是结构性的制度空间[4]，本书中的治理网络主要是指由互动而产生的社会关系类型[5]，治理网络更多的是呈现行动者的

[1] 贺雪峰. 乡村治理研究的三大主题 [J]. 社会科学战线, 2005 (1): 219 - 224.
[2] 徐勇. 民主与治理: 村民自治的伟大创造与深化探索 [J]. 当代世界与社会主义, 2018 (4): 28 - 32.
[3] 习近平. 决胜全面建成小康社会 夺取新时代中国特色社会主义伟大胜利: 在中国共产党第十九次全国代表大会上的报告 [M]. 北京: 人民出版社, 2017.
[4] MARK CONSIDINE. Governance networks and the question of transformation [J]. Public Administration, 2013, 91 (2): 438 - 447.
[5] 李延伟. 治理网络理论及其分析中国治理的适用性 [J]. 江海学刊, 2017 (2): 125 - 131, 238.

结构位置及其联结关系，具体表现为治理网络中的构成元素及相互关系。因此，治理网络主要包含两方面的内容，一是治理网络的构成部分，即参与治理的主体有哪些，其中包括治理主体和治理对象；二是治理网络内各主体间的关系如何，即治理网络内治理主体和治理对象的联结关系。治理网络从治理主体的角度可分为单一中心治理和多中心治理，后者主要突出治理主体的多元化；治理网络内部权力大小和权力关系的不同，将影响治理网络的构成和关联，从而产生治理行动、治理资源和治理目标等的不同。乡村治理主体权力的大小决定着治理主体的治理资源多寡。乡村治理权力是村庄治理主体在村庄治理过程中所拥有的治理资源调配、目标设定、任务安排等方面的权力。在本书中，乡村治理网络是由乡村治理场域中的治理主体和治理对象，以及两者之间的联结关系构成。治理网络反映的是乡村治理的结构性特征，治理网络的内在逻辑是"主体—过程—结果"，所以研究的重点内容是治理网络的权力结构、治理策略和治理关系，其实质是揭示治理主体的权力构成和治理方式，以及由此产生的联结关系。换言之，空间变迁产生具有不同结构特征的基层空间形态，这将直接影响基层社会的治理过程和治理秩序。

第四节　研究设计

一、研究方法：扩展个案法与类型学比较

本书主要是在人文主义方法论前提下进行案例研究。个案研究是社会学常用的研究方法之一，个案研究对于深入研究对象的情境、描述研究对象的行为，具有不可替代的作用。尤其是对于社会学研究来说，社会学重点关注和分析社会现象背后的发生机制和运行机制，因此个案研究是社会学研究中的重要方法。渠敬东认为，个案研究是从具有典型性的案例出发，发现具体社会事实的运行机制，在广度和深度方面尽可能扩充、延展、融合，并与外部各种政治、社会、文化因素相关联。❶ 本书以个案研究作为研究和分析村落空间变迁

---

❶ 渠敬东. 迈向社会全体的个案研究 [J]. 社会，2019 (1)：1-36.

的起点，以个案研究来阐述不同类型村落空间变迁的动力、过程和结果。个案研究能够帮助我们挖掘村落空间变迁的具体表现形式，以此归纳村落空间变迁类型，并逐步改变空间结构内行动者的生产和生活方式。通过个案研究，我们能够直接感受到行动者的社会空间变化和空间权力运作的改变。此外，个案研究作为人文主义的研究方法，在研究社会现象和行动者的行动逻辑时，应该考虑行动者的特殊性，发挥研究者在研究过程中的能动性。❶ 空间变迁中的村庄或者社区是人们生活的基层组织单位，作为构建社会的基本组成部分，村庄或者社区是研究社会发展变迁的基础。我们对村庄或者社区进行个案研究，需要根据分类变量，将不同村庄或者社区进行空间变迁分类，并对类型中的单个案例加以研究，归纳这一空间变迁类型的共有特征。

个案研究具有深入、细致的研究特点，但是个案研究的缺点是缺乏代表性和推广性，"个案研究始终面临着如何处理特殊性与普遍性、微观与宏观之间的关系问题"❷。特殊个案无法有效反映整个社会的全貌，针对个案研究的局限性，扩展个案法和超越个案的概括成为克服个案研究缺点的两种方法。麦克·布洛维提出，扩展个案法是"一种通过参与观察，将日常生活置于其超地方和历史性情境中加以考察的方法"❸。同时，他将事实与理论进行对话，并突出个案研究的"反思性"。超越个案的概括也被称为类型学研究范式，类型比较法是通过某一典型个案，概括得出某一地区社会的特点❹，"没有什么比社会学对现代思想的贡献更丰富，它时常被其他社会科学，尤其涉及不发达国家的当代研究所借用"❺。

费孝通是中国社会学发展的重要推动者，他在《云南三村》和《江村经济》等著作中，将类型学作为其研究推广的重要方法。《江村经济》反映的是中国经济发达地区农村的社会结构，具有区域化的代表性。费孝通从一个个村庄逐步认识和分析不同类型的农村社会结构，最终形成对全国农村的

❶ 风笑天. 社会学研究方法 [M]. 北京：中国人民大学出版社，2009：8.
❷ 卢晖临，李雪. 如何走出个案：从个案研究到扩展个案研究 [J]. 中国社会科学，2007 (1)：118 - 130，207 - 208.
❸ 麦克·布洛维. 公共社会学 [M]. 沈原，译. 北京：社会科学文献出版社，2007：77.
❹ 李涵，李超超. 个案研究的延伸价值：布洛维扩展个案法与费孝通社区研究法的比较 [J]. 贵州师范学院学报，2018 (5)：42 - 46.
❺ ROBERT NISBET. The sociological tradition [M]. New York：Basic Books，1966：66.

整体认识。费孝通在研究小城镇和产业发展时，同样使用了类型学研究方法，在总结苏南城乡发展的基础上，提出了"苏南模式""浙江模式"等地区发展模式，显然，费孝通在后期研究中更加凸显类型学作为其研究的基础。此外，类型学的研究方法除了能够克服个案研究代表性不足的天生劣势之外，还具有以下研究优势：一是有利于研究者归纳不同类型的共同点和不同点；二是有利于研究者发现不同类型之间的差异性；三是有利于研究者总结和概括总体的特征。

马克斯·韦伯则提出不同社会现象分析和研究的理想类型，用"理性化"作为社会类型划分重点。理想类型是研究者借助理论概念体系作为衡量现实的标准，审视现实与概念之间的差距，并对这种差距作出因果解释。"理想类型是一个主观思维构建，它不是基于对所有事实进行经验上的概括，也不是作为社会的理想提出来的"❶，它既源于现实社会，又不等同于现实社会。理想类型是研究者对某种社会现象的"纯粹"概念建构，目的在于为分析和比较现实的具体案例之异同提供参照系。❷ 作为一种"主观构造"，理想类型是研究者基于社会现象的特定标准等进行建构的。❸ 理想类型尽管是一种主观建构，但并不是凭空虚构，它是以理论结构的形式呈现的❹，具有价值中立性，能够为我们研究社会事实提供研究参照系，进而便于我们观察和研究社会事实的异同之处。例如，滕尼斯的"社区"和"社会"分别代表两种不同的社会类型，涂尔干将社会整合分为"有机团结"和"机械团结"等。

本书所呈现的案例，主要是对经验材料的"解释性理解"❺，并没有完全采用"故事""深描"的人类学方法，而是试图在解释案例的"故事"后，通过笔者的学术性理解，将案例中的故事与研究的整体内容相结合，使个案的故事纳入研究的结构性分析中，推动研究的宏观结构与微观内容的衔接，从而实现研究内容的"有血有肉"。本书在时间维度上主要是横向研究，在同一时间

❶ 侯钧生. 西方社会学理论教程 [M]. 天津：南开大学出版社，2010.
❷❸ 安东尼·吉登斯，菲利普·萨顿. 社会学基本概念 [M]. 王修晓，译. 北京：北京大学出版社，2019：38.
❹ 周晓虹. 理想类型与经典社会学的分析范式 [J]. 江海学刊，2002 (2)：94-99.
❺ 吴毅. 小镇喧嚣：一个乡镇政治运作的演绎和阐释 [M]. 北京：生活·读书·新知三联书店，2018.

内对三个空间变迁类型的空间治理进行研究，从而发现村落空间变迁对基层治理的影响机制。由此，本书在实地调查基础上，依据村落空间变迁程度不同，运用理想类型构建出三种空间变迁类型，分别是空间重组型、空间集中型和空间改造型。首先，空间重组型社区的空间变迁程度最强，在本书中是"撤村并居""村改居"的"农民上楼"；其次是空间集中型村庄，在本书中是集中居住的"单栋独院"空间形态；最后是空间改造型村庄，即在原有村庄空间形态基础上，村民自下而上地改造村庄空间形态。换言之，这三种村落空间变迁的理想类型，分别代表着现实生活中基层社会的不同空间形态。例如，空间重组型主要代表"撤村并居""村改居"等"农民上楼"形式的新型社区，空间集中型主要是代表集中居住空间形态的美丽乡村建设，空间改造型代表的则是传统村庄空间形态的改造和升级。

　　本书的具体研究方法是对空间变迁中的行动者进行深度访谈，这里的行动者主要是指空间变迁中的治理主体和治理对象，通过对他们进行深度访谈，分析权力结构、治理策略和治理关系等变化，并了解村民生活和生产方式的改变，以及对自身社会空间变化后的身心适应情况，进而挖掘空间变迁与基层治理之间的影响机制。本书在实地调研中，并没有安排固定的访谈对象，而是采用随机访谈和"滚雪球"的方式，以增加访谈的代表性和客观性。笔者在实地调研中，作为一个"行走的陌生人"，对空间变迁中的权力结构、治理策略和治理关系等进行观察和研究。因为 Y 区是笔者家乡，所以进入 S 社区、L村、G 村调研的机会较多，其中正式调研是 2019 年 5—9 月对 S 社区、L 村、G 村进行的田野调查，非正式调研是 2020 年 4 月、2020 年 6—7 月进行的补充调研，多次不同时段的调研获得了丰富的资料。

　　基层空间变迁既有"国家"的行政力量推动，也有"社会"的自主改造。因此，在资料收集过程中，"国家"视角和"社会"视角同等重要，我们不仅要关注宏观空间变迁的政策制度，还要注重微观个体的生活讲述。笔者进入空间变迁的社区或村庄进行访谈时，主要面临的困境是笔者的身份问题。因为笔者是经当地政府"打招呼"下村调研，即利用政府的"正式身份"入场，这种入场方式通常受到行政权力关系的影响，导致调研资料缺少真实民间意见和信息。因此，在实地调研访谈中，基层干部往往将笔者当作下派了解情况的调研人员，更多是呈现工作政绩，而对空间变迁过程中的问题和治理困境，则陈述不多。同时，村民认为笔者是上级政府调查人员，所以会将生活中的困难和"不如意"，以各种诉苦的形式诉说，期望能够给他们带来实际改变。笔者需警惕这两类群体中"访谈重心"的倾斜，以寻求资料的平衡性。为此，笔者努力将自己的调研身份说清楚，告知访谈对象学术研究的价值中立性，并在后期调研中访谈不同类型群体，丰富资料的来源，以确保调研资料的真实性和准确性。本书重点关注村落空间变迁，具体的访谈目标则是空间变迁的治理过程和村民的社会空间变化，以从中分析空间变迁对基层治理的影响机制。

二、个案介绍：空间类型的表达

笔者经在 Y 区政府工作的同学介绍进入 Y 区调研，由于是行政体制内的熟人介绍，并且 Y 区是笔者的家乡，所以较为顺利地到 Y 区民政局挂职学习。Y 区于 2017 年年底被民政部确认为全国农村社区治理实验区。Y 区位于安徽省 T 市，T 市处于皖南地区，其中既有分裂型的村庄，又有宗族型村庄。T 市以工业和制造业为主，城市经济在皖江城市中位于前列。Y 区将农村社区建设融入全区美丽乡村建设规划，一般分为改造提升型、拆迁新建型、旧村整治型、特色保护型四种农村社区。同时，Y 区制定和出台了《Y 区农村社区布局规划及建设标准》《全国农村社区治理实验区建设实施方案》等文件，以促进设置模式、空间布局、功能定位、投入方式和服务设施合理完善。Y 区以"生态宜居农村美、兴业富民生活美、文明和谐乡风美"作为农村发展的主要目标，累计建成省级中心村 75 个、市级中心村 14 个、特色自然村 8 个、综合示范带 15 条，创建全国美丽宜居村庄 3 个，新增国家乡村旅游模范村 1 个，成功入选全国美丽乡村建设标准化试点，并实现全省美丽乡村建设先进县（区）"四连冠"。❶

笔者在挂职期间跟随 Y 区政府人员下乡调研，并帮助相关部门进行经验总结材料的写作。笔者根据 Y 区相关部门要求，分别对 Y 区 22 个农村社区治

❶　遵照学术惯例，本书所涉地名和人名均做了技术化处理，本书个案资料如无特殊说明，均根据笔者田野工作收集到的资料整理而成，感谢江镇所在 Y 区政府有关部门、社区、村庄对田野工作的支持。

理示范村进行走访调研，其中江镇拥有 5 个农村社区治理示范村，故江镇成为笔者主要的调研地点。在挂职和调研期间，笔者分别访谈了 Y 区乡镇领导和相关部门工作人员，重点对 S 社区、L 村、G 村的社区干部、村干部、社区居民、村民等进行深度访谈，获得了丰富的访谈资料。笔者根据毕业设计选取江镇的拆迁新建型 S 社区、旧村整治型 L 村、改造提升型 G 村，分别对应本书中的空间重组型社区、空间集中型村庄、空间改造型村庄，并对这三个个案进行驻村实地调查。笔者于 2019 年 5—9 月、2020 年 4 月、2020 年 6—7 月分别对江镇 S 社区、L 村和 G 村进行实地调查，其间不断补充调研资料，增加个案的"饱和信息"。

　　S 社区、L 村、G 村同属于江镇管辖，江镇位于 T 市中部，建镇历史悠久。目前，江镇镇域面积 50.72 平方公里（建成区面积 4.2 平方公里），辖 8 个行政村和 1 个社区居委会，人口 3.7 万人。江镇作为 T 市的交通重镇，有多条高速公路和铁路穿境而过。近年来，江镇围绕"生态立镇、文化强镇、旅游兴镇、交通活镇"发展思路，积极做好生态、文化、旅游三个主题特色，全力推进"幸福江镇"建设，实现了全镇经济社会的快速发展。江镇先后获得了"人居环境范例奖""省文明村镇""新农村建设典型镇""生态宜居示范乡镇"等一系列荣誉称号。虽然 S 社区、L 村、G 村处于同一乡镇治理体制中，却因为空间变迁程度不同，产生了不同的权力结构、治理过程和治理关系等，从而形成空间形态差异下的基层治理特征。

三、章节结构

　　本书共有六章，各章节简要内容如下：

　　第一章，导论。本章主要是介绍问题的提出、文献综述、概念界定及研究设计。

　　第二章，理论基础与分析路径。本章首先是对空间社会学的重要发展阶段和研究特征进行理论回顾，在空间社会学的发展基础上提出，空间作为"实体空间"和"主观建构"，具有主客体空间的双重面向。本书中的空间更多表现为结构主义的空间关系特征，主客体空间以行动者作为中介，规训行动者和被行动者建构，因此空间具有双面性和二重性。其次是分析乡村空间的权力运作、联结关系和治理网络，为分析路径的建构提供理论基础和逻辑思路。最后是建构"空间—治理网络"分析路径，其分析的基本逻辑是空间变迁程度由强变弱，分别是空间重组型、空间集中型、空间改造型，而这三种空间变迁程度的不同，使得空间结构内权力结构、治理策略和治理关系不同，进而生成不同的治理模式。

第三章，空间重组型社区的空间形态与网格化治理。本章重点分析空间重组型社区的空间转变和治理重塑。S 社区作为空间重组型社区，是"撤村并居"的"农民上楼"空间变迁形式。社区居民的生产空间、生活空间以及公共空间发生颠覆性变化，同时治理权力结构、治理策略以及治理关系也由此改变。空间重组型社区治理不同于传统村庄治理，它以社区网格为基础，形成网格化治理和"楼宇自治"相结合的治理策略，并以情感关系为联结，实现治理转型和共同体再造。

第四章，空间集中型村庄的空间形态与合作治理。本章中的空间集中型是农村集中居住的空间形态。集中居住使得村民的社会空间发生改变，社会资本通过资本下乡参与集中居住的空间变迁，并在空间治理过程中与村级组织形成"资源互补、优势互借"的合作治理。同时，集中居住的空间形态重构了村庄治理，运用集中居住的空间特征进行有效治理，以公共文化为联结，实现集中居住的共同体再造。

第五章，空间改造型村庄的空间形态与流动治理。本章关注空间改造型村庄的空间变迁和治理转型。村庄新旧地域空间之分，导致村庄治理重心转移。空间改造型村庄的显著特征是空间流动，空间流动不仅是村民主体空间的流动，还体现为治理对象的"不在场"。空间流动促使治理主体吸引村庄精英返乡进行主体改造，通过网络空间构建虚拟治理空间，实施共同体再造和流动治理。

第六章，结论与讨论。本书在分析空间重组型、空间集中型和空间改造型三种空间变迁类型的基础上，提出"空间治理"作为理解基层空间变迁与基层治理的新视角，其重点是突出治理的空间逻辑，即治理过程中的空间视角和维度。"空间治理"主要是强调基层治理中不同空间形态的治理机制差异性，以及空间形态与基层治理模式的适应性，不同的空间形态意味着内部权力结构、治理策略和治理关系的不同。基层空间变迁受不同变迁主体的行动逻辑影响，形成不同空间变迁下的权力运作，其中空间变迁动力的不同，反映出行政和自治这两种权力影响下的治理逻辑和实践逻辑。同时，随着国家权力的下沉，基层社会的空间变迁越来越能体现国家的意志，但在此过程中应关注基层民众的实际空间需求，注重空间变迁过程中的空间正义，以及空间形态与治理模式的空间适合。

第二章

理论基础与分析路径

曼纽尔·卡斯特认为："空间不是社会的拷贝，空间就是社会。空间的形式与过程是由整体社会结构的动态所塑造，其中包括了依据社会结构中的位置而享有其利益的社会行动者之间相互冲突的价值与策略所导致的矛盾趋势。再者，通过作用于承继自先前社会—空间结构的营造环境，社会过程也影响了空间。"[1]

第一节　空间的社会转向：
从"生产空间"到"空间生产"

自古希腊时代以来，空间就是孕育各门学科的母体。[2] 福柯说，"我们时代的焦虑与空间有着根本的关系，比之与时间的关系更甚"[3]。在厄里看来，"20 世纪社会理论的历史也就是时间和空间观念奇怪的缺失的历史"[4]，其中空间在社会科学研究中缺位明显。本书以空间作为研究视角，并对空间社会学相关理论知识和研究特征进行系统回顾和梳理。从社会学角度对空间的研究，

---

[1] 曼纽尔·卡斯特. 网络社会的崛起 [M]. 夏铸九，王志弘，等译. 北京：社会科学文献出版社，2006：504.

[2] 冯雷. 理解空间：20 世纪空间观念的激变 [M]. 北京：中央编译出版社，2017：26.

[3] 爱德华·W. 苏贾. 后现代地理学：重申批判社会理论中的空间 [M]. 王文斌，译. 北京：商务印书馆，2004：18.

[4] 约翰·厄里. 关于时间与空间的社会学 [M] //布赖恩·特纳. Blackwell 社会理论指南. 李康，译. 2 版. 上海：上海人民出版社，2003.

主要经过了三个阶段。第一阶段源自马克思，他率先概括性地提出空间生产的本质，认为空间生产是资本对生存空间的再造、改造以及对空间产品的生产，这种空间生产的决定力量是资本的发展。同时，这一阶段对空间研究起推动作用的还有涂尔干、齐美尔、芝加哥学派等。第二阶段由列斐伏尔提出真正意义上的空间理论，作为新马克思主义者，他清醒地认识到空间受到资本扩张的影响，一方面，空间生产与消费是资本主义运行的主要方法；另一方面，资本关系通过城市作为载体实现空间再生产。在这一阶段，福柯作为重要的空间理论家，也推动了"空间转向"，特别是他分析了空间的微观权力运作。第三阶段则是自列斐伏尔后，后现代主义的社会学家在空间问题上纷纷提出新的看法，包括吉登斯、布迪厄、哈维、苏贾等人。

一、经典社会学的空间思想：空间社会化

"经典社会学确实探讨了空间，虽然探讨的方式很不明显也很不充分，但仍然不乏具有洞察力的论述片段。"[1] 经典社会学家对空间社会化的初始研究，为后期的"空间转向"做了理论铺垫。尽管经典社会学家对空间的论述是零散和模糊的，但对推动空间的社会化发展具有重要的理论贡献。尤其是齐美尔的空间研究，以社会互动的视角研究空间结构，界定空间的重要属性，使社会学对空间的认识重新深化。因此，通过对经典社会学家的空间思想进行分析，包括马克思、涂尔干、齐美尔等人的空间思想，能够发现空间是如何被社会理论逐步锁定和聚焦的。

西方社会理论逐步重视空间的社会性，卡尔·马克思作为西方社会学大师，虽然没有将研究对象聚焦于"空间"，但他的各种思想已包含空间的研究主题，其主要表现为马克思对空间生产的关注，并首次提出空间生产的本质。马克思认为空间生产与社会生产力是相互促进的关系，空间生产能够促进社会生产力发展，社会生产力也会反作用于空间生产。[2] 马克思关于空间生产的研

---

[1] 汪毅，何森. 新马克思主义空间研究的逻辑与脉络 [J]. 华中科技大学学报（社会科学版），2014（5）：41–46.

[2] 孙江. "空间生产"：从马克思到当代 [M]. 北京：人民出版社，2008.

究，主要从以下三个层面展开：一是将空间视为生产要素，资本主义生产力的发展离不开空间，空间推动资本主义剩余价值的产生；❶二是将体力劳动和脑力劳动分开，逐步产生城乡二元对立的空间，形成"中心—外围"的城乡空间结构；三是全球化使得资本主义能够突破空间限制，将资本主义的生产方式推广到全球，形成全球范围内的"中心—外围"空间结构，导致"空间不平等"和"空间剥削"。❷

马克思研究的重点是资本主义国家社会生产力和生产关系，他的理论集中反映了资本主义早期的主要社会矛盾。❸"空间是一切生产和一切人类活动所需要的要素。"❹空间作为一种生产要素参与人类劳动，并逐步使得自然界的空间具备社会性。❺同时，马克思认为，城市空间是人类生存、居住的基本条件，它是不断被生产的空间，城镇化是空间生产和空间消费过程的统一，也是资本实现剩余价值的重要形式。❻在马克思看来，空间生产的主要推动者是资本，资本的主要目的是追逐利益，这促使资本跨越阻碍其发展的地域空间，实现资本利益的最大化。

马克思对空间差异性的研究，主要是将脑力劳动和体力劳动分开，逐步形成城乡空间对立的局面，城乡空间对立是资本经过分工塑造的空间对立结构。这种空间对立起始于资本对空间的主导关系，这是空间生产发展的第一个阶段。在这个阶段，生产分工体现在地理空间上的分散性。它不仅是城市和乡村的空间生产差异，更重要的是激发了城市内部由于分工差异而产生的分散性空间景观特点的出现。而农村则突出表现为隔绝和分散的空间布局特点。换言

---

❶　黄继刚. 爱德华·索雅和空间文化理论研究的新视野 [J]. 中南大学学报（社会科学版），2011（2）：24-28.

❷　李秀玲，秦龙."空间生产"思想：从马克思经列斐伏尔到哈维 [J]. 福建论坛（人文社会科学版），2011（5）：60-64.

❸　游红红. 马克思空间理论及其价值 [J]. 中共山西省直机关党校学报，2016（3）：18-20.

❹　中共中央马克思恩格斯列宁斯大林著作编译局. 马克思恩格斯选集：第2卷 [M]. 北京：人民出版社，1995：573.

❺　王斌. 新型城镇化进程中的空间改造与认同变迁：基于武汉市江夏区的调查 [D]. 武汉：华中师范大学，2016.

❻　孙江."空间生产"：从马克思到当代 [M]. 北京：人民出版社，2008.

之，资本将会影响和塑造"中心—边缘"的空间结构。● 对此，滕尼斯提出，城市空间与乡村空间的相互对立，更加说明这种对立是法理社会与礼俗社会之间的对立，这种对立主要是因为两种空间形态的特点所造成。城市空间所代表的是理性、追求利益等，乡村空间则是讲究礼俗等传统观念，两种空间形态内部价值对立明显，因此不同空间具有其独特的空间特点和价值。

马克思在分析城乡空间的"中心—边缘"结构基础上，针对全球化的不断发展，提出资本扩张推动着空间生产的发展，这表现为由某一地区的资本扩张至全球范围，空间生产也由地域性向世界性和全球性进行转化。他认为，空间生产的全球化扩张，将会产生殖民主义，其中资本主义的扩张体现了殖民主义。殖民主义是新一轮的"空间不平等"和"空间剥削"，这种"空间剥削"既涉及民族国家内部的城市和乡村之间，也会影响全球范围内民族国家之间的空间不平衡，以及空间差异和断裂，进而产生差异化的空间结构。● 人类逐步将生产与生产方式转向统一的空间结构，而这种空间场域作为生产环境、资本扩张的空间反过来又重新塑造了空间结构。● 最后，资本主义产生欠发达国家隶属于现代化国家、农村依附于城市、东方从属于西方的发展模式，显然，马克思在这里的空间论述，反映了其关于空间正义的思想。

空间具有社会属性，这得益于涂尔干对空间的研究。涂尔干提出，具有社会属性的空间不同于实体意义上的物理空间。他认为，对空间进行各种形式的划分，往往是由于社会对空间赋予不同的意义。实际上，涂尔干在《宗教生活的基本形式》中指出空间划分的差异性，"空间的形象只不过是特定社会组织形式的投射，由此人们才能在空间中安排具有不同社会意义的事物，就像在时间上来安排各种意识形态一样"●，并试图探寻不同空间形态中的宗教信仰与社会组织形式之间的关系●。"空间并非如康德所想象的那样是不清楚、不

● 耿芳兵. 马克思空间理论特性考察：基于空间正义、共同体实践、空间解放三个维度 [J]. 理论界，2017 (7)：29 - 34.

● 李春敏. 马克思的空间思想初探：《1857—1858 年经济学手稿》解读 [J]. 学术交流，2009 (8)：12 - 15.

● 游红红. 马克思空间理论及其价值 [J]. 中共山西省直机关党校学报，2016 (3)：18 - 20.

● 爱弥尔·涂尔干. 宗教生活的基本形式 [M]. 渠东，汲喆，译. 上海：上海人民出版社，1999.

● 王彪. 空间社会学：当代社会解释的新路径 [J]. 社会工作，2011 (12)：30 - 33.

确定的介质，如果空间纯粹和绝对是同质的话，那么它就不会有什么用处了，也不可能被心灵所掌握。本质而言，空间的表现是感官经验材料最初达成的协调。"❶ 因此，空间不仅拥有特定的社会情感价值，而且还能使社会组织进行投射，并以自身的意志来安排空间布局。同时，涂尔干提出，社会从机械团结到有机团结的转变，反映了空间内部联结纽带不同所带来的社会性质的差异。

空间社会属性的具象化，则是齐美尔（也译作"西美尔"）提出的心灵空间和抽象空间，他认为空间具有心理意义。在他看来，空间并不具有人的属性，空间的社会属性高于自然属性。齐美尔认为，存在抽象的心灵空间，"空间从根本上讲只不过是心灵的一种活动，只不过是人类把本身不结合在一起的各种感官意向结合为一些统一的观点的方式"❷。空间是两个要素之间的关系，而要素之间的互动通过不同空间位置而产生。"空间本身是毫无作用的形式，只是由于被某种社会形态加以填充，才使得原本空虚、虚无和没有价值的地域性的客观空间具有了社会意义。"❸ 同时，齐美尔指出空间形式具有五种基本属性，即排他性、分隔、内容固定化、距离接触和流动性。❹ 排他性：空间不能被不同主体同时占据；分隔：空间具有边界，空间边界的大小将对社会产生不同的影响；内容固定化：空间能够使空间内容固定化，导致特定关系的产生；距离接触：空间接触能够改变参与社会互动的参与者间的关系性质；流动性：空间中群体流动的可能性与社会分化存在密切联系。❺ "在数量上、空间上、生活的意义与内容上发展到一定程度，群体直接的、内部的统一会松懈，而且藉相互关系与相互联络，起初针对其他群体的严格的界限划定也会削弱。同时，个体获得了行动自由，远远越过最初出于自我防御而设定的界限。"❻

---

❶ 爱弥尔·涂尔干. 宗教生活的基本形式 [M]. 渠东，汲喆，译. 上海：上海人民出版社，1999：12.

❷ 盖奥尔格·齐美尔. 社会是如何可能的 [M]. 林荣远，译. 桂林：广西师范大学出版社，2002：292.

❸ 盖奥尔格·西美尔. 社会学：关于社会化形式的研究 [M]. 林荣远，译. 北京：华夏出版社，2002：459.

❹ 盖奥尔格·西美尔. 社会学：关于社会化形式的研究 [M]. 林荣远，译. 北京：华夏出版社，2002：461.

❺ 叶涯剑. 空间社会学的缘起及发展：社会研究的一种新视角 [J]. 河南社会科学，2005 (5)：73-77.

❻ 齐奥尔格·西美尔. 时尚的哲学 [M]. 费勇，等译. 北京：文化艺术出版社，2001：193.

此外，齐美尔提出城市空间的扩张，不仅使人们之间的信息和生活距离拉大，人们对空间的感观更加时间化，同时也影响着人们对时间精确计算的城市生活方式，迫使人们放弃之前空间规模小的生活方式，适应现代城市的生活方式和思维方式。

关于空间社会化的经验研究，则是以罗伯特·帕克为代表的芝加哥学派的社区研究。帕克关注的是城市空间格局和空间区位对居民组织和行为的影响。帕克将城市作为一个巨大的社会实验空间，城市空间包含地理、生态、经济、心理等因素，城市空间的边界影响着城市发展方向，以及城市内部行业分布和居民行为，导致了城市内部空间结构的差异。帕克强调从人口和空间的互动关系研究城市发展，并逐步形成城市生态学。芝加哥学派关注城市空间结构，提出不同城市发展的空间模式，其中较为著名的有伯吉斯的"同心圆"模式，他认为城市空间扩展具有同心圆的发展规律。沃斯认为，城市主义是一种生活方式，包括大规模、高密度、异质性和匿名化的人口聚集，以及文明的观念和行为由城市向乡村的传播。❶ 此外，还有霍伊特的"扇形理论"、哈里斯和厄尔曼的"多核心理论"等。芝加哥学派通过城市经验研究，将空间研究从抽象的理论探讨拉入对社会事实的经验研究，使得空间研究逐渐成为社会事实研究。同时，芝加哥学派对空间功能的分析，是在人类生态学分析基础上进行的，因此具有明显的功能主义倾向。但是，芝加哥学派并没有深入研究社会行动与空间结构的关系，往往将其描述为简单的空间地理环境，同时关注城市空间结构所具有的功能，而忽视对空间本质及其资本主义的政治经济分析，没有把握住空间背后的制度结构和社会结构，使其缺乏宽广的理论视野。

二、现代社会学的空间理论：社会关系空间化

虽然经典社会学家对空间理论有过精辟的论述和独到的见解，但是始终没有对空间进行专门和系统的研究。米歇尔·福柯和亨利·列斐伏尔被看作前瞻性地指出20世纪正在发生由时间性向空间性转向的思想家，他们从政治或经

---

❶　朱凌飞，胡为佳. 道路、聚落与空间正义：对大丽高速公路及其节点九河的人类学研究 [J]. 开放时代，2019（6）：166－181.

济视角剖析了资本主义空间。❶ 列斐伏尔是推动社会理论空间转向的重要代表人物，他将空间由研究的背景和前提条件，转为研究的对象和重要分析工具，推动空间社会学真正成为专门学科。作为新马克思主义者，列斐伏尔的空间思想来源于现代性反思和马克思主义的社会关系生产与再生产的辩证法原理。但是，列斐伏尔认为，马克思的研究对象是工业社会的组织方式及其社会关系，他是从城市对工业资本主义起步和发展的贡献来认识城市的。❷ 20 世纪 70 年代左右，西方社会学研究开始从"空间中的生产"转向"空间生产"，空间本身成为社会学研究的主要对象。当代社会学家对空间进行了系统阐述，例如福柯论空间的权力、列斐伏尔论空间的生产、吉登斯论时空的分离、哈维论空间的乌托邦❸、卡斯特论流动空间等。"后现代思想的兴起，极大地推动了思想家们重新思考空间在社会理论和构建日常生活过程中所起的作用。空间意义重大已成普遍共识。"❹

（一）空间关系与社会网络

空间是一种社会关系结构，行动者在空间结构内进行社会行动。❺ 列斐伏尔的空间理论是沿着马克思的批判路线，进一步批判资本主义通过空间实现利益和权力的再生产。列斐伏尔提出，资本主义的本质在于城市空间的生产。他将现代空间看作资本主义的产物，同时指出当代资本主义是通过空间的生产和再生产得以维持下来。❻ 列斐伏尔认为，资本主义通过空间实现再生产，并在空间生产中居于支配性地位。列斐伏尔的空间生产理论主要是研究空间与资本、权力之间的关系，他指出空间是资本进行积累和再生产的主要工具，同时也是社会公平正义的主要场所。❼ 城市作为现代空间体系的重要基础，城市空间生产成为资本发展的重要手段，空间生产成为资本主义扩张的资源和资本增

---

❶ 冯雷. 理解空间：20 世纪空间观念的激变 [M]. 北京：中央编译出版社，2017：146.
❷ 吴宁. 列斐伏尔的城市空间社会学理论及其中国意义 [J]. 社会，2008（2）：112 – 127.
❸ 冯雷. 理解空间：20 世纪空间观念的激变 [M]. 北京：中央编译出版社，2017：156.
❹ 包亚明. 现代性与空间的生产 [M]. 上海：上海教育出版社，2003：84.
❺ 韩瑞波. 空间生产、话语建构与制度化动员 [J]. 学术探索，2020（6）：117 – 123.
❻ 冯雷. 理解空间：20 世纪空间观念的激变 [M]. 北京：中央编译出版社，2017：165.
❼ 何艳玲，赵俊源. 差序空间：政府塑造的中国城市空间及其属性 [J]. 学海，2019（5）：39 – 48.

值的工具。同时，由于国家在资本主义空间生产中处于重要地位，国家逐步成为空间生产的主要推动者，促进资本主义生产力的提升和空间消费；国家将空间作为一种政治工具，国家权力掌握着空间的生产，城市空间生产体现的是资本和权力的发展逻辑。[1] 城市空间形态是权力、资本、阶级力量相互作用的产物。[2] 城市空间界定了政府公共资源投放和管理边界，政府在城市空间中提供各类公共服务，这成为构建稳定社会关系的一种方式。空间的组织形式也影响着社会形态，空间具有交换价值与使用价值双重属性。[3]

　　列斐伏尔提出空间的三个内在元素：空间实践、空间的表征和表征性空间。[4] "空间不是'主体'和'客体'的划分，而是由一组关系和形态构成。"[5] 列斐伏尔认为，空间是"充斥着各种意识形态的产物"，所以空间是各种利益交织的场所，空间受到各种利益的影响。列斐伏尔强调空间不是传统理念上的容器或者地理概念，以往空间研究只强调空间物质性和空间抽象性，而他将社会维度引入空间研究，强调空间是具有社会属性的社会性概念。他反对将空间视为静止的概念，空间具有整体性和流动性的特征，不是人们所看见的外在物理空间。[6] 空间具有社会性，它包含着各种社会关系，并与社会文化再生产相关，同时它也是一个形成多种意义的过程和场所，因此空间是社会关系的产物。"空间的生产，在概念上与实际上是最近才出现的，主要是表现在具有一定历史性的城市的急速扩张、社会的普遍都市化，以及空间性组织的问题等各方面。"[7] 空间生产从地理层级上可以分为三个层次，分别是地方、区域和全球的空间生产，这里的空间生产，主要强调的是人类对空间环境的改造，并在空间改造过程中发挥主观能动性，实现空间的生产。[8] 在这种空间的思维模式下，列斐伏尔将"空间生产"视为其研究的重要视角，用以分析城市空

[1]　刘少杰. 西方空间社会学理论评析 [M]. 北京：中国人民大学出版社，2020：275.
[2][3]　何艳玲，赵俊源. 差序空间：政府塑造的中国城市空间及其属性 [J]. 学海，2019（5）：39－48.
[4]　冯雷. 理解空间：20 世纪空间观念的激变 [M]. 北京：中央编译出版社，2017：129－130.
[5]　HENRY LEFEBVRE. The production of space [M]. Oxford：Wiley－Blackwell，1991：116.
[6]　罗伯·希尔兹. 空间问题：文化拓扑学和社会空间化 [M]. 谢文娟，张顺生，译. 南京：江苏教育出版社，2017：109.
[7]　包亚明. 现代性与空间的生产 [M]. 上海：上海教育出版社，2003：47.
[8]　许伟，罗玮. 空间社会学：理解与超越 [J]. 学术探索，2014（2）：15－21.

间中的社会事实和社会关系。❶

　　曼纽尔·卡斯特作为列斐伏尔的学生，两人都持有新马克思主义城市理论的观点，但卡斯特认为，列斐伏尔过于重视空间的社会关系，而他则更加重视阶级和资本对空间变迁的作用。卡斯特的网络时空理论，重点在于揭示信息技术发展背景下，网络社会的形成，促使人们的行为模式、思维方式和社会权力结构发生变化，进而导致社会结构变迁。卡斯特指出，空间就是社会，信息技术的广泛运用使社会原有的生产力、生产关系和上层建筑发生变化，进而产生不同于工业社会的网络社会。卡斯特认为，现有空间形式是资产阶级的利益安排，因此被压迫的阶层通过斗争以争取空间。卡斯特的空间构成与阶级斗争、资本相关，反映了城市空间的阶级性。❷卡斯特为展现信息技术对社会空间的影响，提出"流动空间"的网络社会特征，以区别于传统的"地方空间"。"流动空间乃是通过流动而运作的共享时间之社会实践的物质组织。所谓的流动，我指的是在社会的经济、政治与象征结构中，社会行动者所占有的物理上分离的位置之间那些有所企图的、重复的、可程式化的交换与互动序列。"❸在日益强大的全球化经济带动下，流动空间逐渐弱化城乡区域或地方空间的行政边界、社会关系及政治制度的限制作用。❹

　　卡斯特认为，信息技术的快速发展，产生不同于以往社会的新社会形态，表现为"网络社会的崛起"。网络社会使得人们的生产空间和生活空间发生变化，人们的生产和生活可以跨越地域的阻碍，实现灵活变通的即时联系，具有信息化和网络化的特征，尤其是改变了传统工业形态，产生新的工作内容和形式。卡斯特提出，网络社会是一个"流动空间"，"我们的社会是环绕着流动而建构起来的：资本流动，信息流动，技术流动，组织性互动的流动，影像、声音和象征的流动。流动不仅是社会组织里的一个要素而已；流动是支配了我

❶　吴宁. 列斐伏尔的城市空间社会学理论及其中国意义 [J]. 社会，2008 (2)：112 – 127.
❷　刘少杰. 西方空间社会学理论评析 [M]. 北京：中国人民大学出版社，2020：345.
❸　曼纽尔·卡斯特. 网络社会的崛起 [M]. 夏铸九，王志弘，等译. 北京：社会科学文献出版社，2006：505.
❹　曼纽尔·卡斯特. 网络社会的崛起 [M]. 夏铸九，王志弘，等译. 北京：社会科学文献出版社，2006.

们的经济、政治与象征生活之过程的表现"❶。流动空间模糊了时间概念，这主要是因为信息技术的"时间压缩"特征导致的。而"时间压缩"又使人们的劳动模式发生改变，传统时间管理失去了控制手段的地位。在卡斯特看来，"流动空间"是由各个位置节点组成，信息技术的运用，使得各个位置节点能够互相连接，并保证整体空间中的信息互相传递。同时，"流动空间"中的精英群体控制着空间权力和资源，且拥有自己的精英文化符号。"流动空间"通过网络进行权力运作，产生网络化的支配权力；权力的代表是网络中的节点和信息❷。

（二）空间形态与权力运作

空间是由社会关系构成，其中不同群体间的社会关系互动，产生空间内的权威和秩序。"空间是任何公共生活形式的基础，空间是任何权力运作的基础。"❸ 米歇尔·福柯是20世纪社会理论空间转向的重要学者之一。"在早期的社会学研究中，空间被当作是僵死的、刻板的、非辩证的和静止的东西。"❹福柯认为，19世纪人们重视时间，而忽视空间对社会研究的重要性。因此，福柯提倡以空间视角进行研究，当代是"空间崛起的时代"。福柯强调空间的社会属性，他格外关注微观空间的权力运作，并以一种空间视角来分析权力运作机制。他认为，空间是权力、知识等话语的体现，也是转换现实中权力的关键。❺ 福柯通过对监狱、精神病院、医院等特殊空间的权力运作分析，发现空间与权力紧密联系。同时，空间作为一种规训的技术在现代社会中运用，这种典型空间是医院、监狱等，通过对空间的设计，实现对人们的身体进行监控和限制。福柯指出，权力的总体布局在于打造一个安全的领域，实现权力所期望的治理秩序。❻ 规训是现代社会主要的控制手段，通过空间的分配能够对人

❶ 曼纽尔·卡斯特. 网络社会的崛起 [M]. 夏铸九，王志弘，等译. 北京：社会科学文献出版社，2006：383.
❷ 刘少杰. 西方空间社会学理论评析 [M]. 北京：中国人民大学出版社，2020：365.
❸ 包亚明. 后现代性与地理学的政治 [M]. 上海：上海教育出版社，2001：13-14.
❹ 汪毅，何森. 新马克思主义空间研究的逻辑与脉络 [J]. 华中科技大学学报（社会科学版），2014（5）：41-46.
❺ 包亚明. 后现代性与地理学的政治 [M]. 上海：上海教育出版社，2001：29.
❻ 刘少杰. 西方空间社会学理论评析 [M]. 北京：中国人民大学出版社，2020：140.

进行规训。此外，规训还通过监控的手段实施，监控同样与空间具有密切联系，凭借空间结构设置和技术手段的使用，使得监控得以在空间范围内实施。❶

福柯的权力思想不同于传统权力思想，他重点关注权力的微观运作，他在《规训与惩罚：监狱的诞生》中论述了权力的技术、生物权力和训诫社会等主要内容，并将权力分析的焦点聚集在"纪律"上，他认为纪律是现代社会的权力技术，能够分配人的空间❷，因此要使用封闭空间、单元定位、建筑分类和等级定位等空间技术。"纪律是一种等级排列艺术，一种改变安排的技术。它通过定位来区别对待各个肉体，但这种定位并不给它们一个固定的位置，而是使它们在一个关系网络中分布和流动。"❸ 同时，他还关注空间对身体的控制，以及身体的空间化。福柯在《另类空间》中提出"异托邦"是作为自我对立面而与现实并置的各种空间，不同于虚拟的"乌托邦"，"异托邦"是与现实时间发生错位的空间，又称作"异时位"空间。从"异托邦"中能够观察到权力在空间中的运作机制。福柯认为，"异托邦"是"在一个事实上展现于外表后面的不真实的空间"。❹ 然而，我们社会中的"异托邦"更多表现为"偏离异托邦"，人们让行为不正常的人居于其中，这些"异托邦"是监狱、精神病院、医院、收容所、养老院等。"偏离异托邦"是权力得以施为的重要技术。一方面，它们构成了一种区隔与分类原则；另一方面，它们可以实现全面监控与权力自动化。显然，福柯通过"偏离异托邦"展现知识和身体的作用，以及主体的客观化。❺ 简言之，福柯强调的空间不同于传统社会科学研究中的空间概念，而是在现代社会中不断发生结构性转变，空间是社会行动者的具体行动和行动者间的关系构成的场所，所以空间拥有多重特征。❻

---

❶ 刘少杰. 西方空间社会学理论评析 [M]. 北京：中国人民大学出版社，2020：147.

❷ 何雪松. 空间、权力与知识：福柯的地理学转向 [J]. 学海，2005 (6)：44－48.

❸ 米歇尔·福柯. 规训与惩罚：监狱的诞生 [M]. 刘北成，杨远婴，译. 北京：生活·读书·新知三联书店，2003：165.

❹ 米歇尔·福柯. 另类空间 [J]. 王喆，译. 世界哲学，2006 (6)：52－57.

❺ 营立成. 作为社会学视角的空间：空间解释的面向与限度 [J]. 社会学评论，2017 (6)：11－22.

❻ 张梅，李厚羿. 空间、知识与权力：福柯社会批判的空间转向 [J]. 马克思主义与现实，2013 (3)：113－118.

（三）空间结构与时空关系

空间是由权力和资本所决定的各种位置的多元空间，空间中的位置和关系影响着行动者在空间结构中的权力和资本；布迪厄认为，空间是"关系的系统"，这种关系是互动的关系、占有的关系和竞争的关系。❶ 布迪厄提出，空间是由关系构成，但关系是由行动者所处位置的相关性构成。同时，空间中的位置受不同资本影响，这些资本分为经济资本、文化资本、社会资本和象征资本。经济资本主要是以产权形式及其转换的资金为特征的资本；文化资本是以社会教育传授的知识能力为形式的资本；社会资本是拥有持久的关系网络，这种关系网络意味着可获得的资源；象征资本则是对其他三种资本所拥有的认可及其所带来的信用与权威。❷ 此外，布迪厄通过对北非卡比尔人空间结构的研究，分析空间的象征意义，空间中的位置或事物只有纳入一定的情境中，才能显示出所具有的结构化象征意义，个体行动者的行动受结构化象征意义的影响和组织。❸

在布迪厄看来，场域是指"在各种位置之间存在的客观关系的一个网络，或一个构型"❹。而空间由行动者的行动场域所组成，在某种程度上，空间包含着许多行动者的行动场域，场域是行动者行动的空间场所。但是，场域随着行动者的位置变化和资本的增减会发生改变，所以场域内的位置并非孤立存在，而是通过"惯习"联结起来。❺同时，布迪厄建构了不同结构位置的差别，场域内不同结构位置的资本的不同，造成了空间隔离的形成。布迪厄的空间隔离和空间区隔，反映了不同结构位置所具有行动资源的差异。行动者的行动资源差异影响场域内行动者的行动，同时结构位置上的行动者所具有的内在惯习也并不相同，而具有相同位置的群体拥有类似的实践行动，进而形成不同群体之间的空间隔离和空间区隔。布迪厄认为，空间区隔不同的群体，他们所拥有

❶❺　邹阳. 布迪厄的空间理论：读《社会空间与象征力》[J]. 河北理工大学学报（社会科学版），2011（2）：18－20，24.

❷　胡春光. 惯习、实践与社会空间：布迪厄论社会分类 [J]. 重庆邮电大学学报（社会科学版），2013（4）：120－128.

❸　皮埃尔·布迪厄. 实践感 [M]. 蒋梓骅，译. 北京：译林出版社，2003.

❹　高宣扬. 布迪厄的社会理论 [M]. 上海：同济大学出版社，2004.

的社会资本和兴趣爱好等不尽相同，这从另一方面催生出社会阶层的兴起。

吉登斯认为，时间和空间一直是结构化理论的核心，"社会科学家一直未能围绕社会系统在时空延伸方面的构成方式来建构他们的社会思想。对这个问题的探讨是结构化理论构想的秩序问题迫使我们面对的一项主要任务"❶。吉登斯的结构化理论，主要阐述的是一直具有争议的结构和行动之间的关系。吉登斯认为，结构指的是规则和资源，规则是行为的规范和表意性符码，其中规范包括政治和经济等各项制度，表意性符码是具有意义的符号；资源分为配置性资源和权威性资源。资源为规则提供了条件，而规则依靠这些条件贯穿于社会实践之中。❷ 针对结构与行动的关系，吉登斯在批判和借鉴社会学理论中的功能主义和结构主义、解释学和现象学基础上，提出了结构的二重性概念，即结构一方面是人类行动的产物，另一方面又是人类行动的中介。换言之，结构对行动者具有制约性和使动性，能够使行动者产生意外的行动后果。结构化则是指在行动者的实践行动中，结构实现了生产和再生产的过程。❸ 吉登斯将结构概括为行动者在跨越时间和空间的互动情境中利用的规则和资源，正是通过使用这些规则和资源，行动者在时间和空间中维持和再生产了结构。❹ 因此，社会学更关注社会行动所在空间的社会意义。

吉登斯提出，以往的社会学理论忽视了时空的重要性，时空是微观和宏观进行连接的社会整合机制。吉登斯认为，个体行动在时间和空间上的扩展和延伸，将影响宏观结构的构成。时间和空间的转换，是沟通微观行动和宏观结构的重要过程。吉登斯强调微观社会行动者的行动，通过社会时空的扩展和延伸，能够推广到宏观社会结构。❺ "各种形式的社会行为不断地经由时空两个向度再生产出来，我们只是在这个意义上，才说社会系统存在着结构化特征，我们可以考察社会活动如何开始在时空的广袤范围内'伸展'开来，从这一角度出

---

❶ 安东尼·吉登斯. 社会的构成 [M]. 李康，李猛，译. 北京：生活·读书·新知三联书店，1998.

❷❸ 侯钧生. 西方社会学理论教程 [M]. 天津：南开大学出版社，2010：392.

❹ 乔纳森·H. 特纳. 社会学理论的结构 [M]. 7版. 邱泽奇，张茂元，等译. 北京：华夏出版社，2006：170.

❺ 刘少杰. 西方空间社会学理论评析 [M]. 北京：中国人民大学出版社，2020：219.

发，来理解制度的结构化。"❶ 他强调行动者的各类行动都在时空中施展，这表现为社会行动的情境化。为此，吉登斯吸收了时间哲学和时间地理学的理论，将行动者的互动和时空连接起来，他提出了区域化和例行化。区域化不仅是物理空间的具体定位，还涉及各种实践中的时间和空间的区域分化，因此区域化是空间中社会互动的再生产；❷ 例行化则是社会互动关系在时间流程中的再生产。

吉登斯以时空作为向度来理解结构中的行动，空间性是共同在场的社会特征的基础。在现代社会，时空分离超越时空限制，打破传统习俗的束缚，使时间和空间成为可以分开的维度，同时由于时间的缺场，空间从过去依靠时间决定的地点场所等传统要素中抽离出来，成为不受时间"在场"支配的"虚化的空间"。❸ "时间与空间的分离也是辩证的，也产生一些对立的特征。此外，时空分离又为它们与社会活动有关的再结合提供了基础。"❹ 吉登斯的"时空分离"是"让远距离的社会事件和社会关系与地方性场景交织在一起"❺ 的景象。时空分离使得社会关系从地方性场景中被抽离出来，换言之，人与场所的天然关联被切断，人的社会关系则在更广的空间中整合。❻ 与吉登斯时空理论不同，哈维试图将时空与资本发展相联系。哈维认为，空间中资源和权力的流动是社会运行的重要基础，控制空间流动的一方往往主导着社会运行。❼ 哈维的"时空压缩"主要是用来阐述资本主义发展过程中的空间发展特征和动力。因此，他认为"时空压缩"是"资本主义的历史具有在生活步伐方面加速的特征，而同时又克服了空间上的各种障碍，以至于世界有时显得是内在地朝着我们崩溃了"。❽

---

❶ 安东尼·吉登斯. 社会的构成 [M]. 李康，李猛，译. 北京：生活·读书·新知三联书店，1998：40.

❷ 侯钧生. 西方社会学理论教程 [M]. 天津：南开大学出版社，2010：392.

❸ 罗诗钿. 吉登斯的"时—空秩序"与现代性逻辑 [J]. 海南大学学报（人文社会科学版），2016（3）：27-34.

❹ 安东尼·吉登斯. 现代性的后果 [M]. 田禾，译. 南京：译林出版社，2011：18.

❺ 安东尼·吉登斯. 现代性与自我认同：现代晚期的自我与社会 [M]. 赵旭东，方文，王铭铭，译. 北京：生活·读书·新知三联书店，1998：23.

❻ 冯雷. 理解空间：20世纪空间观念的激变 [M]. 北京：中央编译出版社，2017：170.

❼ 王华桥. 空间社会学：列斐伏尔及以后 [J]. 晋阳学刊，2014（2）：142-145.

❽ 戴维·哈维. 后现代的状况：对文化变迁之缘起的探究 [M]. 阎嘉，译. 北京：商务印书馆，2003：300.

三、空间的结构性：结构主义的空间关系

综上所述，本书所阐述的空间是一种结构主义视角下的空间概念，即空间是某种结构，具有结构的功能，但又不同于社会学的结构理论。结构理论强调社会结构对行动者行动的制约性，它是人们主观意念的结构化，而空间与结构理论一样，重视结构内在主体的关联性和功能性，并克服了传统社会学理论中的结构与行动之间的博弈关系。[1] 空间不仅具有社会性，而且具有结构化的空间特征，其中包括行动者及其相互之间的社会关系。[2] 爱德华·苏贾曾提出"第三空间"的概念，在他看来，第一空间与第二空间分别表示物质空间与心灵空间，而第三空间是涵盖第一空间和第二空间的主体与客体融合的空间。[3] 因此，苏贾试图构建"空间—社会—历史"三元互动的空间思想，使得空间不只是研究对象，更是一种研究视角和研究方法，以空间的角度对社会事实进行空间分析。[4]

梅洛·庞蒂在《知觉现象学》中提出，空间分为身体空间、客观空间和"两义性"的空间，他将主体的身心系统与空间对接起来，赋予空间人性化特征。[5] 本书中的空间作为"实体空间"和"主观建构"，具有主客体空间的双重面向，一方面，空间是人们空间实践的客观形式，也是人们可感知的物质空间形态；另一方面，空间是主观能动性发挥的场域，是由行动者的行动和社会关系构成。同时，空间通过行动者能够实现主客体的跨域和客观与主观的统一，即具有外在物质空间和内在意义空间的双面性。外在物质空间形态通过行动者的行动生产着新的空间结构和空间关系，而空间结构和空间关系则制约着行动者的行动。[6] 空间是由行动者组成的结构，空间在改变行动者行动的同

❶ 许伟，罗玮. 空间社会学：理解与超越 [J]. 学术探索，2014（2）：15-21.
❷ 靳永广，项继权. 权力表征、符号策略与传统公共空间存续 [J]. 华中农业大学学报（社会科学版），2020（3）：119-128，174-175.
❸ 王华桥. 空间社会学：列斐伏尔及以后 [J]. 晋阳学刊，2014（2）：142-145.
❹ 陈忠. 批判理论的空间转向与城市社会的正义建构：为纪念爱德华·苏贾而作 [J]. 学习与探索，2016（11）：15-20.
❺ 梅洛·庞蒂. 知觉现象学 [M]. 姜志辉，译. 北京：商务印书馆，2001：310-311.
❻ 郑震. 空间：一个社会学的概念 [J]. 社会学研究，2010（5）：167-191.

时，亦受到行动者行动的影响，同时行动以规则和资源作为条件，因此空间具有某种"结构性"。格兰诺维特认为，通过行动者在网络结构中的位置和社会关系，能够认识和预测行动者的行动。因此，格兰诺维特提出"内嵌性"概念，强调网络结构对行动者自主性的限制和对行动的制约性❶，即行动者的行动因其所处的结构位置不同而异。换言之，空间结构中不同位置代表着不同的规则和资源，这使得行动者内化对结构位置的行动期待，导致行动者在不同结构位置上呈现出不同的行动特征。同时，由于行动者所处结构位置不同，行动者之间的联结关系也不尽相同。空间结构位置决定行动者所拥有的行动资源，而行动者的主观选择则影响结构内行动者间的关系。结构位置是由行动者的行动资源所决定，所以行动者会为争夺有利的结构位置而采取不同的策略行动。❷

本书是从空间的视角对社会事实进行分析，社会行动在空间结构中展开，而行动的后果及其特征映射于空间结构的重构之中，社会行动和空间结构之间形成一种互相形塑的关系，社会行动可以改变空间结构，但社会行动必须与空间结构的特征和规范相适应，形成社会行动的"空间性"。❸ 同时，当外部形态或内部要素发生变化时，空间内部的结构关系亦发生变化，这种变化会使空间内外产生分离，且由外而内作用于空间结构中的行动者。❹ 总之，本书从结构主义角度建构空间，并突出行动者的重要作用。空间包含着外在物质空间和内在意义空间，分别是客体空间和主体空间。行动者是连接主客体空间的中介，客体空间通过影响行动者的行动而作用于主体空间，主体空间在行动者的主观能动性下反向建构空间结构和空间关系，进而形成空间的二重性特征。

---

❶ 周雪光. 组织社会学十讲 [M]. 北京：社会科学文献出版社, 2003：121 - 123.
❷ 丁波. 精准扶贫中贫困村治理网络结构及中心式治理 [J]. 西北农林科技大学学报（社会科学版），2020 (1)：1 - 8.
❸ 叶涯剑. 空间社会学的方法论和基本概念解析 [J]. 贵州社会科学，2006 (1)：68 - 70.
❹ 陈绍军, 任毅, 卢义桦. "双主体半熟人社会"：水库移民外迁社区的重构 [J]. 西北农林科技大学学报（社会科学版），2018 (4)：95 - 102.

第二节 空间与治理：
"空间—治理网络" 的分析路径

一、乡村空间的权力运作

从马克思到新马克思主义者的列斐伏尔、苏贾和哈维等人，他们对空间的研究起点始终是沿着对资本主义社会的批判路线进行，试图以空间视角揭开资本主义的政治经济关系和权力生产。"空间已经成为国家最重要的政治工具。国家利用空间以确保对地方的控制、严格的等级、总体的一致性，以及各部分的区隔。"❶ 作为新马克思主义者的列斐伏尔、哈维等人，则更加侧重于研究资本主义的权力政治和宏观空间权力。"空间是政治的、意识形态的。它真正是一种充斥着各种意识形态的产物。"❷

空间具有政治性，空间是权力运作的重要载体，空间的建构受权力主体影响，其主要特征是空间的权力运作。❸ 在以往的空间政治研究中，权力一直是空间政治研究的重要内容，而对于权力的解释主要是权力主体的各种分配格局。❹ 权力往往意味着集结国家暴力机器的统治和服从。《社会学辞典》对"权力"的定义是"影响和控制他人，并使他人按照一定的方式进行活动的能力"❺。空间中的权力运作，重视行动者利用优势资源对空间进行控制和夺取有利的位置。布迪厄提出，从某种程度上看，空间和"场域"类似，行动者在场域中建构，场域是冲突、权力和社会关系等因素的场所。在布迪厄的场域理论中，场域中的结构位置具有客观性，结构位置含有社会资源或权力资本，

❶ 包亚明. 现代性与空间的生产 [M]. 上海：上海教育出版社，2003：50.
❷ 包亚明. 现代性与空间的生产 [M]. 上海：上海教育出版社，2003：62.
❸ 靳永广，项继权. 权力表征、符号策略与传统公共空间存续 [J]. 华中农业大学学报（社会科学版），2020（3）：119–128.
❹ 狄金华. 空间的政治"突围"：社会理论视角下的空间研究 [J]. 学习与实践，2013（1）：90–96.
❺ 邓伟志. 社会学辞典 [M]. 上海：上海辞书出版社，2009.

它是场域内矛盾冲突的焦点。[1] 场域结构中占据不同结构位置的行动者，对结构中心位置的争夺是行动者进行权力运作的重点；而空间的权力运作主要关注的是行动者被规训和操控的空间斗争。[2] 吉登斯认为，解放政治和生活政治是现代性中个体消解自我认同困境的关键。在吉登斯看来，从生活政治和解放政治层面能够阐述个体的自我实现，生活政治是一种个体生活方式的政治，它强调个体的政治选择；解放政治则是"一种力图将个体和群体从对其生活机遇有不良影响的束缚中解放出来"[3] 的政治形态。吉登斯的自我认同和自我实现是现代性的后果，并通过生活政治进入个体的生活中。[4] 因此，吉登斯不同于新马克思主义者的列斐伏尔、哈维等人，新马克思主义者更侧重于研究资本主义的权力政治和宏观空间权力。

福柯则关注生活政治和微观空间的权力化，"我们时代的焦虑与空间有着根本的关系，比之与时间的关系更甚。时间对我们而言，可能只是许多个元素散布在空间中的不同分配运作之一"[5]。"权力从未确定位置，它从不在某些人手中，从不像财产或财富那样被据为己有。权力运转着，以网络的形式运作，在这个网上，个人不仅在流动，而且他们总是既处于服从的地位又同时运用权力。"[6] 因此，在他看来，权力是一种关系网络，但并不是传统意义的社会关系，而是身体、权力和知识构成的关系网络。福柯通过人们身边的例子，阐释空间是如何与权力相结合，又是如何实现权力运作。福柯认为，空间与权力的关系表现为空间的权力化和权力的空间化。空间形态具有不同的意涵，有些空间形态象征着至高无上的权力。例如，皇宫在古代是皇帝居住的地方，皇宫里面戒备森严，它象征着皇权，这时空间代表着权力，它是"空间权力化"的表征。同时，福柯认为，不同空间具有不同的功能，而这些空间功能体现出某

[1]　刘少杰. 西方空间社会学理论评析 [M]. 北京：中国人民大学出版社，2020：200.
[2]　狄金华. 空间的政治"突围"：社会理论视角下的空间研究 [J]. 学习与实践，2013（1）：90－96.
[3]　安东尼·吉登斯. 现代性与自我认同：现代晚期的自我与社会 [M]. 赵旭东，方文，王铭铭，译. 北京：生活·读书·新知三联书店，1998：248.
[4]　解彩霞. 现代化·个体化·空壳化：一个当代中国西北村庄的社会变迁 [M]. 北京：中国社会科学出版社，2017：42.
[5]　包亚明. 后现代性与地理学的政治 [M]. 上海：上海教育出版社，2001：18.
[6]　米歇尔·福柯. 必须保卫社会 [M]. 钱翰，译. 上海：上海人民出版社，1999：28.

种权力关系，例如将空间视为控制的工具，空间成为权力实施的手段和策略，这主要是"权力空间化"。❶

　　福柯认为，空间与权力紧密相连，空间是权力运作的重要场所，也是权力实践的重要机制。❷ "空间是任何公共生活形式的基础，空间是任何权力运作的基础。"❸ 福柯在《疯癫与文明》中提出，监狱、精神病院等场所是权力运行和产生作用的场所，通过研究这些场所可以分析空间的权力运作。❹ 在他看来，监狱、医院、学校等场所是权力运作的体现，这些权力能够形塑空间结构，进而影响空间内行动者的行动。福柯对医院、学校和监狱等独特空间的研究，主要是揭示像毛细血管式的微观权力在这些独特空间中的运作机制。❺ "在现实中，权力的实施要走得更远，穿越更加细微的管道，而且更雄心勃勃，因为每一个单独的个人都拥有一定的权力，因此也能成为传播更广泛权力的负载工具。"❻ 总之，福柯更加关注行动者的空间实践及其实践权力的运作。❼

　　乡村空间的权力运作主要表现为权力主体的权力结构和治理过程。乡村空间的权力主体不仅有国家权力的"在场"，还有乡土社会的内生权威和熟人关系，它们是持续互动的关系，以国家权力为代表的支配性与以乡土社会内生权力为代表的自主性共同影响了乡村空间的权力运作。当前，随着国家权力下沉，权力主体的权力结构逐渐划分为行政体制权力和村庄内生权力，同时村庄内部经济分化的加剧，以及村庄权威的多元化，使得村庄内部非正式权威崛起，新型治理主体正逐步改变传统村庄的权力结构。简言之，随着国家对乡村社会的政策由资源汲取型转为资源输入型，国家权力随资源下乡嵌入乡村空间，并改变了传统乡村空间的权力结构，推动乡村空间的治理权力逐步朝着规

❶ 周和军. 空间与权力：福柯空间观解析 [J]. 江西社会科学，2007（4）：58 - 60.

❷ 何雪松. 空间、权力与知识：福柯的地理学转向 [J]. 学海，2005（6）：44 - 48.

❸ 包亚明. 后现代性与地理学的政治 [M]. 上海：上海教育出版社，2001：13 - 14.

❹ 米歇尔·福柯. 疯癫与文明 [M]. 刘北成，杨远婴，译. 北京：生活·读书·新知三联书店，2003.

❺ 狄金华. 空间的政治"突围"：社会理论视角下的空间研究 [J]. 学习与实践，2013（1）：90 - 96.

❻ 米歇尔·福柯. 权力的地理学 [M] // 包亚明. 权力的眼睛：福柯访谈录. 严锋，译. 上海：上海人民出版社，1997：208.

❼ 郑震. 空间：一个社会学的概念 [J]. 社会学研究，2010（5）：167 - 191.

范化、正式化、多元化的方向发展转型。

二、乡村空间的联结关系

社会由各种关系组成，空间包含各种社会关系，同时塑造着各种社会关系。正如列斐伏尔所说，"空间里弥漫着社会关系；它不仅被社会关系支持，也生产社会关系和被社会关系所生产"❶。空间结构中行动者的联结强弱和亲疏程度体现在行动者的社会关系上，反映了空间公共性和个体化程度。当前，乡村社会结构变迁主要发生在乡村社会内部，主要表现为农村社会的结构性变迁，其主要特征和趋势是"空心化"和"个体化"。❷贺雪峰等提出，村庄社会关联的强弱与村庄治理密切相关，在强社会关联度的村庄中，村庄治理秩序稳定；在弱社会关联度的村庄中，村民往往是陌生的社会关系，村庄治理主体的变动性较大。❸空间具有社会性，空间中行动者之间的联结关系是乡村空间研究的重要维度。目前乡村社会的空间变迁，导致传统地方性共同体及其治理规则逐步解体，进而引发基层治理秩序混乱❹，同时乡村社会在个体化进程中，如何构建空间变迁后的治理关系成为再造新型共同体的重要内容。

公与私的对立概念在中西方文化中具有共同点，与"私"相比，"公"是代表"共同的"，公共性相对于私人性、个人性等概念，更强调个体或某种事物与公众、共同体相关联的性质。❺从宏观角度而言，公共性是超越个体层面，能够让社会成员参与公共活动或公共事务的组织力、凝聚力和认同感；从微观角度而言，公共性是个体将自己的利益诉求、权力欲望与所在群体、组织和社会相联系，并努力践行自己所承担的责任和义务。❻哈贝马斯尝试从公民

❶ 包亚明. 现代性与空间的生产 [M]. 上海：上海教育出版社，2003：48.
❷ 吴理财. 中国农村社会治理40年：从"乡政村治"到"村社协同"：湖北的表述 [J]. 华中师范大学学报（人文社会科学版），2018（4）：1-11.
❸ 贺雪峰，仝志辉. 论村庄社会关联：兼论村庄秩序的社会基础 [J]. 中国社会科学，2002（3）：124-134，207.
❹ 张良. 乡村社会的个体化与公共性建构 [D]. 武汉：华中师范大学，2014：2.
❺ 郑永君. 农村传统组织的公共性生长与村庄治理 [J]. 南京农业大学学报（社会科学版），2017（2）：50-58.
❻ 张良. 乡村社会的个体化与公共性建构 [D]. 武汉：华中师范大学，2014：82.

社会的变化中找到重建现代性的路径，"他从资本主义历史进程当中抽取一种理想型的'公共领域'和'公共性'，把这个理想范畴当作规范，对社会福利国家中的公共生活方式加以批判"[1]。哈贝马斯认为，公共领域是人们进行日常交往和参与公共事务，并以大众传媒为平台形成的空间。

空间公共性主要是指物质空间容纳人们真实的交往，以及促进人们之间精神共同体形成的过程中所具有的一种属性。[2] 空间公共性强调物理空间与公共活动的关系。物理空间作为实体空间并无公共的性质，只有物理空间与社会公共活动相结合，并形成一定的公共属性，空间的公共性才得以呈现。行动者作为物理空间和社会公共活动的中介，连接着物理空间和社会公共活动，物理空间由于行动者的社会公共活动而具有公共性的属性，进而产生空间公共性。显然，只有行动者的活动是社会公共活动，且位于物理空间中，那么这个物理空间才具有公共性的属性。空间公共性是没有任何价值判断的中性概念，只有将其放在社会公共领域讨论，才能凸显其研究价值。公共性的重要特征是公共交往，公共空间不同于私人空间，它是公共交往的空间，所以公共空间能够促使每个人在其中自由地进行交流和讨论。首先，个体拥有自己的观点和意见，能够对同一事物发表不同的见解；其次，个体可以与他人自由交往，在公共空间中展现个体价值；最后，个体由于处于同一公共空间中，具有内在的联系纽带。[3]

空间公共性并不是与生俱来，而是通过行动者的社会活动逐步建构起来的属性。乡村社会具有公共性的空间较为分散，例如门前小院、池塘水边、宗族祠堂等，这些场所具有空间公共性，主要是因为村民在这些散落的空间中经常进行聊天、聚会或公共活动等，可见，村民的公共活动使这些非正式空间具有了公共性。同时，在这些非正式公共空间中进行深入的公共交往，其中的村民具有某种情感上的联结，加上生活空间的重叠，使得村民成为实际联系的"共同体"。但是，随着城镇化的加速和社会转型，乡村社会结构面临解构和重构，传统熟人社会的社会结构发生变迁，农村具有空间公共性的场所逐步消失或者被村民所遗弃，同时空心化的人口现状，致使村庄缺少空间公共性的主

---

❶ 于雷. 空间公共性研究 [M]. 南京：东南大学出版社，2005：7.
❷❸ 于雷. 空间公共性研究 [M]. 南京：东南大学出版社，2005：16.

体和空间公共性的承载平台。乡村社会的生活空间的时空分离，加速了村庄空间公共性的消解。传统农村中以地缘、血缘联结的宗族共同体、生产共同体、精神共同体等发生变迁，传统村庄公共活动和公共空间场所减少，村庄内守望相助的公共精神消失，导致村庄传统共同体面临解体。

"共同体"通常是社会学概括社会形态的重要概念❶，"共同体"是在血缘、地缘和知识文化的基础上形成的具有共同价值、感情的结合体。❷腾尼斯认为，共同体应该是"建立在自然情感一致基础上、紧密联系、排他的社会联系或共同生活方式"❸。换言之，共同体是社会成员拥有共同的价值取向，并且关系网络亲密的集体，这种集体的生活方式、利益诉求、目标价值都具有趋同性，社会成员的凝聚力和归属感较强。共同体和社会具有不同的族群和关系性质，腾尼斯认为"共同体的本质被理解为现实的和有机的生命，社会的概念被理解为思想的和机械的形态"❹。共同体和社会是两种不同的生活方式，共同体是人们基于血缘、亲缘、情感等纽带集合起来的团体，成员之间注重情感的相互依赖而不是利益的联结。社会是由相互间利益关系联结起来的集体，成员之间缺少感情，以达到各自利益为目标。随着现代社会的发展，共同体日益转向社会。鲍曼认为，理想中的共同体不可能实现，现代性是流动的，流动的现代性使得共同体的成员、关系、价值等缺乏稳定性，同时共同体也无法保证个体的自由，因此在流动的现代社会中容易形成个体化社会的共同体。❺共同体随社会结构变迁而变化，并呈现出各种类型特征的共同体形式，但共同体的核心本质却始终没有发生变化，即共同体是由相互情感、相似价值和相同行动构成，其中决定共同体成员关系和发展命运的是共同体的联结纽带。

转型期，中国社会从乡土社会向工业社会的结构性转变，从基于"伦理"与"人情"的"熟人社会"向基于"信任"与"契约"的"市场社会"转

❶　毛绵逵. 村庄共同体的变迁与乡村治理 [J]. 中国矿业大学学报（社会科学版），2019（6）：76-86.

❷　李雪松. 社会治理共同体的再定位：一个"嵌入型发展"的逻辑命题 [J]. 内蒙古社会科学，2020（4）：40-47.

❸　斐迪南·腾尼斯. 共同体与社会 [M]. 林荣远，译. 北京：商务印书馆，1999：78.

❹　斐迪南·腾尼斯. 共同体与社会 [M]. 林荣远，译. 北京：商务印书馆，1999：52-53.

❺　谭志敏. 流动社会中的共同体：对齐格蒙特·鲍曼共同体思想的再评判 [J]. 内蒙古社会科学，2018（2）：160-165.

变，从乡土中国的"差序格局"向人际关系的"理性倾向"改变。❶ 现代化进程推动乡村社会由"总体性社会"进入"个体化社会"，农民成为社会行动的个体单元，从传统社会结构中抽离出来，从原先农村集体组织中"脱嵌"出来❷，直接暴露在市场经济中。农民需要比传统社会承担更多的责任和义务，但同时国家的各种保障政策并不健全，因此"个体化社会"中的农民处于现代社会的个体"风险状态"。当前，乡村空间的流动性特征不断增强，传统村庄空间边界的改变，导致农民的生活方式发生变化。农民开始脱离于村庄共同体和村级组织，村庄共同体显现离散化趋势，农民个体的社会生活逐步呈现"去传统化"和"不在场"特征，加之现代网络空间的发展，导致农民的原子化和个体化趋向显著。换言之，乡村空间的个体化趋势，使得村级组织的组织动员能力和治理权威减弱，传统熟人社会的共同体在个体化背景下逐步瓦解。在空间变迁过程中，村落空间公共性受到不同程度的削弱，空间变迁使得原有村庄共同体的联结纽带逐步改变，主要表现为行动者之间的关系逐渐疏离，这意味着原有联结纽带和社会关系的断裂，其中空间变迁程度越强的村庄，其共同体再造的难度越大。因此，重建联结纽带是空间变迁过程中治理转型的重要内容，构建新型共同体是培育乡村空间公共性的重要方式。

三、乡村空间的治理网络

列斐伏尔认为，每个社会都在生产自身的空间，不同的社会生产着不同的空间，空间成为理解这一社会的重要方式。❸ 城乡社会生产着不同的空间结构，城市空间和乡村空间具有不同的空间特征，通过空间特征可以发现这两个社会结构的差异性。空间实践是个体建构社会行动的过程，关系网络是空间实践活动的中介与结果。❹ 空间不仅是客观物质性的存在，更是主观抽象化的存

❶ 谢家智，王文涛. 社会结构变迁、社会资本转换与农户收入差距 [J]. 中国软科学, 2016 (10)：20 – 36.

❷ 江立华，王斌. 个体化时代与我国社会工作的新定位 [J]. 社会科学研究, 2015 (2)：124 – 129.

❸ 亨利·列斐伏尔. 空间与政治 [M]. 李春，译. 上海：上海人民出版社, 2015.

❹ 安真真. 多维空间视角下社会关系变迁研究：以 B 市幸福城研究为例 [J]. 河北学刊, 2020 (4)：184 – 190.

在，空间内行动者的关系网络凸显空间的社会化。因此，我们进行空间分析，难免需要分析空间中主体间的关系，这种主体关系主要表现为行动者之间的关系网络。然而，空间形态影响着行动者的社会关系，这里空间形态的作用，主要是空间结构控制着行动者的行动，使行动者间的联结关系呈现出适合空间结构特征的关系网络。乡村空间是一个整体性空间结构，在外部力量作用下，村落空间形态发生改变，意味着位于空间结构中的行动者的行动及其关系产生变化。同时，行动者具有能动性，其行动和联结关系能够反作用于空间结构的建构。乡村空间作为一个客观的实体空间，其中的空间政治和权力运作主要体现为治理主体的权力结构和空间治理过程。同时，乡村空间也是主观建构的空间结构，空间结构内行动者之间展开行动博弈，行动者围绕不同的结构位置以及本身固有的资源进行斗争，以占据具有竞争力的结构位置，使空间结构朝着有利于行动者利益的方向发展。

村落空间变迁，使得原有空间结构中的结构位置发生改变，导致主体权力结构在空间变迁中产生变化，并直接影响治理过程和治理秩序。苏力认为，不同空间位置会对权力运作产生不同的影响，"中心—边缘"的空间位置会改变内生的社会网络关系规则，由此产生的"熟悉—陌生"的空间特征可能会弱化之前的强势权力。❶ 换言之，村落空间变迁影响着空间结构内行动者的权力运作方式，治理主体的治理权力和权威面临重构，他们的权力结构、治理方式等与空间形态互为形塑，新的空间形态逐步成为治理主体进行权力运作的工具和手段。例如，空间形态的标准化与网格化治理相结合，使个体的居住空间成为网格化治理中的一个符号，对符号进行管理成为提升治理效率的重要手段。然而，不同于福柯"偏离异托邦"的空间权力运作，乡村治理的权力运作并不是单方面权力控制，它在关注自上而下规范的同时，也关注自下而上的治理诉求，重视治理主体与治理对象间的治理关系。

理论上的治理网络强调由不同行动者构成且相互依赖的网络，它是治理政策和治理行动的重要场所。❷ 同时，治理网络突出政府、市场、社会公众三

❶ 苏力. 送法下乡：中国基层司法制度研究 [M]. 北京：中国政法大学出版社，2000：37 - 39.

❷ 埃里克汉斯·克莱恩，基普·柯本让. 治理网络理论：过去、现在和未来 [J]. 程熙，郑寰，译. 国家行政学院学报，2013（3）：122 - 127.

者之间的行为模式和相互关系，各个主体在不同的治理行动中发挥不同的行动作用。❶ 实践中的乡村治理网络不同于治理理论中的治理网络，乡村社会是具有村庄边界的空间结构，其结构内的行动者主要依据治理主客体划分为治理主体和治理对象。村落空间变迁，一方面，改变了乡村空间的权力运作，使其治理目标、治理资源、治理手段等有所不同；另一方面，影响了乡村空间治理网络的联结关系，形成不同空间形态下的差异治理关系。

　　社会学的研究不仅需要挖掘研究对象的外在影响机制，更要关注研究本体内在的发展变化，所以不能将研究本体搁置，过分地关注与研究本体构成联系的外部因素，而忽视研究对象的内在特征。❷ 在村落空间变迁过程中，农民作为研究本体，其内在空间结构和关系的发展变化，反映了空间变迁对行动者的影响。同时，农民内在空间结构和关系的变化受客观空间结构的总体逻辑和主观行动模式的个体逻辑的双重建构。因此，我们不仅研究村落物理空间和空间结构的变迁，也注重发现农民在空间变迁下的行动逻辑及其联结关系。约翰·厄里提出，社会空间是社会活动和社会关系的产物，应从社会关系方面去认识社会空间。❸ 社会空间是行动者在空间结构中的空间关系，它包括行动者的生产空间、生活空间等主体性社会空间关系，社会空间的扩展性将会改变原来的社会秩序。❹ 列斐伏尔提出，社会变迁可能会压缩人的生活空间，将个人生活空间让位于生产空间，而现代性可能会使人的生活空间同质化和重复化。❺ 随着空间变迁由物理空间到社会空间的不断深入，个体空间逐步转向公共空间，并影响农民的生活秩序和村庄共同体的实际运行。从农民内在空间结构和关系的角度来看，我们主要围绕三个维度进行观察和研究，分别是农民的生活空间和生产空间，以及农民活动的公共空间。

　　总而言之，乡村空间作为一个治理场域，治理网络是治理模式的内在关系体现和概括特征。网络结构是由内在的构成元素及相互关系构成，治理网络包

---

❶ 陈瑜，丁堃. 治理网络视角下新兴技术治理的社会公众角色演变 [J]. 科技进步与对策，2018 (5)：1-7.

❷ 张兆曙. 农民日常生活中的城乡关系 [M]. 上海：上海三联书店，2018：23.

❸ 林聚任，申丛丛. 后现代理论与社会空间理论的耦合和创新 [J]. 社会学评论，2019 (5)：15-24.

❹ 冯雷. 理解空间：20世纪空间观念的激变 [M]. 北京：中央编译出版社，2017：134.

❺ 许伟，罗玮. 空间社会学：理解与超越 [J]. 学术探索，2014 (2)：15-21.

括治理主体和治理对象，以及两者间的治理关系。乡村治理网络的差异，反映了治理主体和治理对象的结构位置及其联结关系的差异。治理网络具有不同的结构性特征，这些治理网络的结构性特征在很大程度上与空间变迁具有一致的社会意涵。● 空间作为乡村社会的表征性因素，村落空间结构的变化，首先是外在物理空间形态的变迁，不同程度的空间变迁产生不同类型的村落空间形态。其次是处于村落空间实体结构中的行动者社会空间的重构，表现为行动者的生活空间和生产空间的改变，以及整体性的公共空间变迁。最后是由于行动者社会空间和公共空间的变化，导致由行动者组成的治理网络随之发生变化。简言之，乡村外在物理空间变迁通过行动者空间行动的中介机制影响乡村社会的治理网络，中介机制包括行动者的生活空间、生产空间和公共空间，这使得治理空间结构和空间关系不同于原先治理空间。行动者在治理场域中分化为治理主体和治理对象，行动者的行动分别是治理主体的权力运作和治理对象的策略行动（见图 2-1）。

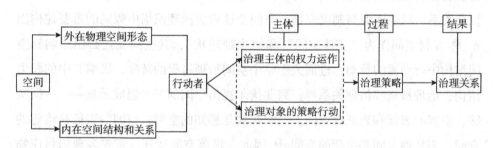

图 2-1　空间关系与治理网络

四、"空间—治理网络"分析路径的建构

空间生产是行动者依据生产和生活的需求，将时空结构中的工具、制度、秩序等要素施加于某一空间，从而在空间中建立了相应的空间结构和关系。❷ 列斐伏尔认为，空间包含着再生产的社会关系，空间内充满着由行动者组成的

---

❶　张兆曙. 农民日常生活中的城乡关系 [M]. 上海：上海三联书店，2018：197.

❷　沈菊生，杨雪锋. 城郊"违建"综合治理机制与空间重构模式：以上海 S 村"拆违"实践为个案 [J]. 学习与实践，2018 (6)：83-91.

关系网络，他将空间理解为"社会秩序的空间化"，这种空间化涉及行动者权力关系的重组与建构。❶ 空间变迁改变着行动者的权力关系和实践行动，进而生成结构要素差异的治理秩序。村落空间变迁后的新型空间形态，通过将新型空间特征和治理技术相结合，包括对新型空间单元、空间功能、空间类型等的设置和规定，并采用多种不同的治理策略，进行治理规则的明确和治理资源的整合，使得治理对象的行为与空间规范要求相符合，推动新型空间形态的治理模式适应其治理目标和治理要求。因此，治理具有空间性，一方面，治理是在空间中完成的，治理需要面对差异性的空间形态和空间结构；另一方面，治理是通过特定的空间形态和空间结构进行生产的。❷

　　空间作为一种社会情境，影响着行动者的行动，只有在特定的空间结构中，我们才能理解行动者背后的社会情境。❸ 乡村治理空间中存在策略选择、乡土文化、人情网络等因素，所以治理空间是行动者权力运作的"角力场"。行动者在物理空间范围内展开行动，而这种物理空间同时又包容了错综复杂的社会关系、社会资源与制度安排。空间变迁成为治理网络中规则的重要建构因素。❹ 乡村空间作为"实体空间"和"主观建构"，其空间变迁必然影响到空间结构中行动者的行动，进而关乎整个空间治理过程的转变，影响其中的权力结构、治理策略和治理关系等。列斐伏尔提出空间的三个组成元素——空间实践、空间的表征和表征性空间，空间实践是感知的空间；空间的表征是构想的空间；表征性空间是生活的空间。❺ 因此，村落空间变迁，首先表现为村庄物理空间的变动和村庄空间边界的变化，其次是农民所构想空间和关系空间的改变，最后是整个村落空间结构性质的转变，从而建构出新的治理秩序。

　　此外，空间变迁破坏了原有空间结构的内在组成要素，导致个体的生活方式、生产方式和社会关系面临重构。村落空间变迁程度的不同，意味着对原有村庄内生秩序破坏程度的不同，空间变迁程度越深，对村庄原有内生秩序的破

　　❶❷　周晨虹. 社区空间秩序重建：基层政府的空间治理路径：基于 J 市 D 街的实地调研 [J]. 求实，2019 (4)：54－64.

　　❸　张兆曙. 农民日常生活中的城乡关系 [M]. 上海：上海三联书店，2018：30.

　　❹　徐丙奎，李佩宁. 社区研究中的国家—社会、空间—行动者、权力与治理：近年来有关社区研究文献述评 [J]. 华东理工大学学报 (社会科学版)，2012 (5)：36－47.

　　❺　许伟，罗玮. 空间社会学：理解与超越 [J]. 学术探索，2014 (2)：15－21.

坏越彻底，治理主体的权力结构需要重新形塑，这往往会形成不同于以往的治理策略和治理过程。相反，空间变迁程度弱，村庄原有内生秩序仍然存留，治理主体的权力结构变化较小。因此，空间变迁使得治理主体的权力结构、治理策略和治理过程发生变化，并逐步改变由治理主体和治理对象及其关系所构成的治理网络。

目前，农村的空心化、空巢化和老龄化，农村主体的流动性和社会关系的半熟人化、陌生化❶，以及传统联结纽带作用的不断减弱，导致乡村空间内不同主体的联结关系随之发生变化。这种变化主要表现为村民离散于村庄共同体，传统村庄共同体对村民的吸纳力降低，村民的集体感和归属感减弱。因此，空间变迁的重要治理内容是重塑村庄的公共性治理机制，建构新的联结纽带，再造与空间形态特征相适应的新型治理共同体。党的十九届四中全会《中共中央关于坚持和完善中国特色社会主义制度　推进国家治理体系和治理能力现代化若干重大问题的决定》提出，"建设人人有责、人人尽责、人人享有的社会治理共同体"。治理共同体作为"治理"和"共同体"的结合，它强调的是治理内部各主体的联结关系，其中主要是治理主体和治理对象的治理关系，这种治理关系是治理共同体的象征表达。空间变迁通过重建新的社会联结纽带，将治理主体和治理对象重新联结在一起，构建新型治理共同体，进而促使乡村社会在空间变迁中重塑公共性治理机制。

梳理既有研究，从空间视角分析基层治理及其权力运作，主要是在"空间—社会行动""空间—关系网络"等分析路径下进行研究。❷"空间—社会行动"的分析路径❸❹，重视行动者主体性与空间结构因素的辩证关系，将空间视为社会中的结构，探讨空间生产与行动者的关系。一方面，空间结构作为结构性要素能够在一定程度上决定行动者的行动，使行动者在空间结构内实施行动；另一方面，行动者具有主观能动性，行动者的空间实践能够建构不同于传

❶ 陆益龙. 后乡土中国 [M]. 北京：商务印书馆，2017：14.

❷ 茹婧. 空间、治理与生活世界：一个理解社区转型的分析框架 [J]. 内蒙古社会科学，2019 (2)：146－152.

❸ 钟晓华. 社会实践的空间分析路径：兼论城镇化过程中的空间生产 [J]. 南京社会科学，2016 (1)：60－66.

❹ 叶涯剑. 空间重构的社会学解释：黔灵山的历程与言说 [M]. 北京：中国社会科学出版社，2013.

统空间结构的空间形态。"空间—社会行动"分析路径详细阐述了空间与行动者的互为形塑关系，将空间作为结构，空间是冲突、权力和社会关系等因素的场所。"空间—社会行动"分析路径强调空间与行动者之间建立一种互构关系，并逐步形成结构性的公共性关联，进而优化空间权力结构和治理秩序。❶但是，"空间—社会行动"分析路径难免会陷入社会结构的制约性与行动者行动的能动性的讨论中去，同时过分聚焦于行动者的各种策略行动，动态地描述行动者在空间结构内的生产和生活行动，而忽视了空间中权力再生产的动力机制和宏观空间结构的权力分配。此外，对行动者策略行动的过度关注，使"空间—社会行动"分析路径对行动者背后所携带文化、惯习等因素的分析略显不足。"空间—关系网络"❷❸的分析路径，主要是研究空间变迁对人们社会关系的影响，揭示空间作为自变量是如何影响人们的社会交往，以及社会关系发生了何种改变，关注现有空间结构下的关系网络与原先关系网络的不同之处，它将研究的层面聚焦在人们的日常生活世界。此外，"空间—关系网络"分析路径还关注微观的社会认同问题，即空间变迁改变了人们对自我和社会的认同，如在城镇化进程中农民工的空间变动对自我身份认同的影响。换言之，研究者对空间变迁剧烈的社区进行社会关系的研究，可以凸显物理空间对人们社会交往的影响。然而，"空间—关系网络"分析路径对人们日常生活世界的研究，往往出现沉于其中的弊端，缺乏对宏观社会结构发展因素的关注，忽视了空间结构、空间权力与社会关系之间的联系。

　　基于以上分析，本书在"空间—社会行动""空间—关系网络"等分析路径的基础上，提出"空间—治理网络"的分析路径，研究各个不同主体行动者的权力运作和策略行动，以呈现出空间变迁下的基层治理转型。"空间—治理网络"分析路径的重点是分析不同治理过程中的权力结构和治理方式，以及治理主体和治理对象间的联结关系，最后试图揭开空间与治理之间关系的黑箱子。在"空间—治理网络"分析路径的具体运用中，空间具有双面性和二

---

❶ 韩瑞波. 空间生产、话语建构与制度化动员 [J]. 学术探索，2020（6）：117 – 123.

❷ 赵聚军. 跳跃式城镇化与新式城中村居住空间治理 [J]. 国家行政学院学报，2015（1）：91 – 95.

❸ 安真真. 多维空间视角下社会关系变迁研究：以 B 市幸福城研究为例 [J]. 河北学刊，2020（4）：184 – 190.

重性。空间的双面性指空间既是外在实体的物理空间，又是抽象虚拟的空间结构；空间的二重性是空间能够决定结构内行动者的行动及其关系，而行动者作为具有能动性和主观性特征的"使动者"，其行动和关系也能反向建构空间结构。行动者在新的空间结构中将重新进行角色定位，并按照自身逻辑进行空间实践。❶

　　空间变迁依据村落空间形态变迁程度的大小可分为空间重组型、空间集中型和空间改造型。首先，空间重组型的空间变迁程度最深，空间结构内原有要素重组，行动者的行动及其关系与原先空间结构截然不同，具体而言，村落外在物理空间和内在空间结构均发生剧烈变化。空间重组型社区是由分散杂乱的村庄居住空间转为社区高楼层居住空间，整个空间形态和空间结构发生了本质变化。治理主体不但要面对新的空间形态，还需要改变原有村庄的内生权力秩序，运用新的治理策略，重塑治理权威，建构新的治理规则，并与居民形成新的治理关系，以适应新型空间形态的治理特征。本研究在现实生活中的空间重组型社区是"撤村并居""村改居"社区等具有城乡"过渡"性质的社区，物理空间是具有高楼层的社区空间。其次，空间集中型不同于空间重组型，虽然外在物理空间已全然变化，但空间结构中行动者的社会空间变化较小，联结纽带并没有完全断裂。空间集中型的物理空间变化表现为居住空间由分散杂乱到集中居住，村民在空间变迁中要适应新的生活环境。空间集中不同于空间重组的高楼层单元楼的空间特点，其外在物理空间是村庄统一建造的独栋单院。本研究所观察的空间集中型村庄主要是集中居住而形成的新村建设或中心村建设等。最后，空间改造型的空间变迁程度最弱，其外在物理空间和内在空间结构要素发生一定程度的改变，原有的权力结构和治理方式依据新的空间结构特征进行调整。空间改造型村庄更加强调在保持原有治理权威基础上，治理主体进行角色转变，以提升村庄治理能力。本研究所观察的空间改造型村庄主要是在原有村落基础上，村民自行进行居住空间的再造，并逐步形成新型村落空间形态。

　　当前，基层治理主要关注"谁在治理"的权力结构研究，围绕"如何

---

❶ 崔宝琛，彭华民. 空间重构视角下"村改居"社区治理 [J]. 甘肃社会科学，2020 (3)：76 – 83.

治理"的治理策略研究，以及聚焦"治理怎么样"的治理关系研究这三个维度。❶ 本书试图通过三个空间变迁程度不同的案例，阐述空间变迁对基层治理的影响机制，作为一个线性变迁趋势，三个案例分别是空间重组型、空间集中型和空间改造型。在"空间—治理网络"分析路径中（见图2-2），空间变迁程度的强弱，将会改变治理主体的权力结构和治理过程，并直接影响到治理资源、治理目标、治理策略和治理关系等；第一，从治理主体看，在空间变迁过程中治理主体的权力结构进行重建或者改造；第二，从治理策略看，治理对象的生活空间、生产空间、关系空间等主体性社会空间变化带来治理内容的改变，使得治理过程不同于原先的治理模式；第三，从治理关系看，空间变迁促使治理主体和治理对象间的治理关系发生改变，进而推动共同体性质变化。

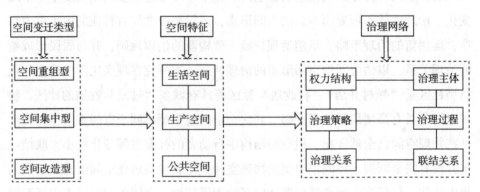

图2-2　"空间—治理网络"分析路径

---

❶ 李祖佩，梁琦. 资源形态、精英类型与农村基层治理现代化 [J]. 南京农业大学学报（社会科学版），2020（2）：13-25.

第三章
空间重组型社区的空间形态与网格化治理

　　空间重组型社区主要是指社区资源要素重新配置，在政府引导下将分散的村庄"撤村并居"，治理机构由原来的"村民委员会"转变为"居民委员会"的过渡型社区，它们反映出传统村落空间向现代社区空间转型过程中的空间冲突与适应。❶ 它们不同于成熟的城市社区，因为仍有村级集体经济的处置与利益分配、传统价值观念、生活习俗等正式制度和非正式制度。同时，它们又不同于传统村落，因为空间形态的变迁带来居民生活空间、生产空间等社会空间和公共空间的变化。❷ 空间重组不仅使得外在物理空间形态改变，而且还影响空间内在的行为规范和治理规则。在 S 社区的空间变迁中，"农民"身份转变为"居民"身份，新的社区治理不同于传统村落空间的弱约束，社区居民需要践行新的空间行为规范和治理规则。然而，空间重组型社区的过渡型特征，使居民的行为习惯依旧保持着村庄生活的特性；社区的流动性加剧传统熟人社会秩序的瓦解；居民之间缺少相互交往，导致居民生活的"陌生化"。❸

　　空间变迁使得传统村庄治理权力和权威面临重构，社区需要重塑新的治理权威。治理主体通过行政吸纳服务的形式，对社区物业公司进行管理，以整合

---

❶ 崔宝琛，彭华民. 空间重构视角下"村改居"社区治理 [J]. 甘肃社会科学，2020（3）：76-83.

❷ 谈小燕. 三种"村转居"社区治理模式的比较及优化：基于多村合并型"村转居"社区的实证研究 [J]. 农村经济，2019（7）：111-118.

❸ 黄成亮. 村改居社区公共性治理机制重构研究：基于四川省某市 H 社区的个案分析 [J]. 云南大学学报（社会科学版），2020（5）：127-134.

治理资源。一方面，运用网格化治理方式，将治理主体下沉至社区每个网格，提升社区网格化治理效率，重视治理主体与社区居民的对接。另一方面，社区将"楼宇自治"与网格化治理相结合，推动"村组自治"向"社区自治"转变❶，社区居民通过"楼宇自治"参与社区治理。空间重组型社区是以社区网格为治理基础，实现网格内行政与自治的平衡。社区居民在空间变迁的基础上，容易对治理主体形成空间依赖的治理关系。社区居民在日常生活中以楼栋为单位，逐步形成"微共同体"，不同于传统村庄共同体，"微共同体"具有居住空间同质性和社会交往需求性的特征。空间重组型社区将情感关系作为联结纽带，运用情感治理化解居民日常矛盾纠纷，让居民逐步融入新的社区空间。简言之，对于空间重组型社区来说，立体化和标准化的社区空间，使得治理主体更加强调重塑社区空间的治理秩序，以及推动居民对于新的社区治理权威的认同。❷

第一节　空间重组型社区的空间形态

一、"农民上楼"的空间转变

　　S社区位于T市江镇，总规划面积为180927平方米，现有安置房80栋，其中保障房696套。S社区成立于2016年年底，社区居民主要是周边3个行政村的拆迁安置户。截至2019年12月，已入住2861户，S社区有居民9264人，党员188人，划分为5个党支部，居民代表70人。S社区办公楼面积为1300平方米，内设社区服务大厅、党员活动中心、会议室、老年活动中心、民情恳谈室、图书阅览室、社区警务室等。经过S社区第一届党委、居委换届后，S社区现有"两委"班子成员11人，包括城管1人，退役军人帮扶人员1人。为适应T市城市发展和建设的需要，江镇于2016年年底先后将3个行政村近

❶ 项继权，王明为. 村民小组自治的实践及其限度：对广东清远村民自治下沉的调查与思考 [J]. 江汉论坛，2019（3）：40－48.
❷ 吴莹. 空间变革下的治理策略："村改居"社区基层治理转型研究 [J]. 社会学研究，2017（6）：94－116.

万名农民搬迁到新建的江镇 S 社区。S 社区大部分居民从散居村落到聚集在社区生活后，面对居住空间和身份的转变，往往难以适应新的空间环境，产生了空间转换的社会适应困境。因此，为了加强对江镇 S 社区居民城镇化的管理，进一步提高居民的生活水平，加快居民增收致富的步伐，江镇决定设立 S 社区居委会。2016 年年底，江镇成立了社区筹备领导小组，促使"拆迁安置"的居民能够顺利实现社会空间和身份认同的转变。

S 社区作为空间重组型社区的代表，将传统村落推向城市化的社区生活形态。[1] 空间重组型社区的直接视觉冲击是外在物理空间变化所产生的"农民上楼"，即居民原来分散的"单栋独院"居住空间，转变为城市社区集中的高楼层单元楼式的居住空间，导致出现社区人口结构异质化和社区空间城市化。[2] 空间重组不仅是新型空间形态的形成过程，同时也是社会关系重组和社会秩序再生产的过程。[3] "农民上楼"在改变居民实体居住空间的同时，推动居民生活空间、生产空间、关系空间等一系列主体性社会空间发生变迁，并且促使具有公共性的公共空间产生形态和内容的异化。可以说，在快速城镇化背景下，空间重组型社区与传统村落空间的外在形式和内在结构差异悬殊。

二、空间形态差异与新的身份认同

空间重组型社区不同于传统村落空间，空间形态差异使得作为主体的居民产生身份认同的困境，即在空间重组型社区中的主体身份是城市居民还是农村农民的认知。符号互动理论认为，社会角色的转变对居民身份认同具有显著影响，建构论则认为身份认同是由社会所建构的。因此，建构空间重组型社区居民的身份认同，既需要群体自身对其身份的主观认同，同时也需要客观外在于群体之外的社会性建构[4]，即身份认同不仅是自我认同，还包括他人及社会的

[1] 李飞，钟涨宝. 农民集中居住背景下村落熟人社会的转型研究 [J]. 中州学刊，2013 (5)：74 - 78.

[2] 张晨. 城市化进程中的"过渡型社区"：空间生成、结构属性与演进前景 [J]. 苏州大学学报（哲学社会科学版），2011 (6)：74 - 79.

[3] 崔宝琛，彭华民. 空间重构视角下"村改居"社区治理 [J]. 甘肃社会科学，2020 (3)：76 - 83.

[4] 赵晔琴. 农民工：日常生活中的身份建构与空间型构 [J]. 社会，2007 (6)：175 - 188.

身份认同。美国社会学家库利曾提出的"镜中我"理论，即通过他人对自己的态度和反应这面镜子形成一种自我观念，人们从他人的这面镜子发展出自我意识。❶ 空间重组型社区的外在物理空间与城市社区空间形态相同，社区居民在短时间内实现了空间和身份的剧烈转变，他们所拥有的土地承包权在城市建设中被征用，从而进入非农生产空间。因此，空间重组所导致的巨大空间差异，使得上楼后的居民面临身份认同的转变，需要他们改变传统村落空间中的生产和生活方式，以新的社区居民身份来面对新的空间生活和规范。空间重组型社区居民的自我认同转变通常经历了以下三个阶段。首先，认同是一个转向过程，自我认知进行转向，对自我认知的定义逐渐"城市化"，自我正成为城市居民中的一分子。其次，认同是一个"再社会化"过程，习得城市居民的一套"符号系统"，无论是语言还是行为都理性模仿城市居民的行为模式。正如布鲁默所提出的学习有意义的符号，再进行内向互动，发展自我。最后，身份认同是一个融合过程，将自我放在城市生活的情境中，并认为自己是城市居民中的成员，像城市居民的行为模式一样进行角色扮演。

　　社会的空间—时间—制度的变化，将会对在社会中占主导地位的个体自我关系的形式产生影响，换言之，会对占优势的人格类型或者身份确定模式发挥作用。❷ "农民上楼"是以整体的方式进入新型社区，这意味着居住方式的城镇化，但是在事实上，他们仍生活在传统的农民群体之中。由于自身行为与周围的社会行为缺少相对冲突关系，居民缺乏改变自己生活习惯和行为的持续压力，导致生活方式的转变速度远滞后于以个体方式进入城市社区的居民。❸ S社区作为空间重组型社区，其中年龄较大的居民仍然认为自己是农民，并不会因为居住空间变化而成为城市社区居民，这部分居民占据社区人口的大多数，他们不习惯生活在单元楼式的居住空间，居住空间的立体化给他们的生活带来的更多是麻烦而不是便利。因此，S社区"农民上楼"的身份认同度不够，虽然空间变迁使得他们的居住空间和生计模式发生改变，但是上楼后依然认为自

　　❶ 郑杭生. 社会学概论新修 [M]. 北京：中国人民大学出版社，2010.
　　❷ 哈尔特穆特·罗萨. 加速：现代社会中时间结构的改变 [M]. 董璐，译. 北京：北京大学出版社，2015：352.
　　❸ 郭亮. 扶植型秩序：农民集中居住后的社区治理：基于江苏P县、浙江J县的调研 [J]. 华中科技大学学报（社会科学版），2019（5）：114－122.

己是农民的身份，同时秉承村庄生活空间的生活习惯，导致生活行为与社区空间规范的不适应。与此同时，S 社区中的年轻人则持有两种观点，一种观点认为自己与城市居民相差无几，因为与城市居民的生活方式相同，且不再从事农业生产活动；另一种观点认为，自己既不是城市居民也不是农民，而是在两者之间的群体，并强调自己的生活境遇和社会资本不如城市居民和农村农民，怀念过去的村落生活，对未来生活充满未知感。因此，空间重组型社区的空间变迁，使得处于空间结构中的不同群体形成差异化的主体身份认同。

第二节　空间重组型社区的空间特征

"农民上楼"的空间重组形式打破了原来居民的地缘共同体和社会关系网络，解构了原来的熟人社会❶，"农民上楼"后社会空间的重构，导致社区居民居住空间立体化、交往空间缩小化和活动空间就地化；同时，由于生计模式改变，社区居民生产空间产生现代化和非农化的空间表现形式。作为社区公共性的实践空间，空间重组型社区的公共空间不同于传统村庄公共空间，形成社区公共空间的稀缺性和私人化，致使社区面临多重空间治理困境。

一、生活空间的立体化和交织性

（一）居住空间立体化与矛盾纠纷增多

空间重组型社区是高楼层单元楼式的居住空间，由传统村庄的平面化转为立体化，立体化的居住空间可以在有限的土地面积上安排更多的居民居住。传统村庄是独栋单院的居住空间，在"生于斯，长于斯"的熟人社会中，农民之间是"低头不见抬头见"的生活状态。但是，"农民上楼"的拆迁安置，导致居住空间变为单元楼式空间，并且由于相互间居住空间的拉近，形成邻里之

---

❶　谈小燕. 三种"村转居"社区治理模式的比较及优化：基于多村合并型"村转居"社区的实证研究 [J]. 农村经济，2019 (7)：111–118.

间的生活空间交织，彼此生活空间的互相影响机会增加，使得居民之间的矛盾纠纷增多。S社区拆迁安置采取的是抽签入住的形式，现在左邻右舍不同于以前生活空间的左邻右舍，特别是三个不同村庄的集中安置，使居民之间传统的血缘、地缘等纽带被隔断，传统邻里之间的人情关系不复存在，从而形成"半熟人社会"或者"陌生人社会"的状态。传统农村是熟人社会，农民之间的矛盾纠纷往往碍于情面，通常不会真正抹开情面地争吵。S社区采取抽签入住的方式，使得邻里之间少了人情关系作为纽带，当邻里之间有矛盾纠纷时，缺少作为"减震器"的人情关系，因此邻里之间的矛盾纠纷呈现"井喷式"爆发。

　　当前，S社区居民的矛盾纠纷主要有以下几方面。一是高楼层居民随意高空抛物，导致低楼层居民的生活受到影响，并且影响社区行人的安全出行。二是楼上楼下居民因生活习惯不同所产生的矛盾。例如，楼上居民洗衣服不用洗衣机甩干，湿衣服滴水到楼下遮阳棚上；高楼层居民洗衣服用手洗棒槌，影响楼下居民的正常生活休息。三是一楼居民在楼下用木炭烧水，烟雾影响高楼层居民的日常生活。在立体化居住空间中，邻里之间的琐碎矛盾被扩大，以致各种邻里之间的小事会影响整栋楼的和谐稳定。总之，立体化的居住空间不同于传统单栋独院的居住空间，它将居民的生活空间交织在一起，使居民之间矛盾纠纷不断增多，进而影响社区居民之间的邻里关系。

　　S社区在建设之初，由于考虑到社区居民由农民身份转变而来，所以在社区楼栋规划设计上，设计有地下室，并且按照每户居民8平方米进行空间分割，这样，每户居民都有摆放农具的空间。但在实际生活中，除了用来摆放农具和其他生产工具以外，居民地下室空间还被改造为其他用途。其一，低楼层住户将地下室自家空间改造为厨房，而将家中厨房改造为其他空间，但利用地下室空间作为厨房，导致地下室油烟不易排除，油烟笼罩在整个楼栋，且有严重的安全隐患。其二，有些居民将地下室空间作为老人的居住场所。虽然这种行为招致社区其他居民的批评，但社区内这种现象较多。一方面，年轻人与老年人的生活习惯不同，居住在同一空间容易产生生活方式上的冲突；另一方面，老年人觉得地下室空间条件虽然有限，但作为自己的独立空间，拥有一定的私密性，同时还能减轻家中子女的负担。显然，社区居民将地下室空间作为居住空间进行改造，并作为厨房或老人居住房间，这影响了社区环境整治和社区养老文化涵养。此外，地下室空间的随意使用，在居民中间产生了较大的矛盾纠纷，特别是将地下室空间用作厨房，厨房油烟笼罩在整个单元楼中，同一楼栋的居民为了油烟污染问题，发生过多次严重的争吵。其中，高楼层居民认为，将地下室空间改造成厨房是低素质的行为，这是没有公共道德感的表现；低楼层居民则认为，自己拥有支配和使用地下室空间的权利。两者互不相让，导致地下室空间使用的争执问题越来越严重。

（二）交往空间缩小化与社会关系减弱

从传统村落到现代社区，居民原有的社会关系网络发生了割裂。[1] 立体化的居住空间使得人们居住在独自的生活空间内，形成居住空间的独立性和封闭性，社区公共空间和私人空间分离。立体化的居住空间与村庄并排的平面化居住空间有所不同，上楼下楼的楼梯成为邻里交往的障碍，同时单元楼与隔壁邻居中间的防盗门，也成为邻里交往的障碍。传统村庄是熟人社会，虽然家家户户都有大门，但大门大多是不上锁的，因为房前屋后都是自己熟悉的邻居。因此，传统农村交往空间并没有固定的场所，邻里交往可以随时随地地面对面进行，交往空间可以是田间地头、房前屋后、池塘边、树边等开放性空间。

与此相反，由于单元楼是封闭性的居住空间，居民日常互动需要跨越居住空间的空间分割，并且交往需要花费一定的时间成本或人情成本。例如，居民要去左邻右舍沟通交往，一要确保对方在家，因为楼上楼下的空间阻隔，使人们并不知道门里面此时此刻是否有人在家；二要确保对方是否愿意聊天，因为不知道这段时间对方是否忙于其他事情。传统村庄空间内能够"肉眼可见"地判断邻居是否在忙，所以可以克服空间阻碍进行交流。因此，立体化的居住空间使得居民的交往空间不断缩小，由原先的无成本交往，到现在要用成本判断是否进行交往，致使双方交往的频率降低，进而导致邻里交往空间进一步压缩。同时，因为缺乏对居民公共活动需求的考虑，S社区没有建设社区公共活动室，这使得住进单元楼房的居民无法在私人空间中完成社会交往，同时也丧失了在社区正式公共空间中交往的可能。随着居民交往空间的缩小，社区社会

---

❶ 崔宝琛，彭华民. 空间重构视角下"村改居"社区治理 [J]. 甘肃社会科学，2020（3）：76 - 83.

关系呈现出松散的趋向。与传统村落空间相比，S社区的空间封闭性，更加强化了社区居民的空间隔离和社会排斥。在某种程度上，单元楼式的封闭生活空间，使得居民对社区共同体的认同逐渐下降，居民生活更加具有"原子化"特征。❶

此外，因为社区公共空间缺乏和交往空间缩小，有些住在高楼层的居民，尤其是老年人，他们空闲在家，渴望和他人交流，于是他们从家中拿出凳子，坐在一楼楼道口与上下楼居民聊天。久而久之，社区楼栋的楼道口成为邻里之间的交往空间。这些坐在楼栋楼道口的居民普遍年纪较大，他们有时三五成群地坐在楼道口聊天，虽然大部分社区居民能够理解这种行为，但是干扰了正常上下楼出行的居民。

老年人在家也无聊，他们在楼道口聊聊天也很正常，我们能够理解。楼上楼下地聊聊也容易加深关系。(20190813 - S社区居民FYH)

(三) 活动空间就地化与破坏社区环境

社区居民活动空间是生活空间的另外一种表现形式。红白喜事对于农村家庭而言是生活中的大事，也是农村生活的重要组成部分。传统农村中的人际交往大都是在熟人社会的关系网络中建构，所以村民家中有红白喜事，一般无须通知大家，以村民为中心的关系网络中的亲朋好友会自觉前来帮忙，往往形成"一家有喜，全村送礼；一家老人，全村举丧"的场面。村落社会内部的红白喜事是村民在有限的活动空间中相互交往的重要形式，这种交往形式的开展，依靠村庄的血缘关系和地缘关系❷，它是村庄人情往来的表现。因此，作为村庄共同体中的成员，红白喜事是所有村民重视的人生大事。同时，传统民间文化也极为看重红白喜事的仪式作用，红白喜事通常是追求幸福、避免灾难的符号。因此，村民格外重视红白喜事的象征含义，祈求通过红白喜事增加家庭生活的福气。

作为村庄和村民家庭的重要仪式，红白喜事通常需要在一定的空间场所进

---

❶ 郭亮. 扶植型秩序：农民集中居住后的社区治理：基于江苏P县、浙江J县的调研 [J]. 华中科技大学学报（社会科学版），2019（5）：114 - 122.

❷ 曹海林. 村庄红白喜事中的人际交往准则 [J]. 天府新论，2003（4）：77 - 79.

行。传统村庄空间边界内，每户家庭居住空间是独立和封闭的，且房屋之间会有一定距离。这样，村民家的房前屋后及院内成为红白喜事的活动空间。因此，村民的红白喜事活动能够在家中举办，并且根据村民的家庭实际情况决定红白喜事的规模。例如，家庭经济条件好的村民，红白喜事就会大操大办等。S 社区作为拆迁安置社区，其居民是由征地农民的身份转变而来，因此社区居民的生活习惯多是村落中农民的生活习惯，非常重视家庭红白喜事。但是，S 社区并没有可供举行红白喜事的活动场所，所以居民家中如有红白喜事便会选择将楼下公共草坪作为场地。

社区居民家中红白喜事的桌席直接摆在公共草坪上，这对社区环境产生诸多负面影响，主要表现为以下三个方面。一是毁坏公共草坪。红白喜事举办期间人们有意或无意地践踏公共草坪，容易造成社区公共草坪的根源性破坏。二是污染社区整体环境。红白喜事的桌席所产生的垃圾被直接丢在公共草坪上，有些居民会在结束之后自行收拾，而有些居民则任由垃圾乱丢，导致社区草坪和道路两边都是垃圾，严重污染社区公共环境。三是举办红白喜事通常邀请中式或西式乐队进行气氛烘托，乐队的声音在其他居民看来是影响日常生活的噪声，因此经常有居民在红白喜事进行期间向居委会反映噪声问题，甚至有些居民通过报警进行抗议。此外，红白喜事中的丧事操办更加影响居民的正常生活。社区内老年人居多，所以社区中丧事较多。而在丧事活动中会有烧冥币纸钱、燃烧烟花爆竹等习俗，这些习俗在传统村庄空间中容易被大家所接受，因为传统村庄居住空间是单独分开的，这类行为对生活的影响较小，但在楼栋式的居住空间这些习俗显然不合时宜。在丧事中，有些居民直接在楼道空间或一楼楼道口烧冥币纸钱，造成居民上下楼不方便，且有严重的火灾隐患。这一习俗，社区居民们虽然能够理解，但多数社区居民还是希望社区居委会能够积极改变这种局面。

> 我们家家户户都有老人，我们理解这样的做法，不在楼道弄，在哪儿弄呢？如果楼栋居民办丧事，那天我们只能遭点罪忍一忍。(20190817 - S 社区居民 GFT)

简言之，因为 S 社区目前缺少可供居民举行红白喜事的活动空间，所以社区居民开展各种活动的场所便就近选择在楼道或者公共草坪，这导致社区草坪等绿化环境的公共空间不断遭到毁坏，久而久之，逐渐形成社区居民活动空间就地化的趋势。一方面，活动空间就地化破坏了社区草坪和绿化空间，影响社区整体环境；另一方面，活动空间就地化增加了社区治理难度，使得社区治理关系紧张，不利于和谐社区干群关系的构建。

二、生产空间的现代化和非农化

（一）生产空间现代化与生计模式改变

随着拆迁安置的进行，居民的生产方式发生改变。村庄集体土地被完全占用，居民不再拥有以往可耕种的土地，这导致居民的生产空间发生实质性变化，即居民生产空间对土地依赖性减弱，并转变为现代生产空间。传统生产空间和生活空间是相连的状态，生产空间与生活空间并没有绝对的分离，农民的生产空间可以是房前屋后的场地。而拆迁安置的居住空间的立体化和高密度化，以及生产空间的非农化，使得居民的职住空间分离，生产空间与生活空间有着清晰的界限。生产空间由传统农业耕种的"田间地头"，转为产品加工的工厂车间，这种变化意味着居民生活方式的改变，形成早出晚归的流动务工形式，并体现为居民白天进厂务工、晚上回家生活的"城乡两栖"流动。同时，职住空间的分离，使居民生活习惯发生改变，逐步注重生活空间的卫生、整洁干净等。

S社区居民目前的生计模式主要有两种：一是外出务工，前往周边企业或者市区务工；二是将拆迁安置的拆迁款用来租门面房做零售生意，但这部分居民比较少，大部分还是采取第一种生计模式，即进入企业或工厂务工。"农民进厂"的生计模式，使其行为模式发生改变。其一，角色转换所带来的身份认同转变。摆脱传统农民的身份认同，将自己看作产业工人，身份认同转变有利于端正工作态度。其二，生产技能的转变。传统农业生产技能简单，且容错率较高，现代企业讲究效率，因此现代产业工人对生产技能的要求更高。

S社区周边拥有电厂和钢铁厂等，需要大量的产业工人，这无疑扩大了社区居民的就业市场。进厂务工的生计模式，改变了社区居民原先从事农业的生产方式，使其成为非农生产的产业工人，并逐渐掌握了相应的劳动技能，通过转换生产方式来维持生计。"农民上楼"后主动或被动转换生计模式的差异化认同，将会产生行为上的差异，往往主动转变生计模式的居民更容易转换生产技能，适应非农生产的要求和发展。与此相反，被动进行生计模式转变的居民通常面临生产技能转换的困境，不能适应现代产业工人的要求。换言之，如果居民内心认同产业工人的身份，便会发挥主观能动性积极主动地学习生产技能，完成由内到外的身份认同转变；而被动从事产业工人的工作，则不利于居民的产业工人行为模式的转变。

S社区有些居民进入企业务工，并没有完成角色转换和身份认同，仍然把自己当作一个农民，他们认为企业务工只不过是短期从事的工作之一，并没有完成产业工人的身份转变和认同。例如，企业要和居民签订用工合同协议，这份协议是在双方认可下签署，具有法律效力。企业表示居民所享受的待遇和义务在合同上均有体现，但是很多居民认为这并不具有实质意义，他们的行为依然按照自己的日常生活逻辑。虽然许多居民在企业工厂务工，但却依旧保持传统农业生产特点，表现为经常迟到早退，其中既有生活习惯的因素，也有不适应工作时间固定的原因，导致企业雇主与居民的矛盾纠纷不断。

> 他们社区到我们这里工作的有许多人，干得好的也有，在我们这里成为车间小组长的就有两个，但是干得不好的也有许多。有些居民不想干了，觉得自己有更好的地方，就直接走人，连招呼都不给你打一声，你如果扣他工资，他就在我们工厂门口大吵大闹。没办法，现在搞得我们都不敢招他们了，招的话，也会提前跟他们说好"违约"会怎么样。
> （20190826 – 企业招聘人员HKY）

（二）生产空间非农化与生活成本增加

詹姆斯·C.斯科特在《农民的道义经济学：东南亚的反叛与生存》中提出"双脚都站在市场经济中"的农民形象。❶农民在被完全卷入市场大潮之后，其日常经济活动、生产和生活方式、邻里交往方式都受到了来自市场和风

---

❶　詹姆斯·C.斯科特. 农民的道义经济学：东南亚的反叛与生存［M］. 程立显，刘建，等译. 南京：译林出版社，2013.

险的冲击。"农民上楼"后的生活成本显著增加，传统农村生产空间能够供给农民大部分的吃穿住行。传统村庄空间内的生产空间与生活空间两者相互依存，农民的生活所需品可以从生产空间中获得，中国传统的农耕生活具有自给自足的特征，所以传统农村中的生活成本较低。

"农民上楼"后生产空间的改变，一方面，使得居民与土地"脱钩"，自给自足的农耕生活被打破，居民的生活所需品需要从市场购买；另一方面，使得居民依靠土地进行农业生产的生计模式，转为依靠劳动力、技能等非农业生产的生计模式。换言之，居住空间的改变促使居民日常生活市场化。毫无疑问，这一变化增加了居民的生活成本，各种生活必需品均需要通过市场获得。例如，居民以前可以从村里池塘或水井免费取水，现在需要购买自来水；以前食用的大米可以自己耕种，现在需要从市场上购买；以前烧饭烧水可以用柴火，现在需要购买液化气或天然气，等等。这些生活必需品供给的变化，导致居民的生活成本较之于以前的村庄生活要高很多。虽然现代化的社区空间带给居民诸多便利，但是居民普遍抱怨生活成本太高，而这些生活的变化，在有些居民看来是政府逼着他们"上楼"所造成的。

> 以前在村里基本上很少花钱，米都是自己地里种的，家里有菜园，想吃什么菜就种什么菜；想吃肉，家里养着猪和鸡，随便什么时候想吃就吃。现在不一样喽，什么都要花钱，每天一醒来就要花钱，连喝水都要钱。我们又不像城里人一样，每个月可以赚许多钱，我们什么都不会，天天就是花钱，哎，真不如以前的生活。(20190815 - S社区居民 YW)

三、公共空间的稀缺性和私人化

(一) 公共空间稀缺性与公共活动受限

公共空间离不开对公共性的讨论，空间公共性一般被认为是物理空间在影响行动者参与公共活动的过程中所表现出来的属性。❶ 传统村落分布着各类公共空间，如房前屋后的空阔场地、村民洗衣的池塘边、宗族祠堂等都是村民沟通和交流的公共空间，人们自由地聚集在这些公共空间，交流和传播各种消息。❷ 同时，村民私人空间通过半私密的院落空间向村庄公共空间延伸，从而实现村民个体生活与村庄公共生活的结合。❸

随着空间重组型社区的统一建造和规划，传统村庄的各类公共空间消失殆尽，取而代之的是新型社区公共空间的再造，如社区健身广场、社区便民服务中心、文化广场等。传统村庄公共空间，如门廊、院前、水塘边、田间地头等零散化公共空间转为现在的社区活动室和活动广场等整体化公共空间，缺少之前碎片化公共空间的存在，导致社区居民公共空间的急剧减少。S 社区作为"拆迁安置"社区，其空间建设缺陷是缺少社区公共空间，S 社区公共空间现在只有两个小广场，且小广场容纳人数有限。当下，社区居委会和居民最渴望的公共场所是可以容纳居民集体活动的大礼堂。

> 我们一直要求社区给我们建大礼堂，但是社区总是说上面政府没有批不能建，我们说我们社区居民自己筹钱建造社区大礼堂，社区说钱的问题是一方面，上面不批地，就算有钱也没有地建造社区大礼堂。(20190820 - S 社区居民 CH)

> 我们向镇里，包括区里打过多次报告，申请建设一个社区大礼堂，方便居民在社区开展集体活动，也便于社区召集动员居民参与社区事务。但是，上面一直都没批，主要是场地的事情，现在搞土地很困难，我们也没有办法。社区居民也不理解我们，以为我们天天坐在空调房间里，啥事都不干。(20190919 - S 社区党支部书记 PJ)

S 社区两个小广场缺乏居民需要的健身器械，社区老年人占总人口近一半，老年人白天没有场所休息和聊天。为此，社区居委会跟 Y 区教体局申请，

---

❶ 于雷. 空间公共性研究 [M]. 南京：东南大学出版社，2005：52.
❷ 吴莹. 空间变革下的治理策略："村改居"社区基层治理转型研究 [J]. 社会学研究，2017 (6)：94 - 116.
❸ 崔宝琛，彭华民. 空间重构视角下"村改居"社区治理 [J]. 甘肃社会科学，2020 (3)：76 - 83.

在社区小广场上安装了健身器械。社区健身器械的安装，使得老年人既可以在广场锻炼身体，也可以休息聊天，增加了老年人闲来无事可去的活动场所（见图3-1）。但就社区总体来说，社区居民的公共活动场所有限，社区公共生活缺少现实物质载体，这是当初社区规划设计上的严重缺陷，也造成居民普遍对社区的规划设计有意见。但是，由于现已建成社区，社区居委会只能逐步改善社区人居环境。目前全国各地的拆迁安置社区普遍存在公共空间不足、社区绿化不足等问题，主要原因是拆迁安置住房作为补偿性住房，其社区基础设施建设往往存在"打折扣"的现象。

图3-1　S社区广场一角

高楼层单元楼的居住空间，使得居民的心灵空间受到影响，加剧了人们的局促感和孤单感。下午时分，社区内会有三五成群的老年人在草坪或者楼道口打牌和聊天等。究其原因，主要是社区公共空间缺乏，导致社区公共活动和娱乐活动较少，这些老年人无事可做，往往通过打牌和聊天来消磨时间。而社区居委会建设公共基础设施需要向上级政府申请报告，在得到上级政府的批准和经费下拨后，才能够按照居民意见进行重新改造。因此，社区居委会难以及时回应居民的呼声和意见。由此可见，空间重组型社区公共空间的缺乏，使得整个社区的公共性面临消解。尤其是在"村改居""拆迁安置"等社区，以前村庄集体生活的记忆衰退，居民寻求公共生活的愿望得不到实现，没有可供居民活动和沟通交流的场所，这些逐步造成社区公共意识减弱，人们形成"事不关己，高高挂起"的心态。

（二）公共空间私人化与社区管理困境

社区内的公共草地、楼道空间和道路等属于社区居民共同所有的空间。但在空间重组型社区，社区公共空间私人化现象普遍，俨然成为社区治理的重要难题。其中，主要有占用楼道空间、占用公共草坪种菜或饲养家禽、占用地下室空间等行为，社区居民的这些行为侵害了社区绿化环境和公共空间。

S社区侵占公共空间的群体主要是低楼层居民，他们将社区公共空间占为私有空间。其中，尤以一楼住户扩大居住空间最为显著，有些一楼住户将阳台改成大门，使阳台前面的草坪成为自家地域，随意扩展自己的生活空间，致使社区绿化空间减少。同时，有些一楼住户在阳台前的公共绿地饲养家禽，家禽的粪便垃圾污染了公共草坪和社区环境。家禽对周边居民的影响则更具直接性，如家鸡的打鸣声，尤其是在夏天高气温的情况下，家鸡的粪便垃圾气味难闻，严重影响了人们的正常生活。因此，社区居民针对低楼层居民饲养家禽的怨言较大，但碍于居住在同一楼栋和互相熟悉的人际关系，也就没有公开反对，但私底下却不断向社区居委会反映，要求社区居委会出面解决，禁止低楼层居民饲养家禽的行为。此外，还有部分居民在公共草坪乱搭乱建，如有些居民在公共草坪搭建帐篷，将家中农具和不易摆放的物品放入其中。

> 这个我们也知道不对，但是家里的东西太多了，而且也没有地方可放，地下室基本上被别人占了，我们只能放在这里。（20190819-S社区居民LW）

虽然公共草坪乱搭乱建较之于其他公共空间私人化形式的数量较少，但是影响却较深，因为这些违规空间大部分为居民肉眼可见，所以乱搭乱建在社区内产生了不良的示范作用。

与此同时，居民占用公共空间则更多地表现在对楼道空间的使用，有些居民将家中闲置物品放置在楼道或门口，占用楼道公共空间，影响上下楼居民的出行。社区中有些老年人捡拾各种空瓶、硬纸盒等可回收垃圾，以此卖出赚钱。然而，他们将这些可回收垃圾摆放至楼道口或门口，有时甚至堵塞整个楼道，导致楼道空间拥堵，严重影响居民的出行和防火安全。为此，尽管社区工作人员和楼栋居民多次劝阻，告知他们这些东西摆放在楼道口会产生火灾隐患，并影响他人的正常出行，但这些老年人不听劝阻，仍然随意摆放。

> 这些人还像以前在村里那样，垃圾随便摆放，不知道楼道是大家公共空间。总的来说，你指望这些人的生活方式在短时间内改变的话太难，也不太现实。我们所能做的，只能是经常上门劝阻，也不能随意将他们的东西收走，不然他们肯定要天天去居委会闹。(20190908 - S 社区党支部书记 PJ)

虽然社区老年人的生活条件得到提升，但仍然将捡来的垃圾摆放在楼道空间。农村是外出务工人员进城失败后可以继续生活的地方❶，传统农业生产能够保证人们的基本生活，并具有一定的稳定性，使其不至于"饿肚子"或者"没饭吃"。"农民上楼"后，生计模式发生改变，土地被全部征用，土地耕作消失使他们成为"失地农民"，没有了可以保障"最低生活"的农业生产，导致"农民上楼"后生活缺乏安全感。在生计模式转变过程中，不同年龄段的人主观感受不同，青年人在拆迁安置中获得赔偿款，这些赔偿款成为他们人生发展的重要资金；而对于老年人来说，土地征用意味着他们赖以生存的资源消失，这使得这些老年人没有生活安全感，因此出现捡空瓶、纸盒等用来保障物质生活的行为。

第三节　空间重组与网格化治理

皮埃尔·卡蓝默曾说："眼下的治理与科学生产体系一样，基于分割、隔离、区别。职权要分割，每一级的治理都以排他的方式实施其职权。领域要分割，每个领域都由一个部门机构负责。"❷

一、权力结构：主体重组与治理权威重塑

权力结构是权力资源的分配模式、来源渠道、运行规范、权力强度或影响

---

❶ 贺雪峰. 新乡土中国 [M]. 修订版. 北京：北京大学出版社，2013.
❷ 皮埃尔·卡蓝默，等. 破碎的民主：试论治理的革命 [M]. 高凌瀚，译. 北京：生活·读书·新知三联书店，2005：11.

力度等结构要素的有机组合❶，其中治理主体的构成和治理资源的多少是影响基层权力结构的重要因素。空间重组意味着乡村治理规则与治理主体的角色发生转换。❷ 空间形态的变迁带来治理模式的变化，空间重组型社区完全不同于传统村落空间结构，这使得传统村庄治理模式在空间变迁中失灵。

（一）治理主体：低治理权与弱治理资源

S社区的"两委"班子共有11人，包括城管1人，退役军人帮扶人员1人。因为S社区是由3个行政村合并组成，所以社区"两委"班子的8个社区干部是由原来3个行政村的村干部组成。2016年，S社区成立社区筹备委员会，其中党委委员8个人，交叉3个人。S社区党支部书记和社区居委会主任，分别是从其他村庄转调过来，这种制度安排能够避免原先村干部为新职位而产生的争执，但也会造成治理基础的薄弱。社区党支部书记PJ，以前曾担任其他村的村支书和妇女主任，因此其工作经历较为丰富，同时对于村庄治理拥有一套自己的经验做法。可以说，江镇政府让她担任社区党支部书记主要是考虑到她的治理能力和治理经验。社区居委会主任ZGH也曾担任过其他村庄的村支书，由于年纪轻且愿意干事，被江镇政府作为村级后备干部重点培养，并委任他为S社区居委会主任。江镇将社区党支部书记PJ和社区居委会主任ZGH从之前村庄转调而来，并由他们组建S社区筹备委员会，带领原先3个行政村的村干部做好社区居委会的筹备工作。

原先3个行政村的村干部共有13名，其中8人纳入S社区筹备委员会。江镇政府认为另外5人年纪较大，在征询个人意愿的基础上，让他们成立社区社会事务部，专门处理原先3个行政村的土地征迁、户口迁移等遗留问题。社会事务部的成立，一方面，使社区拥有专门的治理机构对之前村庄的事务进行处理，保证原先3个行政村的村民及时有效地处理土地、户口等事项；另一方面，通过剩下5名村干部的自然减员，逐步使社区社会事务部消化在社区居委会中，从而减少原先村干部的内部矛盾。而建设之初的社区筹备委员会是社区

---

❶ 郭正林. 中国农村权力结构 [M]. 北京：中国社会科学出版社，2005：45.
❷ 钱全. 分利秩序、治理取向与场域耦合：一项来自"过渡型社区"的经验研究 [J]. 华中农业大学学报（社会科学版），2019（5）：88-96.

临时治理主体，身为"一把手"的社区党支部书记 PJ 要求社区干部在日常处理居民事务时，必须佩戴工作牌，让居民知晓社区筹备委员会的存在，同时也让居民知道社区干部的存在。显然，社区干部出门戴牌的行为，使社区干部日常工作时在无形中树立了社区筹备委员会的权威。2018 年年中，社区"两委"选举时，社区筹备委员会成员在社区选举中全部高票当选。

社区居委会作为社区群众性自治机构，管理社区公共事务，但相对于村庄治理，其更多是服从于上级政府的任务指派和社区管理。同时，相对于江镇的其他行政村，S 社区没有集体经济，缺少像国家因平衡城乡差距而对农村进行资源输入的项目，因此社区居委会缺乏一定的治理权力和治理资源。近年来，随着国家乡村政策由资源汲取型转为资源输入型，对农村的资源输入和公共服务供给的力度不断加大，尤其是精准扶贫、乡村振兴等战略的实施，国家资源不断涌向农村。T 市近些年加大对农村的帮扶力度，随着乡村振兴战略的实施，农村发展又一次被提上各级政府的主要日程。目前，T 市入选省级美丽乡村计划或市级美丽乡村计划的村庄，拥有一定的财政资金支持。此外，还有增强村级集体经济项目、农村社区治理项目、土地整理项目等不同人力、物力和财力的支持和帮扶。

当前，S 社区居委会的办公经费是由上级政府统一拨发，这种经费来源形式使得社区居委会在社区管理中逐步呈现"行政管理"的属性，并由"自治组织"的性质转变成"政权组织"的功能。❶ 因此，社区从事项目运作、人员招聘、基础设施建设等需要向上级政府申报，上级政府同意项目申报后，划拨项目经费给社区，社区才能按照项目申报的安排进行社区治理。S 社区居委会的大部分项目运转，均须向上级政府"打报告"，说明项目实施的原因、过程、效果，以及所需要的经费名目，将报告递呈给上级有关部门，需要上级有关部门的审批和主要领导的同意。而这一流程全部走下来，通常少则个把月，多则半年时间，其间还需要社区居委会书记和主任不停地催促。因此，S 社区治理资源主要是依靠政府资源的下拨。目前，社区治理资源不足的状况，限制了社区日常工作的正常开展，使治理主体的自主性和主动性受到影响。

❶ 刘学. 回到"基层"逻辑：新中国成立 70 年基层治理变迁的重新叙述［J］. 经济社会体制比较, 2019（5）：27 - 41.

　　我们很想干事，但是做事都需要经费，有时向上面申请项目，上面审批要很长时间，所以我们的行动受限，居民不理解，我们夹在中间也难受。（20190910 - S 社区居委会主任 ZGH）

　　埃斐和梯罗尔认为，正式权威是基于组织正式地位的权威，而实质权威是占有组织信息之上所实际拥有的权威。❶ 空间重组型社区的空间形态要求再造原子化社区的治理主体，重塑治理主体权威是将离散化的个体重新整合和再嵌入的重要方式❷，使治理主体兼具正式权威和实质权威。传统村庄作为熟人社会的共同体，村民之间具有普遍的社会认同。传统村庄治理权力结构是"村'两委'—村民小组"，实际上村民小组具有真正熟人社会的特征，村民小组是农村社会最基本的生产、生活和人情共同体。❸ 传统村庄的居住空间较为固定，地缘、血缘等关系纽带稳定。因此，治理主体权威是内生性权威，治理主体能够得到村民的认可和信服。同时，治理主体拥有了解当地的"地方性知识"和处理村庄问题的"社会关系"。换言之，传统村庄治理主体的内生性权威和"地方性知识"，可以帮助他们进行村庄治理。

　　社区治理主体缺乏村庄治理的内生性权威，也没有村庄治理的熟人社会环境，缺少村庄治理资源。同时，社区矛盾纠纷更加碎片化，"农民上楼"后对社区服务要求更高。这是由于社区居住空间立体化、生活空间交织化以及邻里空间缩小化，使得居民的生活空间范围缩小，居民更加关注社区的基础设施改善情况，寄希望于通过社区硬件设施的改善，提升他们的生活水平。社区一旦没有解决居民的诉求时，或是社区居民"上楼"后的生活不如意时，又或是社区基础设施缺乏时，社区居民的传统生活记忆会加强，更加怀念以往的村庄生活，将会产生情绪上的不满。❹ 传统村庄治理采取的是非正式治理策略，村庄内部具有柔性的治理关系。而空间重组型社区的自治能力弱，治理主体多半

　　❶ 周雪光，练宏. 中国政府的治理模式：一个"控制权"理论 [J]. 社会学研究，2012（5）：69 - 93.
　　❷ 刘启英. 乡村振兴背景下原子化村庄公共事务的治理困境与应对策略 [J]. 云南社会科学，2019（3）：141 - 147.
　　❸ 贺雪峰. 新乡土中国 [M]. 修订版. 北京：北京大学出版社，2013.
　　❹ 谈小燕. 三种"村转居"社区治理模式的比较及优化：基于多村合并型"村转居"社区的实证研究 [J]. 农村经济，2019（7）：111 - 118.

是居民不熟悉的社区干部，居民往往对其产生"不是自己人"的心理隔阂，进而影响社区内部的治理关系。

与此同时，相对于国家资源对农村的强力支持和帮扶，在 Y 区和江镇政府看来，S 社区作为拆迁安置社区，是城市社区模式，不同于农村发展模式。但是，S 社区又不同于城市社区，其上级管理机构仍然是乡镇政府，而不是街道办事处，缺乏城市社区的硬件设施和软件条件。例如，城市社区举办活动有周边企业赞助合作，帮助社区开展各种文体活动，同时街道办作为城市社区上级管理机构，会下派干部积极组织和参与社区活动，形成上下联动的科层制支持系统。一方面，城市社区居民的自治意识较强，社区居民通过成立社区业主委员会实施自我管理，使得居民参与社区公共事务和集体行动的意愿较强。另一方面，城市社区治理着重于培育社会组织，通过培育社区业主委员会等社区自治组织，增强居民参与性和社区公共性。同时，城市社区拥有专业社会工作人员和社会工作机构，凭借政府购买公共服务机制，促使专业人员和组织机构得以参与社区治理，增强社区治理的专业性，从而减轻社区居委会的治理压力。换言之，城市社区拥有周边企事业单位、街道办、业主委员会以及社会工作者、社会组织等治理资源，能够提高社区居委会的治理能力。江镇辖有 8 个行政村、1 个社区居委会，共 3.7 万人。S 社区作为江镇唯一的社区，其上级管理机构是江镇政府，与其他行政村相比，社区治理资源有限，社区干部坦言社区治理比以往村庄治理更为困难。

作为 Y 区最大的拆迁安置社区，S 社区是 Y 区"农民上楼"的"典型"。S 社区作为"典型"，理所当然会接触到不同层级政府机构和单位的"下乡调研"。S 社区党支部书记 PJ 和居委会主任 ZGH 在汇报社区情况时，采用了先"成绩"后"困难"的策略，即先汇报社区自"农民上楼"以来，社区居委会做了哪些实事和取得了哪些成绩，接下来会诉说社区治理的难题和困难，其中最重要的是资金不足，希望通过这种直面的倾诉，可以得到上级政府的重视和帮助。作为 S 社区的上级管理机构，江镇政府鼓励他们到市相关职能部门去争取社区建设的相关资金和项目。例如，T 市教体局来社区调研适龄儿童上学问题时，社区党支部书记 PJ 强调社区没有公共健身器械，社区没有资金购买，希望教体局领导能够给予关注和帮助。教体局领导现场答应会帮助社区建设公共健身器械，其间社区党支部书记 PJ 还前往教体局咨询，后来 S 社区两个小广场的公共健身器械由教体局统一捐助修建。因此，S社区潜在的治理资源主要是依靠社区居委会的争取和相关职能部门的捐助。

简言之，S社区作为拆迁安置社区，上级政府部门将其定位于社区治理模式，治理发展目标是城市社区治理。但由于处于乡镇政府的管辖下，社区治理的结构位置具有低治理权特征，社区居委会并没有相关的事权、财权、人权等制度安排。同时，国家以行政村为治理单元，实施国家资源输入和公共服务供给，而S社区享受不到国家下乡资源的福利，导致社区治理资源弱化和治理手段减少。社区治理主体面对社区治理的多重困境和居民的高标准要求，其主动性和积极性受挫，从而影响社区治理效能。

（二）行政吸纳服务：治理资源的整合

在以往基层治理研究中，国家和社会的关系主要是突出"社会中心论"，但"社会中心论"与当前社会治理情境相差甚远❶，基层往往会出现"行政吸纳服务"的局面。"行政吸纳服务"是对国家与社会关系的一种解读。"行政吸纳服务"中的"行政"是指政府或者国家，包括行政体制的治理行为；"服务"是指各种社会组织，其中包括正式组织、非正式组织和公民个体，提供基本公共服务资源；而"吸纳"是指基层政府在国家政策指引下，通过一系列治理行动，吸纳社会资源参与公共服务供给。❷ 因此，"行政吸纳服务"主要是强调在国家和社会的权力分配结构中，国家占据主导地位，控制着社会资源，社会则依附于国家。❸ 空间重组型社区的权力结构重塑，凸显国家在空间重组型社区的作用和角色。空间重组型社区的居民身份是"农转非"，社区居民的社区自治意识较弱，社区社会资源和社会组织的欠缺，使得国家的角色在空间重组型社区显得尤为重要。国家往往利用各种形式的政治和经济手段，逐步将社会资源进行控制，形成"行政吸纳服务"的治理结构。简言之，空间重组型社区的治理情境是"行政吸纳服务"的现实基础，"行政吸纳服务"是

❶ 蔡长昆，沈琪瑶. 从"行政吸纳社会"到"行政吸纳服务"：中国国家–社会组织关系的变迁：以D市S镇志愿者协会为例 [J]. 华中科技大学学报（社会科学版），2020（1）：120–129.
❷ 周建国. 行政吸纳服务：农村社会管理新路径分析 [J]. 江苏社会科学，2012（6）：10–14.
❸ 唐文玉. 行政吸纳服务：中国大陆国家与社会关系的一种新诠释 [J]. 公共管理学报，2010（1）：13–19.

空间重组型社区发展的过程面向。

在社区治理结构中，虽然社区居委会属于居民自治机构，但仍受行政体制的影响。科层制的各种行政任务和行政目标层层传导至基层，需要基层的贯彻执行。尤其是在目前技术治理的趋势下，各种基层的数据和信息影响着政府对基层治理的决策，所以基层作为国家治理的重要单元，在行政体制中具有重要作用。而基层政府在科层制的治理结构中处于底层，现实中基层具有"低治理权"的特征❶，无论是在资源调配还是工作任务安排上都缺乏独立自主的决策权，缺少相应的治理权力。因此，基层往往只能按照上级政府机构的意愿进行任务执行，在基层社会的运动式治理过程中，积极配合各种行政任务和行政目标的执行。在执行过程中，缺乏人手成为基层普遍的治理难题。S 社区居民将近万人，但是社区干部只有 11 个人，按照网格化的管理方式，社区干部的治理责任和治理任务被无限放大，特别是当前各种任务考核的增多，以及政府对拆迁安置社区"维稳工作"的重视，使得 S 社区面临极大的治理难度。换言之，社区在治理层级中的低治理权与社区承担的治理任务不相匹配，导致社区各种综合性治理任务较多，造成社区治理任务越压越重的局面。S 社区作为空间重组型社区，不仅要面临居民的社会空间适应困境，还要强化居民新空间环境的身份认同，可以说，社会空间变迁和治理规则模糊，加大了社区空间治理难度。

> 我们以前在村里工作还是比较自由，但是现在社区治理任务太多，各种上面来考察的任务一个接一个，有时候书记让我们周六周日加班，我们也能理解，但是不能每个双休日都搞，至少让我们休息一天吧。(20190913 - S 社区干部 HJH)

> 我们这个社区刚成立，在区里应该是最大的安置社区，所以也算个典型之一，各种形式的考核和考察都有。我们社区居委会只有 11 个人，还有两个人快要退休了，社区治理的任务很重，有时候我们也不想加班，但是任务摆在那里，不干就交不了差。(20190902 - S 社区党支部书记 PJ)

---

❶ 陈家建，赵阳. "低治理权"与基层购买公共服务困境研究 [J]. 社会学研究，2019 (1)：132 - 155.

"农民上楼"的空间变迁，使得原有村庄治理资源在空间变迁中被压缩，甚至消失。因此，社区需要在现有空间范围内整合治理资源，提高社区治理能力。在城市社区管理中，社区公共事务是通过社区居委会、业委会、物业管理公司的协同分工合作开展，物业公司和社区居委会是分离的权力格局。因此，按照城市社区的管理预期，空间重组型社区将社区党组织、社会组织、物业公司以及社区居民等多元主体整合，其中社区公共事务是基于居民与物业公司的合同开展、以生活服务为主的物业管理。❶ 但是，在社区实际治理中，S 社区的新旧物业交接并不顺畅，原先的物业公司是政府引进，存在服务差、收费高的问题，导致居民对原先的物业公司非常不满意。社区居委会通过招标引进现在的物业公司，但原先的物业公司仍然控制着垃圾转运站、居民信息表等，以各种理由拖着不给。S 社区原先的物业公司到期后，新的物业公司入住社区，社区居委会为使居民的生活不受影响，请求上级政府进行协调帮助，确保交接工作顺利完成。

　　　　原先的物业公司不愿意走，但是没办法，我们在物业公司招标过程中，新物业公司中标了，所以这搞得也比较尴尬。许多社区管理的信息还在原先的物业公司那里，我们就做好协调工作，尽量能够帮助他们顺利交接，新物业公司也能够顺利运行。(20190816 – S 社区居委会主任 ZGH)

S 社区原先的物业公司的费用是政府兜底，不用向居民收缴物业管理费用，而现在是政府以约每平方米 0.4 元补贴给物业公司，其余的需要物业公司向居民收缴。但是，新物业公司引进后，并没有从居民那里收缴过任何管理费。因此，新物业公司一直抱怨没有获得盈利，处于亏损的状态。但实际上，社区居委会核算过新物业公司的盈利状态，认为即使没有收缴居民的物业费，物业公司仍然有盈利的空间，因为新物业公司在社区投入和雇用的服务人员不多。社区居委会鼓励新物业公司向居民收缴物业管理费，但前提是新物业公司的服务水平能够让居民满意，不然就算收缴也不一定有居民愿意交纳物业管理费。社区居委会强调，只有做得比原先的物业公司更好，社区居民才会愿意交纳

---

❶　吴莹. 空间变革下的治理策略："村改居"社区基层治理转型研究 [J]. 社会学研究, 2017 (6)：94 – 116.

物业管理费，物业公司也才能获得更大的利润。

现阶段，物业公司接受社区居委会的考核打分，所以物业公司在服务社区的同时，还是社区居委会进行社区治理的重要帮手。社区居委会对物业公司服务进行年度考核，考核内容有几十个指标，每个指标对应物业公司不同的服务内容，以及居民对物业公司的满意程度，同时居民向社区反映问题则会作为减分项。社区居委会对物业公司的考核结果会向上级政府反馈，由上级政府决定下一个年度对物业公司的拨款额度，因此 S 社区物业公司重视和在意社区居委会对其的考核打分。物业公司是专业性的服务组织，但面临社区居委会的考核打分，物业公司有时不得不放弃自身的专业性工作，将社区居委会安排的工作作为日常性工作开展，投入社区综合性的治理工作。社区居委会逐步利用考核打分的管理手段，将社区物业公司作为治理助手进行管理。

物业公司作为专业性的社区服务管理组织，主要是承担社区管理服务，提升社区物业管理服务水平。但在物业公司实际运行中，物业公司的服务内容并没有严格的界定细则，社区居委会以治理标准模糊为由，迫使物业公司参加专业性服务之外的治理内容。因此，物业公司通常承担着与其专业性服务不相符的任务。久而久之，物业公司成为社区居委会的治理助手，社区居委会将某些治理任务转移给物业公司，使物业公司承担了额外的服务内容。这种治理错位的局面，使得社区居委会对于社区服务事务过度卷入，不仅造成物业公司人力资源紧张，社区服务水平下降，还导致社区居委会和物业公司形成"权力—服务"的治理关系。

二、治理策略：网格化治理和"楼宇自治"

（一）空间碎片化与网格化治理

列斐伏尔认为，空间碎片化结构，一方面，推动资本主义对空间进行控制，以满足自己的生产需求，并使得不同空间呈现出不同的功能，如生产性空间、消费性空间等；另一方面，以利益最大化为目标，促使空间消费成为空间再生产的一种方式，如超市、停车场、运动场等，不同的空间吸引不同的群体进行消费，形成空间的资本积累。空间碎片化是空间结构被切割成不同性质的单元，每一个单元的碎片化空间是差异性质，因此空间碎片化意味着杂乱、失序、冲突等特征。[1] 空间重组型社区呈现出治理空间碎片化现状，尤其是在当前个体化时代，单元楼式的居住空间更加凸显居民的原子化生活状态。

空间重组型社区的空间形态由平面分散分布变为立体整体分布，社区道路和房屋形态划分的标准统一，这种空间形态间接导致社区治理的碎片化。社区治理碎片化是指社区治理主体和治理要素分散、零碎，难以形成整体性治理格局，这是社区治理的重要困境。[2] 同时，空间重组型社区由于公共价值的缺失、参与渠道的匮乏，社区居民不愿参与社区治理[3]，所以居民难以被有效组织动员起来，形成具有公共行动的共同体。社区治理主体往往卷入居民的个体事件中不能自拔，碎片化的矛盾纠纷使得社区难以及时有效处理这些矛盾，导致居民对治理主体的不满意和不信任。社区居民希望社区居委会能够满足自己的利益诉求，并及时解决矛盾，但社区立体化的居住空间，使得居民成为单独的个体存在，没有融入拥有集体意识的社区共同体中，这增加了社区治理的难度。社区往往被琐碎的个体事件所困住，导致社区治理的碎片化困境。

空间重组型社区的外在物理空间和城市社区空间一样，S 社区是楼栋式建筑，每栋楼房两个单元，每个单元每层住两户居民，共有 7 层。S 社区作为空间重组型社区，原有的村庄居住空间分布全部被打乱，社区居民不再生活在那种左右皆亲邻的传统地域空间之中。众所周知，传统乡村社会是熟人社会的空间关系，村民与村级组织能够建立基于利益或情感认同的共同体。S 社区的封闭性和同一性，使得居民对空间的整体认知度降低，难以与治理主体建构信任的治理关系。[4] 同时，社区空间与村庄空间具有诸多差异。一是 S 社区是由 3 个行政村合并组成，居民数量众多，有些居民家庭不止拥有一套住房，居民的常住地址难以摸清。二是社区居委会的治理权威缺少原先村庄内生性权威，其中社区居委会的书记和主任都是从其他村庄外调而来，因此缺乏传统村庄中人

❶ 朱静辉，林磊. 空间规训与空间治理：一种国家权力下沉的逻辑阐释 [J]. 公共管理学报，2020（3）：139 - 149.

❷ 张必春，许宝君. 整体性治理：基层社会治理的方向和路径：兼析湖北省武汉市武昌区基层治理 [J]. 河南大学学报（社会科学版），2018（6）：62 - 68.

❸ 何包钢. 协商民主：理论、方法和实践 [M]. 北京：中国社会科学出版社，2008：146 - 147.

❹ 安真真. 多维空间视角下社会关系变迁研究：以 B 市幸福城研究为例 [J]. 河北学刊，2020（4）：184 - 190.

情、关系等治理基础。三是城市社区的物理空间，意味着高密度的人口聚集和社会关系陌生化，社区有限空间范围内人口密度增加，不同于村庄分散居住的模式，这致使社区维稳、消防等治理压力剧增。四是随着基层治理体系下沉，社区居民对公共服务的需求，无论是数量还是质量要求都有所提高。总之，空间变迁促使原有治理体系变革，并对原有治理模式进行重构，治理范围扩大和治理空间规整推动了治理体系网格化。

网格化治理是基层治理的重要方式和手段，学界针对网格化治理的目标一直存在争议，主要在"维控"和"服务"的目标之间存在差异。"维控"观点认为网格化治理是维护社会稳定，强调对更小治理单元的控制，其中网格员作为控制基层的力量，不利于社区自治的发展；"服务"观点则认为将治理单元下沉，有利于倾听关注社区居民的公共服务需求，及时有效处理社区居民事务，提高社区服务质量。[1] 网格化治理作为新型治理方式，具有"维控"和"服务"的双重功能，它能有效应对社区碎片化的治理现状，维护社区稳定，重视居民的公共服务需求，提升社区公共服务供给水平。同时，网格化治理是国家社会治理体系下沉的重要方式，它能够重塑基层治理结构，推动国家权力在基层的权威整合与行政权力下沉。[2] 然而，网格化治理并不是简单地对每个"网格"进行管理，它是将治理单元下沉，治理空间缩小，推动社区治理朝着信息化、技术化等技术治理方向发展。因此，网格化治理具有精细化、管理下沉、跨部门联动、重视服务等特征，它是现代社区治理的重要方式。但是，网格化治理在实现维护社会稳定和提高服务质量的同时，仍存在较多问题，如社区管理层级增加、社区管理成本加大、社区管理功能泛化、社区自治空间受压缩、社区治理碎片化等治理困境。

在基层空间变迁中，网格化治理适应"撤村并居""村改居"等社区的空间布局和单元楼的特点，将社区空间划分为不同的网格空间，在不同网格空间装设监控，突出了社区治理的精细性和严密性。同时，网格化治理空间分割、

❶ 陈荣卓，肖丹丹. 从网格化管理到网络化治理：城市社区网络化管理的实践、发展与走向 [J]. 社会主义研究，2015（4）：83 - 89.

❷ 孙柏瑛，于扬铭. 网格化管理模式再审视 [J]. 南京社会科学，2015（4）：65 - 71，79.

单元管理的办法，有助于空间重组型社区建立新的治理秩序。❶ S 社区通过上级政府的指导和参考学习其他社区治理经验，在社区实施"两级网格化"管理体系，制定 S 社区网格化治理实施方案，明确网格员的具体工作职责。S 社区一级网格化的治理主体主要是党员干部，党员干部分片区进行网格化治理，他们负责宣传党和国家在社区的各项政策法规；帮助居委会抓好社会管理创新、安全生产和信访稳定等工作；负责网格员的任务指派、日常管理和检查指导工作等。S 社区二级网格化的治理主体则是网格员和志愿者，他们熟悉网格内的空间位置，他们的职责是负责收集、上报网格内矛盾纠纷、不稳定因素及安全隐患等信息，及时掌控并上报影响稳定的动态，承担网格内政策法制宣传、纠纷调解、重点人群协管、治安巡逻和应急处置等工作。

　　为充分调动党员的积极性，特别是"闲不住"的老党员的工作积极性，S 社区居委会组织党员开展各种活动，每个党员发放"社区先进管理员"的肩章，鼓励他们参与社区公共事务。S 社区居民基本是拆迁安置户，现居住人员又以老年人居多，存在乱堆乱放、养鸡、养狗等现象。S 社区针对这一情况，实行分工包片，网格员上门入户做工作，与社区门面房经营户签订"门前三包责任制"，推动社区清理工作顺利开展，社区环境卫生显著改善。

　　S 社区是由 3 个不同的行政村合并组成的新社区，所以在治理过程中普遍存在公共价值缺失的现象，居民参与公共生活的意愿逐步减弱，表现为人际关系陌生化和个体生活原子化。但是，S 社区采取网格化治理体系之后，取得了一些较好的实效。第一，增进社区治理关系。通过网格化治理，社区干部进一步下沉至居民的生活空间中，构建良好的治理关系。第二，树立社区干部的治理权威。拆迁安置是打乱居住的方式入住，这削弱了原先内生性权威，作为外生性权威的社区干部，通过治理单元下沉，在居民中逐渐得到认可和信任。第三，提高治理主体和居民的熟悉程度。新建社区的治理主体和治理对象缺乏良好的沟通，网格化治理能够促使治理对象参与社区治理。第四，有效化解社区各种矛盾。"农民上楼"后的空间转变使得居民之间的矛盾凸显，社区干部和网格员及时上报居民的利益诉求和矛盾纠纷，让居民的矛盾纠纷化解在网格

❶　吴莹. 空间变革下的治理策略："村改居"社区基层治理转型研究 [J]. 社会学研究，2017(6)：94－116.

中。换言之，S 社区的网格化治理有效推动了社区维稳发展和社会管理创新，对于促使社区治理主体和居民由陌生到熟悉，以及推进治理主体深入基层具有不可替代的作用。同时，社区网格化治理推动社区治理关系向"数字化""虚拟化"和"网络化"方向发展，实现社区"管理无缝隙、服务零距离"。简言之，S 社区处于社会关系陌生化和治理矛盾延伸化的现状，网格化治理能够有效解决社区治理的实践困境。一是提高治理效率，增强治理主体的积极性，有利于改变传统村庄治理低效的难题；二是社区通过网格化的信息精准录入和分析，形成治理的精细化、动态化、全程化；❶ 三是社区干部和网格员及时上报、化解居民的利益诉求和矛盾纠纷。

　　然而，在网格化治理实践中，S 社区却遇到了实际的操作问题。第一，网格化治理的内在要求是信息化管理，需将社区每户居民的家庭信息录入系统中，但是大多数社区干部没有经过相关系统的专业训练，普遍不会操作居民信息录入系统；同时，社区居民人数多，且入户时居民不一定在家，导致社区干部多次"跑空趟"。虽然社区党支部书记 PJ 和居委会主任 ZGH 不断强调，社区居民信息的录入是社区重点工作，每个社区干部必须完成自己网格内的居民信息录入。但是，这项工作相当耗费时间精力，多数社区干部对此抱有畏难情绪。第二，网格化治理按照社区空间分布，要求不同的社区干部管理不同的片区，由此导致社区干部负责的并不是原来村庄内熟悉的居民。由于没有分到自己熟悉的片区和栋数，进而影响了社区干部工作的积极性。第三，网格员作为网格化治理的中坚力量，其中有些是老党员，虽然社区给他们发放网格员的聘书，但这些网格员的工作积极性并不高，同时受年龄、知识等因素影响，他们操作网格化的信息录入系统存在一定难度。此外，在网格化治理实践中，面对自上而下的量化考核，容易出现基层网格员上报大量无效数字的情形❷，造成治理资源的浪费。网格员在网格化治理体系中是主体性的管理角色，但 S 社区部分网格员的非正式身份，以及综合素质的缺乏，使得网格化治理主要依靠社区干部，这无疑增加了社区干部的工作任务和责任。

---

❶ 陈荣卓，肖丹丹. 从网格化管理到网络化治理：城市社区网络化管理的实践、发展与走向 [J]. 社会主义研究，2015（4）：83 – 89.

❷ 杜鹏. 乡村治理结构的调控机制与优化路径 [J]. 中国农村观察，2019（4）：51 – 64.

（二）社区治理信息化与"楼宇自治"

1. 社区治理信息化

社区网格化治理的内在要求是社区治理信息化，社区网格化治理通过社区治理信息化，能够实现社区网格化的高效治理。❶ 2017 年 6 月，中共中央、国务院在《关于加强和完善城乡社区治理的意见》中指出，"实施'互联网 + 社区'行动计划，加快互联网与社区治理和服务体系的深度融合，运用社区论坛、微博、微信、移动客户端等新媒体，引导社区居民密切日常交往、参与公共事务、开展协商活动、组织邻里互助，探索网络化社区治理和服务新模式"。治理信息化是推动基层治理体系和治理能力现代化的重要措施，治理信息化不仅能够整合社区公共资源，而且可以为社区居民及时有效地提供便捷的公共服务，进而提高社区治理效能。❷ 因此，治理信息化有助于实现空间重组型社区的精细化治理。精细化治理是对行政管理的改良和升级，基层精细化治理的基础是信息技术的发展。先进的社区治理数据库，有利于居民的差异化和个性化需求发展，优化社区治理资源，从而有效提高社区治理效率。社区治理利用微博、微信等平台，建立真实与虚拟相结合的社区治理单元，不断完善"线上社区"的各项功能，使得"线上社区"整体涵盖社保、医疗、教育、人口管理等多元化服务，提高社区回应群众诉求的速度和效率，提升社区服务的精细化与精准化水平。❸

目前，城市社区治理信息化的主要措施是推进互联网信息技术融入社区治理体系，促进互联网技术与社区治理深度契合，提升社区网格化治理效能。❹ S 社区作为"撤村并居"的空间重组型社区，相对于城市社区而言，社区内各项硬件设施不够完善，如网络信息系统并没有连接城市社区治理网络系统。因此，S 社区的社区治理信息化仍处于初始阶段，治理主体也在从传统村庄治理过渡到社区治理信息化的过程中，逐步提高信息化的治理能力。社区治理主体通过治理信息化，提高社区治理与服务效率，推动社区治理与服务活动更加精

❶　陈福平，李荣誉. 见"微"知著：社区治理中的新媒体 [J]. 社会学研究，2019 (3)：170 – 193.

❷❹　陈荣卓，刘亚楠. 城市社区治理信息化的技术偏好与适应性变革：基于"第三批全国社区治理与服务创新实验区"的多案例分析 [J]. 社会主义研究，2019 (4)：112 – 120.

❸　朱士华. 以信息化打造农村社区治理新图景 [J]. 人民论坛，2018 (18)：66 – 67.

细化、专业化。进而言之，基层治理推进以社区治理信息化为基础的技术治理，改变了国家对基层社会控制力衰弱的局面，强化了国家行政权力对基层治理的渗透，推动了基层治理体系和治理能力现代化。

Y区为提升社区治理精细化水平，在城市社区网格指挥调度系统整合了社区人、房、地、事、物、情、企业信息等基础信息，以基础信息一网采集录入、关联数据一网查询比对、公共资源一网整合共享、社区治理一网调度指挥、日常工作一网考核评价"五个一网"为支撑，全面赋能智慧社区，实现基层治理体系和治理能力现代化。Y区以"互联网+政务服务"工作为契机，通过"互联网+"、大数据驱动下的云计算、物联网等先进技术，打造以促进社区信息资源共享、业务协同为重点，以提升社区服务管理效能为目标，集社区政务、社区事务、社区服务、社区管理于一体，覆盖全区、对接区级、城乡一体的"智慧社区"综合服务管理平台。同时，通过加强跨部门、跨区域业务协同，形成"一口受理、一门服务、协同办理、区域通办"的智慧社区运行机制。S社区全面推行一站式服务、全程代理、"互联网+"等做法，及时协调处理市长热线反映问题9件，无1起群体性上访事件，全程代理为居民办实事300余件。

此外，社区单元楼式的居住空间，有助于社区进行智能管理和服务。S社区在每栋居民楼安装了网络监控，同时在社区3个出入的门口安装了监控摄像头。一方面，通过安装网络监控，保障社区居民的财产安全，提高社区居民的安全感。另一方面，有效进行社区管理，及时制止居民在社区公共空间的乱搭乱建行为，提升社区治理效率。S社区为推进Y区的"互联网+政务服务"工作，在社区便民服务中心设立"互联网+政务服务"的工作台，工作台包含公众号及其内容和功能介绍、操作步骤，并有社区干部在旁边进行引导和帮助。社区上级部门在后台能够及时准确地看到每个社区居民注册、使用公众号的人数。而社区服务公众号作为便民服务措施，方便了居民办理相关事务。

S社区"互联网+政务服务"工作方案

自"互联网+政务服务"工作开展以来，作为Y区唯一的试点社区，S社区不断强化互联网思维，紧跟社会时代发展，利用数字社会日益发展的"互联网+"模式，结合社区工作实践内容，积极建设"互联网+政务服务"网络管理平台，实行了实名制网络化管理。社区相关工作开展情况如下。

一是加强组织领导，提高思想认识。

为了推进 S 社区"互联网＋政务服务"工作，社区居委会及时召开会议，社区党委书记、居委会主任加强督促，对照区政务服务中心下沉事项实施清单，结合社区工作实际，按时、保质、保量完成公共服务清单和实施清单梳理上报工作。

二是整合工作力量，摸清信息底数。

基础数据的采集录入是社区信息化建设的基础和关键，数据的全面、准确直接影响社区试点运行实效。社区通过地毯式摸排登记，将民政、社保、卫计、残联等部门工作流程优化，最大限度地把信息收集上来、掌握起来，力求做到数据全、信息准、底数清、情况明。

三是推行平台受理，方便群众办事。

推动"互联网＋政务服务"工作的目的在于为群众办事生活增便利，提升服务质量和效率，优化服务流程，精简办事环节，化解居民"找谁办""去哪办""怎么办"的难题，将社区工作变被动服务为主动服务，最大限度地满足了居民个性化、定制化以及多样化的服务需求，不断提升社区居民的满意度和获得感。

业务办理流程

第一，网上咨询。

社区居民登录网站，根据社区所公开的办理事项，可了解办理事务的基本要素、受理条件、申请材料、办理流程、办理人员信息及联系方式和常见问题等。

第二，网上办理。

针对居民需要办理的事项，进入社区办理流程页面，点击在线办理选项，通过注册登录、网上申请、填写相关信息，并上传办结所需材料照片，即可在网上办理相关事宜。目前社区居民可在网上办理病残儿医学鉴定初审、生育登记、流动人口婚育证明、独生子女光荣证❶等业务。

第三，其他事项。

在推进网上办理政务服务业务的同时，S社区本着"以人为本，服务居民"的原则，着力打造"综合提升社区"，夯实工作基础，进一步完善公共配套设施建设，强化社区服务；在幼儿园、卫生室、菜市场、超市等人员集中区域，大力开展烟花爆竹禁放宣传工作，力争把S社区建成一个环境优良、秩序井然、管理规范、人际和谐的社会生活共同体。

S社区按照上级工作部署，在江镇党委政府的领导下，结合社区工作实际，积极将"互联网＋政务服务"工作落到实处，在要求社区干部加强学习提高认识的同时，细致地开展工作并明确责任到人，遇到相关技术问题，及时与专业人员交流，真正让"互联网＋政务服务"工作运行起来，为社区居民提供优质、便捷、高效的服务。

2. 空间认同与"楼宇自治"

空间重组促使村民自治上移，改变原有村庄自治单元，实现"村组自治"向"社区自治"转变。❷随着国家权力的下沉，以及推动网格化治理和技术治理相结合的同时，基层民主自治的空间受到挤压，社区居民自治能力和意愿减弱。因此，社区网格化治理作为基层治理体系下沉的重要措施，需要发扬基层民主，引导"上楼"后的居民积极参与自治行动，培育社区自治空间，增强居民的空间认同。但是，大量的行政事务沉入网格治理单元，容易导致网格管理的泛化，并进一步弱化了社区的自治能力。尤其是在当前治理任务繁重的情况下，社区将行政任务下派至网格，社区干部或网格员承担着上传下达、收录数据和执行任务的角色。显然，社区网格化治理在强化对基层控制的同时，进一步压缩了社区的自治空间。社区治理不应仅强调治理主体的能力提升，更要动员与吸纳社区居民的公共参与，以此推动社区公共性的培育和居民自治的实践，发挥社区居民的主体性作用。

---

❶ 2016年，国家放开独生子女政策，允许所有夫妻生育二孩。此后，各省市陆续调整计划生育政策。S社区也根据国家政策的调整，于2018年8月1日起停办独生子女光荣证。

❷ 项继权，王明为. 村民小组自治的实践及其限度：对广东清远村民自治下沉的调查与思考[J]. 江汉论坛，2019（3）：40－48.

S 社区居民是由农民转变而来，对于城市居民的身份认同感不强。

> 有时见到原来村里的人，会说我是哪个村哪一队的某某，对方立马就能回想起来。（20190829–S 社区居民 SDH）

社区居民往往以原先村庄内的身份来标签自己，这说明居民新的身份认同并没有建构起来。S 社区根据居民的农转非身份，以增强社区空间的认同为目标，通过社区协商民主及利益表达，提出"社区楼宇党建"的自治形式。同时，社区与居民代表共同制定社区居民公约，增强社区协商机制，促进多元协商主体参与社区治理，从"社区事"转变为"我们事"，提升"我们"的归属感和凝聚力。社区居委会在广泛征求居民意见的情况下，制定社区居民公约，以此增进社区自治。此外，社区协商机制还注重吸纳威望高、办事公道的老党员、老干部等主体参与，推动社区协商治理主体权威化和多元化，培育社区内生性权威。

S 社区居民公约

S 社区为提高本社区全体居民自我管理、自我教育、自我服务、自我约束能力，培养良好的社区风尚，努力把本社区建设成为和谐有序、绿色文明、创新包容、共建共享的幸福家园。根据国家法律、法规和有关政策规定，结合 S 社区实际，经社区居民代表大会讨论通过，特制定以下公约，希望全体居民严格遵守执行。

一、坚持党的领导、热爱祖国、热爱社区，自觉维护社区荣誉和利益。

二、社区居民应遵守国家法律、法规，遵守公民道德规范，倡导社会主义核心价值观。

三、加强社会主义精神文明建设，争创"精神文明户""五好家庭户""遵纪守法户"。

四、发扬尊老爱幼传统美德。夫妻相互尊重，家庭和睦，男女平等，不歧视妇女和残疾人，反对男尊女卑，倡导优良家风家教。

五、建立正常人际关系，不搞拉帮结派和涉黑活动。提倡社会主义精神文明，移风易俗，反对封建迷信、邪教组织，不搞封建迷信活动，不参加邪教和非法组织活动。

六、邻里之间要和谐相处，要互尊、互助、互爱，以礼相待，不做损害他人利益的事，不说损害他人利益的话；邻里发生纠纷，应互谅互让。

七、厉行节约，反对铺张浪费。不大操大办红白喜事。提倡文明治丧，文明祭祖。提倡禁放烟花、爆竹，节约用电、用水、用气。

八、主动服从、服务城市规划建设，自觉遵守相关规定，不乱修、乱建、随意改建房屋。

九、倡导低碳环保生活方式，共同建设环境优美社区。主动参加本社区的环境卫生打扫。生活垃圾倒入指定位置，房前屋后、楼梯过道不堆放杂物，自行车、机动车按指定地点停放。不在社区内烧小炉子，不敞养宠物，不养畜禽。不损坏公共设施和花草树木，缴纳清洁卫生费和生活垃圾处理费。

十、树立群防群治意识，做好守楼护院、邻里守望工作，自觉维护社区秩序和公共安全。遵守物业管理条例，积极配合物业管理委员会和业主委员会做好社区的物业管理工作。

十一、建立居民协商机制。遇到问题，通过协商解决。遵守信访条例，不违反法定程序越级上访和聚众集体上访，不造谣、不传谣。

十二、本公约由 S 社区居民委员会负责解释。如有与国家法律、法规、政策相抵触的，按照国家法律、法规、政策执行。

十三、本居民公约自居民代表会议表决通过之日起实行。

S 社区为探索新形势下居民自治有效实现形式，社区居委会围绕"早、准、细、优"四字法，对打乱后的党支部（党小组）进行优化调整，在 S 社区创新实施"社区楼宇党建"工作，打造富有乡土特色的"社区楼宇党建"品牌。具体工作方法如下：

（1）"早"谋划。S 社区将"楼宇党建"列入基层党建科学化创新项目，超前谋划。社区成立学习考察小组，学习借鉴周边县区城市社区"社区楼宇党建"好的经验和做法，结合社区实际，制定《S 社区"社区楼宇党建"工作实施方案》。成立"社区楼宇党建"工作组，在已掌握的党员基本情况基础上，进行全面调查摸底，了解楼宇内党员分布情况，为科学合理地设置党小组、"党员中心户"打下基础。

（2）"准"定位。结合"社区楼宇党建"工作的实际情况，在保持社区党建底色的基础上，体现楼宇党建特色。将社区基层服务型党组织建设引入社区楼宇党建，在 S 社区实施"三三制"工作法，建立全覆盖的服务群众体系，变村党支部为 S 社区党支部，变村民组长、党小组长为楼长，建立社区党支部—楼长—"党员中心户"为框架的三级管理服务网络，形成党支部书记负责社区、楼长负责楼栋、"党员中心户"主动联户的工作责任机制。发挥党组织、党员服务群众职能，依托社区党支部，积极组织开展上门式服务、巡访式服务和组团志愿服务。同时，落实各项保障机制，鼓励党员创先争优，建立健全党组织党员服务承诺制、经费保障机制等。

（3）"细"措施。S 社区为保证党建工作取得实效，细化"社区楼宇党建"措施，优化党组织设置。根据楼栋的分布和党员户的数量，合理划分党小组覆盖范围，将社区党员分别划入相应的党小组，推选产生党小组长。力求每栋楼都有党小组长、"党员中心户"或党员，重点抓好楼长、"党员中心户"的先进作用，在社区党支部领导下，按照"三三制"工作法要求开展工作、为民服务。组织各单元户代表推荐，公示后选定楼长。此外，按照城市文明社区的创建要求，依托 S 社区党员干部，组建志愿服务队伍，包括治安巡防、文体活动、卫生保洁、独居老人关爱等，同时设定网格化的党员（发展对象、积极分子）综合服务岗，力争实现为民服务"无死角、全天候"。

（4）"优"服务。通过实施楼宇党建项目，发挥社区党组织和党员志愿服务队在社区管理和服务居民生产生活等方面的作用，实现自我管理。由党支部牵头成立 S 社区业主委员会，对社区进行自主管理，负责社区公共设施的日常维护工作。同时，在已有社区服务的基础上，楼长和"党员中心户"根据居民需要，扩大服务内容，分区域配备计生服务志愿者、社保服务志愿者等，方便群众办事。针对村民变居民，"单门独院"变"楼上楼下"过程中出现的各种困难和矛盾，楼长、"党员中心户"、志愿服务队等积极上门解决实际困难，调解矛盾纠纷，提供高质量服务。

S 社区着力构建"123"服务模式。"1"是指一个服务理念，S 社区内的党员定期走访楼层邻居，为民代办事务。"2"是指两个服务平台，即党组织信息服务平台和楼宇党建信息平台，通过党组织信息服务平台定期发送党建信息和党章内容，楼宇党建信息平台是指通过建立 QQ 群或微信群，提供政策咨询和劳动就业等服务。"3"是指"一区两岗服务"，即单元综合服务岗和公共区域网格化服务岗，单元综合服务岗每两周要走访各住户，"服务承诺登记表"即党员围绕服务群众开展承诺。

三、治理关系："微共同体"与情感关系联结

空间重组型社区的空间变迁，使得原有治理空间中的治理关系发生变化。乡村社会在经历过家庭联产承包责任制之后，集体化时代的个体生活和生产方式荡然无存，村民变为独立生活和生产的个体，村民的生活、生产与村级组织的关系减弱。然而，空间变迁改变了乡村空间中的关系网络，村民的日常生活和生产受到影响，失去了自给自足的传统生计模式。新时期，国家是推动空间变迁的主要力量，社区居委会是国家在社区的"代理人"，在"强国家—弱社会"的社会语境下，社区居委会成为居民面对空间变迁的主要诉求对象。空间重组型社区的治理关系逐步表现为依赖型治理关系，即治理对象对治理主体的资源、行为等产生依赖。同时，空间变迁促使社区内各主体的互动关系发生改变，形成以楼栋空间为基础的"微共同体"，以此再造新型治理共同体，并通过各种形式的社区公共活动，重塑社区治理秩序。此外，由于空间重组型社区的空间密度大，空间资源争夺激烈，社区以情感关系作为联结纽带，运用情感治理化解社区矛盾纠纷，构建社区公共性治理机制。

（一）"父爱主义"：社区依赖关系

空间重组型社区居民的社会空间发生变迁，使得居民在新的空间中产生行为和心理的适应困境，居民将社区生活的不适和困境诉诸"拆迁安置"这一空间重组的制度安排，产生社会空间适应的依赖。长此以往，社区治理主体与治理对象形成了类似于"父爱主义"的治理关系。"父爱主义"是由匈牙利经济学家亚诺什·科尔内提出的概念。科尔内认为，"父爱主义"的内涵是将国家作为父母，各种微观组织（如企业、社会组织等）作为子女，并以此分析

国家与各种微观组织之间的经济关系。❶ 同时，"父爱主义"的程度和层次不同，主要表现为国家在企业遭受困难时的卷入程度。❷

在空间重组型社区中，居民失去了基于传统小农经济和村落社会关系支撑所形成的安全感，又要面临前所未有的生活问题和日常矛盾，他们往往孤立无援，所能求助的只能是社区居委会，居民对社区居委会的日常依赖越来越多。因此，以社区居委会为代表的治理主体成为居民求助和反映的目标对象。❸ S社区居委会和居民之间同样存在"父爱主义"治理关系，在"强国家—弱社会"的社会语境下，居民在遇到家庭问题、邻里问题、社区基础设施问题等时候，往往会直接向社区居委会反映，并希望社区居委会能够帮助他们解决实际问题。这种"父爱主义"的治理关系主要有以下几方面形成原因，一是居民作为拆迁安置的农民，失去了祖祖辈辈一直居住的家园，同时也失去了耕种的土地，有些居民认为他们为城市发展作出贡献，政府理应给予他们更多的照顾。二是在住进安置社区过程中，由于居住空间和城市相同，有些居民羡慕城市社区的福利模式和各种关爱活动，因此他们希望能像城市社区居民一样得到关爱。三是物业管理的失灵，居民认为物业公司管理和服务存在差距，且社区现存相关问题，物业公司并不能及时有效解决，所以他们倾向于直接向社区居委会反映各类问题。

社区治理中的"父爱主义"有一个培育过程。首先是在拆迁安置过程中，为保证拆迁安置工作的顺利开展和社会稳定，虽然居民提出一些不合理要求，但在社区筹备委员会看来，基本上能做的工作也积极帮忙去做，如帮助困难户搬家，帮助居民联系网络、煤气公司等。这种顺带帮助居民的过程，使居民对社区居委会逐步形成了某种依赖关系，即居民将自身所遇到的问题，寄希望于通过社区居委会予以解决。一方面，居民认为自己为国家建设作出了牺牲，理应得到国家的帮助和照顾；另一方面，受社会主义宣传口号影响，特别是年纪

---

❶ 亚诺什·科尔内. 短缺经济学：下卷 [M]. 张晓光，李振宁，黄卫平，译. 北京：经济科学出版社，1986：272－273、273－274、281.

❷ 田毅鹏，李珮瑶. 计划时期国企"父爱主义"的再认识：以单位子女就业政策为中心 [J]. 江海学刊，2014（3）：87－95.

❸ 郭亮. 扶植型秩序：农民集中居住后的社区治理：基于江苏P县、浙江J县的调研 [J]. 华中科技大学学报（社会科学版），2019（5）：114－122.

大的社区居民，他们眼中的社区居委会是"为人民服务"的政府机构，社区干部就是国家的干部，帮助居民解决困难是职责所在。因此，在"父爱主义"的逻辑下，居民家庭的纠纷和矛盾、居民的找工作问题，甚至家里的网络坏了、灯不亮了、马桶堵了等问题也需要社区居委会帮忙解决。社区居委会面对居民的无限帮助请求，有时并没有直接拒绝。S 社区决定安排一个社区干部专门接受居民反馈的问题和意见，设置专门的接待办公室。社区干部用不同的本子记录居民不同的问题诉求，其中一部分是社区基础设施问题，一部分是社区居民之间的矛盾纠纷问题。对于社区基础设施问题，社区居委会将反映的问题交给物业公司，并要求物业公司及时解决。对于居民间的矛盾纠纷问题，社区居委会则努力做好双方的调解工作。

> 有些居民找不到工作，到居委会这里找我们，我们又不能立马给他变一个工作出来，我们只能是积极同周边企业协商，如果企业对劳动力有需求的话，我们会立马通知居民去企业参加面试。(20190911 - S 社区干部 CY)

> 我们也在告诉居民，遇到什么问题就去找什么部门，找到我们这里，我们也是要找那些部门。我希望通过我们劝说，能让居民不要一有什么事情就来找我们，不然一下子拒绝他们，我们之间的关系肯定搞得也很紧张，不利于社区的整体发展。(20190907 - S 社区党支部书记 PJ)

近年来，随着国家"送法下乡"制度的积极推行，农民的法律意识不断增强，农民在遇到日常矛盾纠纷时懂得使用法律武器捍卫自身权利。同时，在处理与基层政府的利益冲突时，往往会通过上访、信访、实名举报等渠道，争取上级政府的支持，使得上级政府以行政权力和权威督促基层政府解决群众的诉求。尤其是在当前维护社会稳定的逻辑下，基层政府处理群众的利益冲突时，居民通常以"上访"形式寻求获得自身利益，形成基层社会的"谋利型上访"❶，基层政府在维稳的趋势下尽量保证群众的利益不受损失，从而"大事化小，小事化了"。

我国作为社会主义国家，从新中国成立之初就提出政府的基本工作原则是

---

❶ 郑永君. 属地责任制下的谋利型上访：生成机制与治理逻辑 [J]. 公共管理学报，2019 (2)：41 - 56.

"为人民服务"。因此，"为人民服务"成为政府执政的重要"合法性"来源之一。随着国家经济迅速发展，政府拥有更多的财力投入社会民生工程中去，政府形象建构从管理型、经营型到服务型政府转变，"为人民服务"的话语通过自上而下的建构，越来越被群众所熟知和掌握，并运用到与基层政府的实践谈判和利益冲突中。在群众的思维模式中，"服务型政府"应该为民解忧、为民做事，不能做到"为人民服务"的政府就是不称职的政府。因此，在社区治理中，社区居委会俨然成为政府在社区的代表，它是"服务型政府"在社区的"代理人"。

社区居民在新的社区空间中，由于身份的变化，产生各种形式的生活问题，他们期待社区居委会能够"为居民服务"，帮助他们解决实际生活中的问题。"农民上楼"是政府主导推动的空间重组，居民更加认为政府应该对他们的生活和生产进行兜底，而不能是建好社区就"抛弃"他们。社区居民往往把生活、生产上遇到的困难归咎于政府的拆迁和撤村并居的做法，因此"凡有困难就找政府""凡有困难就怨政府"成为居民理所当然的生活逻辑。社区居委会作为基层政府"代理人"，其体会是"老百姓有着无限的需求"，而"政府承担着无限的责任"。[1]

（二）"微共同体"和抽象公共空间

传统农村治理单元是"行政村—村民小组"的双层治理单元，空间重组型社区中的楼栋改变了传统治理单元。"撤村并居"的空间重组，使得原有村庄地缘共同体逐渐消失，形成楼栋规模更小微化的空间单位。社区居民在低分化持久交往下，显示出越来越浓厚的共同体特征。[2]空间重组型社区运用的是网格化治理和"楼宇自治"的治理策略，其治理单元是以楼栋为基础的网格，每个网格内的社区干部、网格员和社区居民，在日常的治理互动中，逐步拥有稳定、持久和排他的社会关系，产生不同于传统村庄共同体的"微共同体"。空间重组型社区的"微共同体"主要表现为规模小微化的情感交往，社区干

---

[1]　王春光. 城市化中的"撤并村庄"与行政社会的实践逻辑 [J]. 社会学研究, 2013 (3): 15-28.

[2]　梁贤艳. 城市社区"微共同体"的生产逻辑：西高区调查 [D]. 武汉：华中师范大学, 2018.

部、网格员和社区居民可以实现熟人机制的情感联结。同时，空间重组型社区的立体化居住空间，往往导致楼栋的楼道口成为邻里之间的交往空间，具有加深楼栋居民间的情感交往，代替社区公共空间交流的类似功能。情感联系是社区共同体的重要联结纽带，满足了社区居民作为社会人对群体归属的心理需求，将个体与集体相联结，个体通过持续互动进行身份认同。❶ 传统村庄共同体在空间重组型社区中逐步微小化，形成以社区楼栋为空间单元的社区"微共同体"，并以此建构新的公共性治理机制，重塑社区居民的集体意识。S 社区居住在同一楼栋的居民往往更加熟悉，社区干部、网格员和社区居民的社会交往频率也更高，一方面是"低头不见抬头见"的见面次数和交往频率；另一方面是社区治理单元逐步形成以楼栋为基础的网格，进而以楼栋作为单位参与社区各种形式的公共活动。

　　社区"微共同体"是居民在社区楼栋生活体的基础上，选择性纳入"农民上楼"的生活要素，重建日常生活领域互动场景，建构"农民上楼"生活社区的过程。实体性的公共空间在"撤村并居"的过程中消失殆尽，但作为社会交往和集体意识的抽象公共空间却存在复兴的潜能。通过居民的各种公共活动，在社区居民的公共交往中建构社区的抽象公共空间，构建社区虚拟共同体，增进社区居民之间的交往关系。在空间重组型社区的治理实践中，通过举办各种形式的居民公共活动，进一步拓展社区抽象公共空间，弥补社区实体性公共空间不足，促进社会交往和集体认同。在"建设服务型政府"的制度性背景下，建设综合性社区服务中心❷，将社区服务中心作为重塑集体认同、增强社区归属感和重聚共同体共识的空间场所❸。进而言之，社区抽象公共空间的建构，使得"撤村并居"前的优良传统文化和习俗等喜闻乐见的公共文化得以保存，社区居民的公共活动依旧丰富多彩，在居民参加各种形式公共活动的同时，促使居民适应现代社区空间的行为规范。因此，社区抽象公共空间能

---

❶ 杨郁，刘彤. 国家权力的再嵌入：乡村振兴背景下村庄共同体再建的一种尝试 [J]. 社会科学研究，2018（5）：61 - 66.

❷ 吴莹. 空间变革下的治理策略："村改居"社区基层治理转型研究 [J]. 社会学研究，2017（6）：94 - 116.

❸ 崔宝琛，彭华民. 空间重构视角下"村改居"社区治理 [J]. 甘肃社会科学，2020（3）：76 - 83.

够有效应对高密度、立体化空间，建立规范的治理秩序，同时也可以对传统村庄治理优点进行合理吸收。❶

S 社区针对老年人居多的人口结构，主要开展了以下公共活动。一是举办"温情五月、感恩母亲"广场舞比赛。为了带动更多的居民热爱广场舞活动，丰富文娱生活，促进邻里和谐，S 社区在母亲节组织开展广场舞比赛，社区 3 支妈妈代表队参加了比赛展示，近千居民围观欣赏了比赛。二是开展节日慰问活动，走访慰问特困老人，为特困老人排忧解难。2019 年，S 社区共慰问特困老人 42 人，支出慰问金 9000 余元，弘扬尊老、敬老、爱老、养老的家庭美德，充分体现了社区对老年人的关怀和爱护。三是开展端午节包粽子比赛。S 社区动员组织社区各类队伍参加，并将包好的粽子发放给社区 90 岁以上的老年人；在开展老年活动的同时，促进了老年人的社区融入，在居民中也宣传了孝道文化。此外，S 社区投入大量资金对老年体协办公室进行了装修，改善了办公条件，配备了乒乓球台、健身设备、象棋、乐器等娱乐设施，以发挥老年体协的应有功能。社区建有老年体育活动场所 3 处，老年书屋 1 个，老年文艺队伍 3 支，分别是花棍队、腰鼓队、广场舞队。

（三）空间资源争夺与情感治理调适

传统农村是一个乡土情感空间，这种"乡情"是基于经济纽带、社会关系和共同文化符号的地域情感和认同。❷ 情感治理是将情感与治理相融合，突出情感的治理作用，将情感关系作为联结纽带，增进治理主体与治理对象的情感关系，强调治理主体在治理过程中运用情感关系（如人情、面子、关系等）来完成治理任务。在情感治理过程中，治理主体用情感来调适治理关系，补充社区治理中"正式制度"不足的情况，实现社会关系的重新整合。❸ 同时，作为治理对象的"人"具有情感，其行动容易受到情感影响，因此情感治理在基层治理中拥有一定的治理基础。情感治理需要关注的是从情感到行动的转

---

❶ 谢小芹."脱域性治理"：迈向经验解释的乡村治理新范式 [J]. 南京农业大学学报（社会科学版），2019（3）：63 - 73.

❷ 蓝煜昕，林顺浩. 乡情治理：县域社会治理的情感要素及其作用逻辑 [J]. 中国行政管理，2020（2）：54 - 59.

❸ 田先红，张庆贺. 城市社区中的情感治理：基础、机制及限度 [J]. 探索，2019（6）：160 - 172.

化，使行动富有情感，并与理性相结合❶，让治理对象在治理过程中感受到情感重视，从而更加配合治理主体的行动。此外，情感治理通过对情感关系再生产的干预，协调和重建治理关系，增强社区居民的认同感和归属感。

情感治理通过柔化权力结构、重构主体关系、增进社区认同等，使社区正向情感最大化，实现社区情感的内生发展，以达成基于情感联结的社会凝聚和活力激发。在基层治理中嵌入情感关系，能够重建社区居民的"微共同体"❷。不同于传统治理手段，情感治理更多采用的是"软治理"。美国学者约瑟夫·奈提出"硬权力"和"软权力"概念，"硬权力"是借助强制力改变他人行为的控制力；"软权力"是在社会文化和价值基础上，逐步影响和控制他人行为。❸其中，"硬治理"主要是治理主体依靠正式制度开展治理行动，"软治理"则是治理主体通过行为说教和情感沟通等非正式治理策略完成治理任务。❹

空间重组型社区与城市社区不同，它是以整体而非个体的方式进入社区，居民无法完成生活方式的现代化改造，也未能进入城市社会的分工体系，所以没有真正融入城市社会。❺S社区部分居民在公共草坪种菜的现象不断发生，其中尤以老年人居多，他们发现社区楼栋之间存在空地，便在草坪上种植日常食用的蔬菜。"毁绿种菜"的行为严重破坏了社区原有的生态环境和公共空间，形成社区治理的"牛皮癣"困境。虽然居住空间发生改变，但是社区居民劳作耕地的农业种植习惯仍然存在，对土地拥有深厚的感情。以前是在自家菜园种植蔬菜，现在没有自家菜园，而购买蔬菜成为生活开销，增加了生活成本，因此他们想方设法地在空余的场地种植各种蔬菜，以减轻家中的开支。S社区建成后，"毁绿种菜"的现象原本只有一两处，由于那时候社区筹备委员会刚刚成立，还没有正式通过社区居民选举，没有时间和精力及时清除社区公

❶ 刘玉珍. 合作治理：新型城市社区居民的土地情感行动及其治理模式 [J]. 深圳大学学报（人文社会科学版），2019（5）：122－130.

❷ 曾莉，周慧慧，龚政. 情感治理视角下的城市社区公共文化空间再造：基于上海市天平社区的实地调查 [J]. 中国行政管理，2020（1）：46－52.

❸ 包先康. 农村社区"微治理"中"软权力"的生成与运作逻辑 [J]. 南京农业大学学报（社会科学版），2018（5）：11－18.

❹ 卢义桦，陈绍军. 情感、空间与社区治理：基于"毁绿种菜"治理的实践与思考 [J]. 安徽师范大学学报（人文社会科学版），2018（6）：141－149.

❺ 郭亮. 扶植型秩序：农民集中居住后的社区治理：基于江苏P县、浙江J县的调研 [J]. 华中科技大学学报（社会科学版），2019（5）：114－122.

共草坪上的菜园，这在广大社区居民中产生了不好的示范效应，越来越多的居民效仿"毁绿种菜"。不到一年时间，社区大多数公共草坪要么被居民种植蔬菜，要么被居民乱搭乱建予以占用。在社区公共空间本就不足的情况下，社区"毁绿种菜"进一步挤压社区公共空间，社区整体环境受到影响。

当社区"毁绿种菜"现象越来越普遍的时候，社区居委会意识到需要有效整治"毁绿种菜"，不能任其自由发展，从而影响社区整体环境。为此，一方面，通过社区干部宣传，号召大家自行清除，否则将会采取措施清除草坪上的菜园。另一方面，社区居委会联合乡镇干部、区城管局对社区公共草坪种植蔬菜进行专项整治，清除种植的蔬菜和其他农作物，并及时恢复草坪和绿化带。显然，这次联合清除行动，虽然在短时间内"退耕还草"，但并没有改变社区居民的公共意识，社区依然有老年人种植蔬菜和其他农作物。对此，社区居委会意识到仅靠行政执法的"硬治理"难以有效治理"毁绿种菜"，尤其是针对老年人群体，不能对他们采取强硬的清除手段。社区干部多次上门解说和宣传，并"一对一"积极帮助这些居民解决日常困难，拉近彼此间的情感关系，通过沟通、情感交流等"软治理"最终达到有效治理"毁绿种菜"的效果。S社区运用"软硬兼施"的治理策略，使得社区治理既能够按照法律规定执行，也能保证社区治理行动的"接地气"，防止出现简单粗暴的治理方式。

S社区27栋一楼住户经营的是卤菜馆，楼上居民普遍反映卤菜味道影响他们的日常生活，导致他们的门窗常年关闭。为此，楼上居民与一楼卤菜馆老板多次发生言语冲突，楼上居民将问题反映至社区居委会，要求社区居委会从中进行协商，不然两者可能爆发身体冲突。社区干部了解到双方的矛盾纠纷之后，立马对卤菜馆老板做思想工作，即从思想方面进行劝阻，让卤菜馆老板从思想上认识到在居民区内从事卤菜加工，影响周边住户的正常生活，不利于社区的环境卫生。一方面，社区干部对卤菜馆进行卫生、消防等各项安全隐患排查，发现卤菜馆有多项安全隐患，尤其是没有除烟设备。另一方面，社区居委会作为中间人，在社区内收集相关信息，协商租售合适的商铺，并给予一定经济优惠。卤菜馆老板答应搬离现有销售场所，于是这场居民间的矛盾纠纷得以化解。简言之，社区治理主体处理日常矛盾纠纷通常采取以下流程。首先，通过思想劝导和行为劝阻，建立顺畅的情感关系，使矛盾纠纷的双方拥有化解矛盾的心理。其次，利用法律和规定要求，明确各方的责任边界。最后，运用自身治理资源，帮助双方找到解决矛盾纠纷的办法，以各方能够接受的方式进行协商和调解。因此，社区治理主体通过"软硬兼施"的治理策略，有效化解了"农民上楼"后的矛盾纠纷。

S 社区公共空间的缺乏，使得居民对公共空间争夺的矛盾纠纷不断增多。近年来，由"广场舞"引发的公共空间矛盾纠纷频发，直接影响了社区和谐稳定。"广场舞"矛盾纠纷的实质是社区内不同群体对公共空间用途的不同诉求，以及对公共空间使用权上的争夺。S 社区"广场舞"群体内的矛盾纠纷更为复杂，因为年龄结构和兴趣爱好的差异，广场舞群体内发生矛盾和争执，进而分裂成不同广场舞群体。但是，社区只有两个小广场，广场内还有健身器械和晾衣架等设备，致使公共活动空间不能够满足"广场舞"活动需求。并且，由于社区小广场容纳人数有限，不同团体的广场舞群众聚集在小广场内，使社区小广场的人数过载，容易发生大声喧闹和拥挤事故。"广场舞"作为居民休闲的健身活动，理应得到社区居民广泛的参与和认可，但因为社区不同群体的存在，使得居民对此评价各不相同。有些居民在这个时间段内需要休息，有些居民的小孩在家做功课等，广场舞的伴舞声音在他们看来是严重影响他们生活的噪声污染，并多次向社区居委会反映情况，要求居委会采取行动制止广场舞的扰民行为。面对一边是居民组织参与的广场舞活动，另一边是居民反映的广场舞噪声扰民，社区居委会的治理方式是尽量将存在矛盾的广场舞团体分开，对广场舞领队进行"晓之以理，动之以情"的劝说：一方面，告知广场舞队伍将声音尽可能降低；另一方面，向受到影响的居民进行解释，强调一旦建设新的公共广场，将把这些广场舞队伍劝移至新的广场，确保不影响居民的正常生活。经过社区居委会的反复调解，参与广场舞的居民与广场周边居民达成一致意见，即广场舞声音保持小分贝的音量，夏季 8 点之前广场舞结束，冬季则 7 点前结束。

综上所述，社区针对"毁绿种菜"、广场舞矛盾等空间资源争夺现象，并不是采取"一刀切"的治理手段，而是通过"软硬兼施"和情感沟通的方式进行情感治理，增进情感理解，使得离散化和陌生化的社区居民，通过持续互动，加深彼此的情感关系。同时，治理主体的细致、耐心等情感特质，潜移默化地增强了社区治理能力。在社区治理过程中，治理主体逐步通过凝聚原子化的个体，营造社区公共文化，重塑居民集体意识，使得居民遵守社区空间规范，促使社区公共性的生长。情感治理作为非规则性治理能够弥补社区治理中的正式规则和制度供给不足的问题。❶ 但是，情感治理在实际的治理过程中，可能会产生因人而异的具体治理效果，这是因为情感治理并不是一种规范性治理或者标准化治理模式，没有特定的治理程序、治理标准、治理手段等，所以情感治理依赖个体的综合素质和治理能力。

第四节　思考和小结

当前，城市和农村作为城乡连续统中的两端，各自拥有不同的生活方式和行为模式。村落空间变迁使得乡村空间在短时间内转变为城市空间，这意味着传统农村的生活、生产方式和乡土人情关系面临重构，作为具有社会性的行动者，"农转非"后的居民需要重新适应新的空间环境。在空间结构中，如果某些要素发生改变，会导致整个空间关系和空间结构的嬗变和重构。空间重组型社区是由来自不同村庄的村民重新组成的新社区，具有开放性的空间特征。首先，空间重组型社区的外在物理空间是全新建造，不同于以往村落居住空间，社区居住空间是按照城市社区样式统一建造。其次，空间重组型社区是由异质性个体所组成，它不同于"熟人社会"或者"半熟人社会"，社区内人际关系网络是陌生化的状态。最后，空间重组型社区是新型共同体再造，没有像血缘或地缘那样的传统共同体联系纽带，社区集体意识相对缺乏。因此，空间重组型社区具有"新主体陌生人社会"的空间结构特征，即空间重组型社区的空间结构是由不同背景和类型的居民所组成，居民在单元楼式的居住空间中，处于离散化和陌生化状态。

社区居民作为空间重组型社区空间结构中的行动者，由原住所搬迁至统一建造的S社区，其空间环境发生巨大变化，产生不同于原先居住空间的空间断裂。社区居民在"新主体陌生人社会"的空间结构中，为弥合空间断裂带来的不适应，则需要进行空间重构。换言之，空间重构促使社区居民在新的空间环境中进行生产、生活和社会交往方面的改变，以适应空间环境的变化。这种

---

❶ 田先红，张庆贺. 城市社区中的情感治理：基础、机制及限度 [J]. 探索，2019 (6)：160-172.

空间环境变化不仅表现为分散杂乱的居住空间转换为立体化和标准化的居住空间，而且由熟悉的社会关系转变成陌生的社会关系，产生邻里陌生化和生活方式的不适应等问题。因此，"新主体陌生人社会"的空间重构反映到空间重组型社区居民的生产和生活方式的变化，即社区居民生产空间、生活空间和公共空间的再造过程。❶

空间重组型社区作为现代城市社区和传统村落的中间社区，是具有城乡变迁性特征的"过渡型"，其兼具现代城市社区和传统农村村落的双重特征。空间重组型社区与传统村落空间有所差异，社区空间具有标准化的空间环境和个性化的集体认同，这与低密度的村落空间和高度的集体认同具有根本性差别。❷ 空间重组型社区往往暗含着"村落的终结"，空间变迁改变了村民的传统行动模式和社会关系。空间重组型社区的外部物理空间是城市社区的标准化空间建造形式，但是其内在主体却是短时间内"农转非"的居民，所以延续着农村的文化惯习和行为模式。因此，空间重组型社区治理不同于传统村庄治理，既表现出村民自治的治理特征，同时也运用城市社区的网格化治理。❸ 进一步而言，空间重组型社区是被动纳入城镇化进程，这极易造成社区居民生理和心理上的冲突，同时多村合并的重组形式，使得社区居民的空间融合产生困境，社区居民的陌生化程度进一步加深。可以说，空间重组型社区的过渡型特征，使得居民传统的生活、生产习惯发生改变，社区居民的身份认同面临危机。虽然身份由"农民"转为"居民"，但是内在心理认同并不一致。因此，社区各种空间适应问题较多，并且统一规划的居住空间和公共空间，以及标准化社区空间建造，导致居民传统乡村空间记忆衰退，不利于社区共同体的重建。简言之，空间重组型社区突出表现为"新主体陌生人社会"的结构特征，社区居民的身份认同危机和社区空间建造的标准化，促使社区治理主体角色发生转换，治理主体由"村委会"转为"居委会"，以应对治理情境的变革。

党的十九大提出"打造共建共治共享的社会治理格局"，空间重组型社区

---

❶ 丁波. 新主体陌生人社区：民族地区易地扶贫搬迁社区的空间重构 [J]. 广西民族研究，2020（1）：56－62.

❷ 徐宏宇. 转换角色与规范秩序：空间变革视角下过渡型社区治理研究 [J]. 社会主义研究，2019（2）：110－116.

❸ 吴晓燕，赵普兵. "过渡型社区"治理：困境与转型 [J]. 理论探讨，2014（2）：152－156.

治理运用柔性治理手段和情感关系，能够促使居民主动改变生活习惯，尽快适应新的空间环境，并在社区治理中实现治理共同体的情感再生产。❶ 在空间重组型社区中，短时间内的空间变迁，导致社区居民对治理规则不明确、不熟悉。社区治理不仅需要正式的制度治理，更需要人情关怀的情感治理，治理主体运用情感的手段，包括人情面子和社会关系等，将陌生关系转为熟人关系，将私人关系运用于工作关系❷，拉近与居民的情感关系。此外，空间重组型社区中的居民在短时间内实现居住空间的变迁，显然，社区治理的首要任务是服务于居民的经济、文化、生活等需求。因此，空间重组型社区构建网格化的治理体系，将社区干部下沉至楼栋，进行公共服务供给和居民矛盾调解，同时重视"农民上楼"后的生活世界，关注社区居民社会适应、身体适应和心理适应情况。空间重组型社区实施网格化治理，将物业公司纳入治理资源，动员社区各个主体共同参与社区治理。❸ 空间重组型社区的网格化治理能够促进社区多元主体参与社区治理，使治理主体将治理单元缩小，推动传统共同体转为社区"微共同体"，在网格化治理中加深不同主体的情感关系互动，培育社区新型治理共同体。然而，如何实现治理主体的功能由"管控型"向"服务型"转变，这是社区治理转型成功与否的关键。

---

❶ 卢义桦，陈绍军. 情感、空间与社区治理：基于"毁绿种菜"治理的实践与思考 [J]. 安徽师范大学学报（人文社会科学版），2018（6）：141–149.

❷ 田先红，张庆贺. 城市社区中的情感治理：基础、机制及限度 [J]. 探索，2019（6）：160–172.

❸ 沈费伟. 技术能否实现治理：精准扶贫视域下技术治理热的冷思考 [J]. 中国农业大学学报（社会科学版），2018（5）：81–89.

第四章
空间集中型村庄的空间形态与合作治理

　　空间集中型村庄的空间特征主要是集中居住，村庄由分散杂乱的居住空间转为集中居住的村庄空间形态，村民的社会关系网络在新的空间形态中保留，空间整体性变迁使得原有治理模式留存。集中居住的整齐划一的空间外观，给人眼前一亮的视觉冲击，成为基层政府打造美丽乡村和乡村振兴的"典型"和"样板"。集中居住的空间变化表现在农民的传统闲暇生活空间逐步消失，农民忙于生计，进入工厂，转变生产空间。在集中居住的空间规划中，村庄正式公共空间取代了以往非正式公共空间。集中居住的空间变迁的主要动力是村庄治理权力与资本下乡相结合。L村作为"能人治村"的类型，"能人"在空间变迁中实现治理权力的再生产。同时，在资本下乡背景下，下乡企业成为集中居住空间建设的主体之一，并逐步融入村庄治理主体。村级组织与下乡企业共同"经营村庄"，形成村企合作治理，有利于发挥村级组织和下乡企业两个主体的优势资源，具有推动村庄治理结构优化、村庄共同体再造和村企矛盾纠纷减少的实际成效。

　　集中居住的村庄空间形态，促使村庄治理主体运用治理下沉和空间治理技术的治理策略。一是利用居住空间的集中性，推动治理主体下沉至楼排空间，以"书记谈话"为手段进一步拉近与村民的治理关系。二是通过集中居住的空间划分和分配，以不同的治理方式和治理技术，提高村庄治理效率和公共服务供给水平。三是创新议事协商形式，完善议事协商制度和规则，有效化解集中居住空间变迁中的矛盾纠纷，促进村民自治协商迈上新台阶。集中居住是外在物理空间的变迁，内在文化营造则是公共文化空间变迁，以公共文化作为联结纽带，宣传家风家训和营造集体意识，促使村庄涵养乡风文明，以此强化村庄治理主体的合法性基础，推动文化共同体重建。

第一节　空间集中型村庄的空间形态

一、集中居住与新乡土空间

L村位于江镇东部，周边高速公路和高铁线路贯穿而过，交通便利，自然环境优美。L村区域总面积 23100 亩（15.4 平方公里），其中耕地面积 3350 亩，林地面积约 8000 亩，水域面积 1200 亩，村庄建设用地 10550 亩。L村共有 14 个村民小组，27 个自然村，536 户，2082 人；村"两委"成员 7 人，村民代表 54 人，村民组长 34 人，村民监督委员会 3 人。村党总支下设 5 个党支部，9 个党小组，共有党员 95 名，其中预备党员 2 人。2019 年全村农民人均纯收入达 23650 元，2019 年村级集体经济收入 49 万元，其中经营性收入 10.64 万元。近年来，L村先后实施了市级美丽乡村中心村和省级美丽乡村中心村建设，成效显著，受到省美丽乡村验收专家组和群众的一致好评，并成功入选"2018 年全国村庄规划示范村"。L村集中居住地域空间共有 200 栋独栋单院的两层楼房，将村民原来的旧宅基地进行复耕，实现村民不远离耕地，又可以拥有集中居住的良好环境。

本书的集中居住仅指单一行政村的集中居住，且以单栋独院的两层楼房为主，不同于"农民上楼"的多村合并的高楼层集中居住，村级组织主导集中居住的空间规划和建设。集中居住的房屋外观统一，村民自行内部装修。L村的集中居住空间，以联排的单栋独院的两层楼房为主，这种居住空间的设计，更加体现居住空间的私密性，但导致传统居住空间中的公共空间功能逐步消失，人们相互间进行串门的频率较低，社会关系和情感交流减弱，因此难以形成传统熟人社会中的亲密关系。集中居住空间并不具有传统村落居住空间的生产性功能，这种居住空间主要是提供村民的生活、休闲等生活性功能。❶ 可以说，集中居住空间的功能单一性，使得治理主体更加重视集中居住的基础设施、公共服务等生活性公共产品供给。换言之，集中居住空间降低了村民居住空间的公共服务供给成本，节约了水电气的设施建设成本，村民可以享受到较好的人居环境。传统村民居住空间分散且不规则，居住空间往往具有生活空间和生产空间的双重功能。同时，居住空间兼具公共空间与私人空间的属性，因此传统居住空间是多用途的空间。传统居住空间在外观上表现为院落式住房，包括摆放生产工具的空间，一般房屋的堂屋具有公共空间功能；而居住空间的院落作为私人空间与村庄公共空间的交接地带，它是开放的空间，也是村民社会关系的交往场所。显然，传统居住空间促进了村民之间的相互交往，并且不会产生公私空间的严格区分。❷ 集中居住后的村民居住空间，更多体现的是完全意义上的生活空间，生产性功能逐步排除在外。

集中居住的空间变迁，有助于村民从传统生活空间、生产空间向现代生活空间和生产空间的过渡。集中居住后，虽然居住空间不同于传统居住空间，但是社会关系依然存在，同时生活空间中的居住条件、基础设施等优化，使村民的生活空间逐步实现现代化转变。并且，集中居住不仅是推动村民在划定区域内集中生活，提高居住条件和人居环境，而且促使村庄宅基地得到有效治理，使得村庄集中、宅基地集中、耕地集中，加强散乱、闲置和低效利用的农田整治，改造传统生产空间，推动农村土地资源更加集中和适度规模经营，实现土地资源的高效利用和农业产业振兴。

L村利用村内闲置土地和集中居住后的土地整治，积极吸引工商资本下乡投资。目前L村最大的农业企业是W农业发展公司，W农业发展公司是一家集农产品种植、收购、加工、仓储和销售，以及食用菌栽培、精品果林栽培、中药材育苗研究、信息咨询与服务、种苗销售、旅游观光为一体的综合产业园。自2017年以来，W农业发展公司先后在L村流转土地6000余亩，建成3000亩无公害蔬菜基地，2000亩凤丹基地和800亩青梅基地。W农业发展公司以"立足三农、发展三农、服务三农"为原则，采取"公司 + 基地 + 农户 +

---

❶❷ 李飞，钟涨宝. 农民集中居住背景下村落熟人社会的转型研究 [J]. 中州学刊，2013（5）：74 – 78.

直销"经营模式,以"规模化、产业化、科技化、城镇化"为发展理念,以"土地流转、现代农业、旅游观光、美好乡村"为战略规划,着力打造皖南地区最大的国家级农业综合开发示范园区,带动当地农民创业、就业,实现共同致富。示范园区山清水秀,风景宜人,尤以牡丹著称,拥有精品牡丹观赏园、千亩凤丹园等众多景点。2018 年投资 783 万元新建水上主题乐园。2019 年共接待游客 30.16 万人次,实现旅游收入 800 多万元。W 农业发展公司计划用五年时间,打造皖南地区规模最大的集中药材、食用菌、精品果林、种植、育苗、加工、仓储物流、销售为一体的综合基地,建设高标准化、质量化、规范化的中药材基地,利用核心区打造中药材文化旅游观光、养生保健、大健康的田园综合体。

L 村在企业打造的田园综合体基础上,申请美丽乡村建设标准化试点,以美丽乡村建设标准化试点工作为基础,促进城乡基本公共服务均等化,进一步改善村庄基础设施和人居环境,提高村民生活满意度。首先,L 村邀请专业乡村规划设计公司,建立结构合理、层次分明,以及与经济社会发展水平相适应的标准体系,打造"生态宜居村庄美、兴业富民生活美、文明和谐乡风美"的美好乡村。其次,L 村通过实施美丽乡村建设,获得全国美丽乡村建设标准化项目试点村项目资助,成为全国美丽宜居村庄示范村,并荣获"2018 年度中国人居环境范例奖"。最后,L 村以特色自然村建设为依托,打造旅游观光田园综合体。一方面,将特色自然村与 2018 年省级美丽乡村中心村连成一片,形成一个约 8 平方公里的区域,为田园综合体的打造奠定了坚实基础。另一方面,依托中药材生态产业园项目,以 L 村为核心区,建设中药材种植基地项目,并辐射周边村庄,建成皖南最大规模的万亩中药材生产加工基地,生产各种名贵中药材达 30 多种,吸引当地及周边游客前来游览,努力打造田园文化旅游观光的田园综合体。

二、集中居住与美丽乡村的"典型村"

乡村振兴战略的总要求是"产业兴旺、生态宜居、乡风文明、治理有效、生活富裕",美丽乡村的要求是"生产发展、生活宽裕、乡风文明、村容整洁、管理民主",显然,国家的两个农村发展战略具有内在一致性,突出农村的内涵建设。在现实生活中，给人最为直观的感受是农村整齐划一的居住空间和优美的生活环境，所以在大部分人眼中是美丽乡村的样子，即让乡村成为生态宜居的美丽家园，让村民"望得见山、看得见水、记得住乡愁"。因此，在《乡村振兴战略规划（2018—2022 年）》的政策指引下，各地兴起打造"乡村振兴样板"的运动，通过统筹土地流转、资本下乡、项目下乡，整合基层政府、村民、社会资本的力量，实现乡村振兴。❶ 其中，集中居住成为短时间内实现土地集约化、规整化的措施，地方政府积极推动农村空间的集中居住。因此，集中居住和环境整洁的空间集中型村庄成为基层政府打造美丽乡村的"典型村"样板。

科层机构通过树立典型，实现由点到面的政策试验到政策推广，降低治理成本；上级政府往往通过典型的创造，突出政策发展经验。❷ 空间集中型村庄的"典型村"样板，其作用主要体现在满足基层政府迎接各层级考核、检查、参观的需要。在科层制体制下，基层政府特别是乡镇政府需要面临不同层级的上级政府的行政指令，而压力型体制催生各种形式的考核检查不断。因此，基层政府为了应对这些考核、检查、参观，积极选取试点的样板，将"典型村"作为重点进行宣传，使其在为数不多的政治表现中，展现执政有效的政绩。乡村振兴中各地涌现出形式多样的"典型村"，包括示范村、明星村等，这些"典型村"不仅发展程度高于其他普通村庄，而且在典型塑造过程中得到了行政资源的集中配置。"典型村"在乡村振兴的"农业强、农村美、农民富"等方面优于其他村庄。同时，基层政府也倾向于将各种项目资源投入"典型村"，综合运用多种支持手段打造"典型村"。"典型村"则承担了各级政府或社会组织的各种调研考察等任务。

集中居住的新型村庄是新时代美丽乡村的典型之一，有利于凸显基层政府在美丽乡村建设上的政绩，以及乡村振兴政策实施的效果。同时，"树典型"

❶ 刘景琦. 论"有为集体"与"经营村庄"：乡村振兴下的村治主体角色及其实践机制 [J]. 农业经济问题，2019（2）：24-32.

❷ 许中波. 典型治理：一种政府治理机制的结构与逻辑 [J]. 甘肃行政学院学报，2019（5）：61-73，127.

是政府推动行政任务的惯常激励方式❶，一旦被作为"典型村"，就能够获得项目资金的实质支持。当前，项目制作为国家财政转移支付的重要手段，在上级政府向下进行资源分配的过程中起着重要作用，同时也是基层政府获取国家资源支持的主要方式。基于行政意志和项目资金使用的收益最大化，基层政府更倾向于多种类型项目指标整合，集中投放于少数村庄。在项目制分级运作模式下，基层政府的"打包"与村庄的"抓包"，往往产生项目资金集中向"典型村"供给的现象。在项目制的竞争机制中，村庄"能人"通过个人资源争取项目资金，提升村庄公共品供给水平。❷ 因此，"典型村"能够获得上级政府的青睐，获得更多国家自上而下资源的输入。

空间集中型村庄因集中居住空间的统一，给人以秩序井然的直观感受，令人产生内在意象的村庄治理有效性。基层政府通过"树典型"的示范效应为其他村庄发展提供学习榜样，发挥引领带动和激发动力的作用，进而以点带面，推动农村整体性发展。此外，"典型村"可以获得强大的资源输入，增强村庄的治理资源，但往往会面临强大的资源压力和精神压力。例如，"扎堆式"调研使基层干部忙于接待和汇报，长期处于角色紧张和角色冲突中。❸ 不同形式的考察、交流、学习，使得"典型村"的接待能力受到考验，无论是公务接待还是私人参观，迎接、陪同、介绍等一系列重复的流程，导致"典型村"的日常村庄治理和村民生活受到一定程度的影响。有些"典型村"把迎接各地区不同形式的参观考察等学习活动，作为推动村级集体经济发展的重要动力，在村庄内兴建宾馆、农家乐、特产商店等消费空间，将外出考察学习的各类群体当作游客进行招待，吸引他们在村庄消费，以此壮大村级集体经济，带动村民致富。因此，在多种形式的宣传和学习考察背景下，这些"典型村"成为旅游景点。同时，政策上的推广性，使得"典型村"成为政府体制内相关单位"打卡"的场所，从这一方面来说，"典型村"的参观考察学习团队不断增多，促使当地在挖掘消费热点上"做文章"。

———————————

❶ 符平. 市场体制与产业优势：农业产业化地区差异形成的社会学研究 [J]. 社会学研究，2018（1）：169-193，245-246.

❷ 李祖佩，梁琦. 资源形态、精英类型与农村基层治理现代化 [J]. 南京农业大学学报（社会科学版），2020（2）：13-25.

❸ 冯仕政. 典型：一个政治社会学的研究 [J]. 学海，2003（3）：124-128.

作为美丽乡村示范村和重点示范村，L村是集中居住和资本下乡的"明星村"，参观考察学习的各级政府络绎不绝。笔者进入村委会大楼中心，首先映入眼帘的是宣传栏，宣传栏中除了L村的基本介绍之外，还有相关领导在L村的考察照片，包括省内外各级领导，以及不同地区人员来考察学习的照片。村委会大楼的二楼有间荣誉室，荣誉室内摆放着各种荣誉牌匾，其中不仅有省、市、县级的荣誉，还有国家级的荣誉，可以说，L村在当地政府的包装下成为美丽乡村的"典型村"，同时也是乡村振兴的样板。因此，集中居住的美丽乡村建设往往成为基层政府打造乡村振兴的"亮点工程"。

第二节　空间集中型村庄的空间特征

一、"半熟人社会"与闲暇生活空间的消失

传统农村社会的闲暇生活较多，通常是"三个月种田，三个月过年，六个月休闲"。随着村庄空间边界开放、市场化程度持续加深以及村庄内部分层，传统农村闲暇生活空间不断走向个体化、私人化，村庄的闲暇生活不断消失，公共性的闲暇生活空间转为私人性闲暇生活空间。❶ 同时，村庄外在物理居住空间的变化，加快了农民闲暇生活空间的变迁进度。农村闲暇生活的变化，反映了农民生活空间的改变。

> 以前的房屋里面采光都不好，现在住上楼房，又大又好，我们很满意。现在感觉家家户户都有干劲，都想把日子过好，不像以前一聊天就聊一下午时间。（20190704 – L村村民LYH）

集中居住的空间形态，使得农民赖以生存的熟人社会结构发生变迁。L村虽然是整村推进，但不同于"撤村并居"的多个村庄集中居住方式，L村集中居住的村民仍然是本村村民，所以并没有完全打破原有的人际关系网络。L村

---

❶ 王会. 乡村社会闲暇私人化及其后果：基于多省份农村的田野调查与讨论 [J]. 广东社会科学，2016（6）：206 – 213.

新村楼房入住方式是以村民小组为单元，每个村民小组分到相应的楼房数量后，村民小组内部再进行分配，大体上是按照原有家庭地域的左邻右舍进行安排。因此，L村新村村民的生活空间依然是熟人社会的人际关系网络。虽然是传统居住空间的左邻右舍，但在实际生活中，并没有像以前那种人情往来关系。现在村民的生活空间是彼此熟悉，但"关起门来朝天过"，村民之间缺少以往那种"帮工"等往来形式，所以是具有"半熟人社会"特征的人际关系网络。首先，单栋独院的居住空间使得各家生活空间分离，门对门的居住视野导致生活空间的私密性减弱。村民往往将大门紧闭，不希望其他村民看到家中的具体情况。其次，村民的生计模式由传统农业生产转向外出务工等非农生产，传统邻里之间的互帮互助减少，农忙时节的"帮工"形式消失，在一定程度上削弱了村民之间的互动关系。最后，村庄空心化的状态，以及大多数青年人的外出务工，导致村庄的人情往来减少。传统的红白喜事往往是整个村庄的大事，具有地缘和血缘关系的村民基本上都会有人情往来，而现在村庄年轻人热衷于在城市举办婚礼，村民的人情往来逐渐减少。虽然村民集中生活在同一区域，但是原有村民相互间的熟人往来，无论是在广度还是深度方面都有所减弱，导致社区"半熟人社会"的生活空间形成。

集中居住的外在物理空间改变，使村民的日常生活状态发生改变，由传统闲暇的日常生活转为忙于生计的经济动力。闲暇体验主要是农民日常生活的主体感受，它是农民闲暇生活心态的呈现，这种闲暇体验逐步由个体性转为公共性，并成为集体的心态特征。❶ 传统农忙时节，家家户户忙于耕种和收割，其他时节则是农闲时光。村民的生活普遍是闲暇的生活节奏，但随着城乡流动的加速，以及市场经济嵌入乡村社会，村民的闲暇生活体验逐渐碎片化和空洞化，村民的闲暇时光在忙于生计的过程中消失殆尽，村民也由此重回个体性目标。❷ 众所周知，村庄是具有一定血缘关系和地缘关系联结的熟人社会，尤其自然村的空间区域是村民闲暇日常生活进行互动的主要场域。

年轻人多去外地务工，年纪稍微大点则在家旁边做点小工，老年人则在家带孩子或者家里菜园种种菜，我们村还有几个80多岁的在菜园里种

---

❶❷ 杜鹏. 情之礼化：农民闲暇生活的文化逻辑与心态秩序 [J]. 社会科学研究, 2019 (5)：137－143.

菜，我们都叫他们小心点，他们家里人也让他们不要搞。没办法，老年人闲不住，一辈子都这样过来了。(20190612 – L 村村支书 CJS)

村庄外在物理空间变化，将会影响村民的生活精神状态。村民以往的居住空间通常是无序且混乱的生活空间，人们的"生活奔头"不那么强烈。但是，随着居住空间的改变，人们居住在明亮和干净的生活空间中，个人生活的新目标被激发，精神空间逐步具有目标性和导向性。可以说，村民集中居住的生活空间和外在生活环境的变化，使村民的生活状态直接呈现在村庄生活中，也因此激发村民的成就动机。在新的居住空间中，村民个体生活的精神气不同于以往传统生活空间，村庄现在很少有懒汉等群体，积极向上的精神状态在村民之间传播，努力把日子过好的生活目标得到村民一致的认可。

随着村民生活空间中精神状态的改变，原有村庄棋牌室等娱乐空间减少。人们忙于生计，注重家庭经济资本积累。这种变化带来两方面生活影响，一方面，村民产生积极向上的生活状态，告别了以往"等、靠、要"的不良心态，催生村民生活致富的成就动机；另一方面，村民产生"一切向钱看"的心理状态，致使村庄贫富分化加大和村庄人情关系淡化。简言之，生活空间的统一、整洁、干净，促使村民产生行动的改变。农民闲暇生活空间的一个显著变化是村民不再浪费闲暇时光，而是将其用来提升经济资本和家庭生活质量。同时，因为村民由农业生产转为非农生产，农闲和农忙时间段的划分则显得没有意义，所以村民以往农闲的闲暇体验在现代非农生产中逐步消失。

　　　　现在村里也追求城市人的生活，他们几个聚在一起，开一辆车去周边景点玩一两天，像去庐山什么的，不过也都是年轻人。他们能赚到钱，也敢花钱。(20190712 – L 村村民 SXM)

二、资本下乡与生产空间产业化

资本下乡中的村民生计模式转变，使村民生产空间发生改变。L 村土地流转接近 90%，土地流转的承包方主要是 W 农业发展公司，以每亩土地 420 元的价格从农户手中进行土地流转。受村庄周边耕种土地资源稀缺的限制，村民没有了之前从事农业生产的基本条件，L 村村民主动或被动地进入非农生产空间。但无论是主动还是被动，大部分村民告别了以往"脸朝黄土背朝天"的农业耕作。换言之，村民的生产空间发生了时空转换，由原先依靠土地等自然资源的传统农业生产空间，转为依靠技术等人力资本的现代生产空间。而集中居住是封闭的独立楼房，住房内部及周边也没有以往简单的初级生产作坊空间。在新的生产空间中，村民改变过去的生产方式，进入村庄周边企业务工，成为非农生产的产业工人。一方面，村庄周边的下乡企业进行产业项目建设，需要大量的产业工人，这无疑扩大了村民就业的市场。另一方面，村民生产空间在短时间内发生变化，改变了村民原先从事农业的生产方式，村民也逐渐掌握了相应的劳动技能，通过转换生产方式，实现家庭经济资本稳步增长。村民传统生产空间主要依靠土地，现在生产空间对土地依赖性大为减弱，而更多是依靠资本、技术等现代生产要素。传统村民生产空间的基础是土地种植，不仅农业产值较低，而且耗时耗力，有时甚至不能维持家庭日常开销。随着资本下乡的土地流转，村民生产空间改变，生产效益逐步提高，家庭经济资本也在不断积累。L村传统生产空间向现代生产空间的转变，反映了村民在资本下乡后，作为理性人选择生计模式的过程。

> W农业发展公司这个企业，80%的工人都是我们村的村民，我们跟这个老板在之前洽谈的时候就明确说了，你来这里投资，我们非常欢迎，但是你用的工人得是我们村的村民，除非村民中间有挑事的你可以不用。
> (20190628 - L村村支书 CJS)

> 他们也不是常年用村民，忙的时候雇用得比较多，这个我们也能理解，毕竟现在做企业也不容易，要养活这么多人，还得有盈利。
> (20190709 - L村村支书 CJS)

现代生产空间产业化主要有两个特点：一是工作时间固定，强调工作时间纪律，工人不能迟到早退；二是工作收入相对固定，村民由无固定收入的农民转为有固定收入的产业工人。新的生活空间只有在新的生产空间成熟之后才能稳定成型，但生产空间产业化要求农民以现代工人的生活作息习惯为标准，而生产空间的现代化要求与传统生计模式产生冲突。一方面，村民原先的生产空间并没有工作时间和工作纪律的意识，往往是与农作物的生长、收割相联系。农闲时节通常没有农事可做，较为悠闲；农忙时节则生活节奏加快，农事增多。因此，在村民的生产逻辑中，具体的时间概念并不清晰，主要是根据"二十四节气"安排农作物的耕种，但这一时间概念较为粗略，没有详细规定村民的具体时间安排。同时，传统农业生产主要依靠农民的自觉性，其主要是季节性生产，每个季节的农忙程度不同，如冬季农活基本结束了，处于农闲的时间。而在企业工厂作为产业工人，受天气等自然因素影响较小，其工作时间是固定的，休息时间也是可预期的。因此，进入企业务工后，村民的生活作息习惯不适应工作时间要求和工作纪律要求，导致用工企业和村民的矛盾纠纷增多。另一方面，W 农业发展公司主要的盈利方向是种植各类观赏性花草，村民在种植各种花草时，如果种植技术不熟练的话，将间接致使花草的存活率降低，进而影响企业的收益。虽然企业采取多种形式对村民进行培训，但有些村民由于文化素质不高，一时不能接受和掌握相关的文化知识，这也使得 W 农业发展公司怨声载道。

三、空间规划与"正式"公共空间兴起

村落公共空间是国家权力和乡村治理的社会基础。❶ 随着田园综合体和美丽乡村的空间建设，L 村以"整村推进"的方式进行集中居住，村民原先的生产空间、生活空间等发生转变。同时，村庄人际关系的日益陌生化，以及村庄共同体的不断解体，使得村民的集体记忆衰退，引发村庄的价值危机、伦理危机和治理危机❷，导致村庄公共空间萎缩。进而言之，在传统村落空间中，村庄公共空间与村民生活空间相融合，公共活动可以嵌入村民的个体空间，因此传统村庄公共空间具有空间公共性特征。❸ 传统村庄公共空间并没有正式划定，公共空间一般位于村民的房前屋后或者池塘水边等人们聚集的地方。换言之，村庄公共空间没有被刻意地规划出来。集中居住的空间形态，使村民的居住空间被一个个正式固定化，空间规划整齐划一，并且公私空间界限明显，导

---

❶ 王玲. 乡村社会的秩序建构与国家整合：以公共空间为视角 [J]. 理论与改革, 2010 (5)：29 - 32.

❷ 董磊明. 村庄公共空间的萎缩与拓展 [J]. 江苏行政学院学报, 2010 (5)：51 - 57.

❸ 杜鹏. 情之礼化：农民闲暇生活的文化逻辑与心态秩序 [J]. 社会科学研究, 2019 (5)：137 - 143.

致村庄私人空间难以扩展至公共空间，公共空间也无法入侵村民的私人空间。集中居住作为新型规划的农村空间形态，其空间具有整体性和功能性，能够按照人们的意志进行分配和使用。在传统村庄空间中，通常私人空间之外的便是公共空间，两者之间没有严格界限。集中居住的空间形态，使得治理主体对私人空间的界限划分清晰，以防止大规模侵占公共空间现象的产生。

> 新村管得肯定严了，有时我们把东西放在门外的路上，村里的人也来说，这不行的哟，这道路都是公家的，你把东西放在路上，妨碍别人正常行走了。(20190729 – L村村民WCY)

> 我们在新村规定村民的私人空间只限于房屋和院里，不能在新村公共区域放自家东西，不然你家外延他家也外延，那还不乱套了，再说也不美观啊！(20190614 – L村村支书CJS)

集中居住作为新型农村规划和建设的空间形态，需要配套相应的村庄公共空间。L村在新村建设之初，对建设正式公共空间的规划，主要是用来满足村民对公共活动场所的需要，增加新村的公共活动场所。村庄正式公共空间的兴建，一方面，使村民能够拥有休闲的固定场所，避免没有公共场所可去的生活困境；另一方面，公共场所可以方便村庄有效组织动员村民，提升村庄的组织动员能力。不同于城市社区建设以广场为主的公共空间，农村公共空间的规划和建设是以乡村文化和村民休闲为主。

L村在新村旁边兴建了"农民文化乐园"（见图4-1），其主要是根据两个池塘进行改造设计。在"农民文化乐园"中按照地区园林设计，栽种各类树木花草，同时修建拱桥、庭院等，整理田间小道两条，张贴相关政策标语。作为L村新村的一道亮丽景点，"农民文化乐园"是打造的新型公共空间，并为村民提供享受闲暇的公共空间，吸引着外地前来参观驻足的人们。但是，在实地访谈中发现，村民对"农民文化乐园"并没有表现出欣喜感，多数村民认为"农民文化乐园"是"形象工程"，并没有实质性地改善村庄生活环境。外来观光游客在"农民文化乐园"拍照留念，他们认为这是农村环境改善的重要标志。换言之，市民与村民由于生活方式的差异，导致两者对闲暇公共空间的认识不同，村民站在生产的角度，认为生产空间对生活改善的重要性强于闲暇公共空间，所以相对于闲暇公共空间，村民更期望将建设资金用于改造村庄的基础设施和农业生产。

图 4 – 1   L 村 "农民文化乐园"

那个乐园花了许多钱，但谁会闲着没事去那里溜达，再说那里面路也窄，小孩进去还容易掉进池塘里。文化乐园主要是建给城里人看的，他们过来觉得新鲜，我们老百姓并没有感觉有什么好。(20190614 – L 村村民 CH)

除了"农民文化乐园"之外，L 村还严格按照农村社区标准化建设的要求，利用和整合原有的村级活动场所、农民体育健身等公共服务器材，建成了"一厅八室三栏一场一馆"，即社区服务大厅、社区党组织和村委会办公室、老年活动室、村民协商议事室、卫生计生服务室、文化阅览室、资料档案室、司法信访调解室、社区志愿者服务室、党史村务公开栏、法制和计划生育宣传栏、民生惠民政策宣传栏、文化广场、L 村村史馆，以及供村民举办红白喜事的"喜庆堂"。L 村为丰富村民和老年人的文化生活，将老村部改建为文化活动中心。文化活动中心内有棋牌室三间，微电影室、电子阅览室有八台电脑；书画室有三间休息室、六张床铺，配有空调、电视等设备；健身室配有九部健身器材；广场铺建塑料地坪等。L 村文化活动中心坚持每周开放五天，活动不收费用，免费提供茶水和优质服务。同时，村里的文化活动也非常丰富，组建了健身球、广场舞等娱乐活动队伍，村委会为参加文化体育健身活动的村民提供便利条件。L 村对"送文化下乡"的各类文艺团体，最大限度地满足其场地需求，从而真正让村民的文化生活丰富起来。

此外，L 村安装了高清晰度的 LED 大屏幕，方便村民傍晚在村委会大楼前的文化广场跳广场舞，并且通过 LED 大屏幕播放反腐倡廉、扫黑除恶等相关视频，教育全村广大党员群众奉公守法。利用文化广场的 LED 大屏幕进行视频和口号式宣传，潜移默化地影响村民的行为模式。换言之，L 村文化广场的 LED 大屏幕，不仅为村民的广场舞等公共活动提供方便，而且反腐倡廉、扫黑除恶等相关视频的轮流播放，使得国家法律制度能够深入人心，规范村民的日常行为，保障"法律下乡"的实践效果。

第三节　空间集中与主体合作治理

一、权力结构："能人治村"与村企合作治理

权力结构是主体间力量配置的关系，可以说，权力结构决定了各主体力量大小的程度。[1] 空间集中作为空间变迁的外在形式，反映权力结构在空间集中的主体权力变化。在空间集中型的空间变迁形式中，空间变迁的主体不仅是国家意志的强力推动，也是村民个体的主动参与，更是村庄治理权力与社会资本的互构。[2] 乡村社会需要将国家资源和项目有效落地，并发挥最大的社会效益和经济效益。一方面，村庄"能人"凭借个人资源和能力，结合村庄实际情况，向上申报各种国家资源和项目，将这些资源进行合理分配和使用，减少基层治理成本。另一方面，资本下乡参与集中居住的空间变迁，通过村企联治的形式进行合作治理，融入村庄治理主体，在治理内容、治理形式、治理手段上进行合作，进而为村庄治理提供治理资源。

（一）空间权力与"能人治村"

"能人"主要是指在村庄社会中拥有个人能力和资源，推动村庄发展的村

---

[1] 鹿斌，金太军. 权力结构新解：在社会治理创新中的考量 [J]. 江汉论坛，2018 (6)：18-23.
[2] 费钧. 资本、权力与村庄空间形态的变迁：基于苏南 A 村的分析 [J]. 南京农业大学学报（社会科学版），2017 (2)：8-18.

庄精英。❶"能人治村"，意味着"能人"通过村民自治的制度性条件成为村干部，拥有村庄治理权力，管理村庄各项公共事务，推动村庄发展的治理模式。❷同时，在国家资源下乡过程中，作为基层政府的"代理人"和村民的"当家人"，村庄"能人"可以将下乡项目与村庄社会有效对接，避免国家自上而下的资源悬浮于乡村社会的局面。

L村的集中居住采取的是"整村推进"，依靠国家政策资源，这里主要是美丽乡村项目和土地增减挂钩项目，实施村庄中心村的集中居住。《国务院关于深化改革严格土地管理的决定》提出，"鼓励农村建设用地整理，城镇建设用地增加要与农村建设用地减少相挂钩"。城乡建设用地增减挂钩是通过与耕地指标挂钩，将废弃、低效的农村建设用地以项目形式复垦为耕地，而将新增的耕地指标投入市场。❸在这种政策指引下，政府形成向农民要地的逻辑。地方政府通过增加农村耕地面积来获得城市建设用地，对农村土地进行平整，采取集中居住的形式，复耕农村大量的土地面积，因此地方政府通常拥有推行农村集中居住的动力。城乡土地增减挂钩与集中居住的空间变迁相互结合，增减挂钩为集中居住的空间建设提供资金来源，而集中居住为土地增减挂钩提供土地指标。

L村项目落地和项目执行的主要运作者是村支书CJS。村支书CJS原先从事长江货运轮船运输，且在L村担任村委会副主任，因为与当时的村支书之间有冲突矛盾，所以辞去职务，并将全部精力投入轮船运输。原先的村支书并没有使L村快速发展，L村村民矛盾纠纷和上访事件不断，原先的村支书也随之辞职。江镇针对L村的这种情况，及时了解村民诉求和CJS的想法，最终L村经过选举，由CJS担任村党支部书记和村委会主任，L村实现村党支部书记和村委会主任"一肩挑"。当前，村支书和村主任的"一肩挑"可以避免治理主体的内部矛盾，增强治理主体的凝聚力和团结力，促使村庄与乡镇政府的"步调一致"。基层"一肩挑"的制度安排使得自下而上的自治空间受到影响，

❶ 李祖佩，梁琦. 资源形态、精英类型与农村基层治理现代化 [J]. 南京农业大学学报（社会科学版），2020（2）：13-25.
❷ 张扬金. 村治实现方式视域下的能人治村类型与现实选择 [J]. 学海，2017（4）：36-41.
❸ 鲁先锋，芮雯艳. 土地增减挂钩与美丽乡村建设协同机制的构建 [J]. 西北农林科技大学学报（社会科学版），2016（5）：87-93.

村庄治理主体代表国家意志和权力执行政策制度，同时重视村民自下而上的利益诉求。

L村村支书CJS作为村庄发展的"第一责任人"，成为L村发展的"经纪人"。T市准备在江镇投资成立中药材种植产业园，经江镇领导介绍，村支书CJS主动接洽，中药材种植公司决定在L村种植中药材1200亩，并计划实施中药材加工和带动旅游等产业的同步发展。村支书CJS借助江镇和县级扶持项目，推动L村申报省级美丽乡村项目和市级中心村建设项目，依靠土地增减挂钩项目资金，联合中药材产业园建设推进美丽乡村项目落地。L村通过"整村推进"进行集中居住，动员村民搬离原宅基地，同时申请土地整理项目，对村庄原有宅基地进行土地平整。L村集中统一建造200栋两层楼房，由于项目补贴，村民只需每户交纳15万元便可购买入住，现已全部住满。村民老房拆迁，则按照平房每平方米400元、楼房每平方米800元进行赔偿，院子和装修等重新计算。虽然L村仍有村民由于个人意愿、举家搬迁、住址较远等原因没有入住，但大多数村民认为村庄发展是好事，L村计划二期再造100栋住房，将其余居住在村的村民纳入集中居住区域。

> 现在国家对农民实在太好了，新楼房又漂亮又干净。我们现在下雨天都不用穿雨鞋了，路面基本硬化，环境也比过去要好得多。以前村里下雨都不能出去，到处都是泥泞的路面。我们普通老百姓还是很感谢国家，这几年农村生活也在变好。(20190730-L村村民ZSY)

> 村里搞这个集中居住，我们还是很赞成的。拿我家举例，儿子大了，肯定要盖个楼房，现在我们两个户头，花钱买了两栋楼房，给我们家省了不少钱。(20190723-L村村民LGX)

村庄发展需要村庄"能人"等引领性精英[1]的带动，村庄引领性精英通过其市场意识、管理能力、个人资源等带动村级集体经济发展。在科层项目制运作上，引领性精英在争取上级政府转移支付的项目上起到了关键作用，他们对村级项目进行打包，进而为村庄发展争取资源。与此相反，缺少引领性精英的

---

[1] 张兆曙. 城乡关系与行政选配：乡村振兴战略中村庄发展的双重逻辑 [J]. 武汉大学学报（哲学社会科学版），2019（5）：176-183.

村庄，无论是在村级集体经济发展还是在村民组织动员方面都不尽如人意。集中居住的村级组织在空间变迁中仍然被保留，村支书 CJS 作为村庄引领性精英，从 L 村引进中药材种植公司到村庄集中居住的美丽乡村建设，一直扮演着村庄发展的掌舵者角色。在村庄发展过程中，村支书 CJS 的治理权威和权力也随之不断强化，其个人意志和想法往往成为村庄发展的方向。一方面，村庄"能人"利用个人关系为村庄发展带来项目资源。例如村支书 CJS 与下乡企业 W 农业发展公司积极协商，以集中居住后的土地流转向 W 农业发展公司争取集中居住的空间建设资金，加上财政项目资金，使得 L 村的集中居住项目能够快速推进，同时增加了宅基地治理后的土地，实现土地大规模流转。但另一方面，"能人治村"造成村级民主和村级监督的失效，产生"能人"专断等问题，导致村庄民主治理的异化。❶

（二）空间建设与资本下乡

"产业兴旺"是乡村振兴实施的主要抓手，在乡村振兴战略背景下，农业产业发展成为解决村庄凋敝和村民离散化的重要措施。因此，工商企业资本在基层政府引导下嵌入农村空间，使村庄治理结构得到不同程度的重构。自 2013 年中央一号文件提出，"鼓励和引导城市工商资本到农村发展适合企业化经营的种养业"，在工业反哺农业、城市支持乡村背景下，大批城市资本下乡成为农村现代农业发展的重要外生资源。❷ 同时，在基层政府引导下，集中居住的农村空间建设是部分村庄的乡村振兴主要路径之一。❸ 传统农村空间建设往往过度依赖政府财政资金支持，社会资本参与不足，导致农村发展的市场化机制不充分。政府主导的集中居住的空间建设往往不利于推进土地流转的土地规模化经营，进而影响农村发展的产业振兴。行政主导型的农村空间建设，不仅增加了基层政府的财政压力，还抑制了村级组织的积极性和主动性，往往使得空间建设耗费成本较高。集中居住作为新时代美丽乡村建设的重要内容，其

---

❶ 王黎. 寡头治村：村级民主治理的异化 [J]. 华南农业大学学报（社会科学版），2019（6）：121-129.

❷ 李云新，阮皓雅. 资本下乡与乡村精英再造 [J]. 华南农业大学学报（社会科学版），2018（5）：117-125.

❸ 申端锋. 集中居住：普通农业型村庄的振兴路径创新 [J]. 求索，2019（4）：157-164.

空间建设得到财政资金的支持，但仍需要村庄自筹部分资金，在有些地区集中居住的空间建设中，村级组织则需要完全自筹自建。因此，集中居住的农村空间建设，需要发挥社会资本作用，通过社会资本的资金、技术等优势，激活社会资本参与集中居住的空间建设，以此为村庄空间建设提供资金支持。

为了争取更多的自上而下的惠农支农财政资金和专项项目，基层政府在自下而上的项目申请阶段，邀请涉农下乡企业参与合作，对项目进行综合"打包"，参与上级政府"发包"的项目竞争。当项目"抓包"成功，进入项目实施阶段后，基层政府对下乡工商企业给予资金配套，引导"下乡资本"按照基层政府意图实施项目。[1] L 村进行集中居住的空间建设，仅有项目资金并不足以支付集中居住的空间建设费用，所以 L 村自筹部分资金进行空间建设。因此，L 村集中居住的空间建设资金来源主要是项目资金和村庄自筹。[2]

集中居住带来的"宅基地集中"和"土地集中"，节约了村庄大量的土地资源，方便资本下乡后进行土地流转。土地流转作为资本进入乡村社会空间的方式，它是社会资本进行资金支持的背后动力。社会资本参与 L 村的空间建设，主要体现在为集中居住的空间建设提供资金支持。同时，社会资本具有逐利性，集中居住所带来的耕地集中，使村级组织便于对耕地进行重新调整，进而推动土地流转。L 村在资本下乡背景下成立土地流转合作社，合作社不仅为村民和下乡企业的土地流转提供平台，而且能够增强村级集体经济。下乡企业在发展农业规模化和产业化的过程中，需要进行土地流转，以实现土地的规模化经营。下乡企业与单个农户进行土地流转的交易成本较大，而下乡企业与合作社商谈土地流转，无论是从交易成本还是时间精力等方面来说都相对节约。

> 我们村，单纯耕作农田获得的收入较低，村民的主要收入已不再全部依靠耕作土地，大部分劳动力选择外出就业，谋求更好的发展。留在家乡的土地更多地留给了留守家中的父辈们耕种，而实际情况是他们的劳动能力十分有限，导致部分良田荒芜。面对良田荒芜的情况，村委会十分焦急，一直在寻找解决问题的思路。也有些农田承包户主动承包几十亩进行

❶ 王勇，李广斌. 苏南乡村集中社区建设类型演进研究：基于乡村治理变迁的视角 [J]. 城市规划，2019（6）：55－63.
❷ 申端锋. 集中居住：普通农业型村庄的振兴路径创新 [J]. 求索，2019（4）：157－164.

耕作，但一直未形成规模。早在 2017 年，村委会多次召开村民代表和党员会议，商讨土地流转问题，并于 2018 年成立了土地流转专业合作社。(20190607 - L 村村支书 CJS)

　　我们土地流转的重要工作就是要做农户的工作，对农户的意愿进行摸底。我们合作社负责人将全村划成片，实行村干部包片工作制度。然而，接下来的工作并非想象中顺利，很多老百姓的思想一时半会儿很难被解开，虽然部分土地已经荒芜，但他们依然选择坚守。我们主要还是要做思想工作，要让他们放弃思想顾虑。各包片成员结合国家土地承包法规和土地流出户所能获得的收益等情况，进行了细致的剖析讲解，最终化解了群众的思想顾虑，得到了全村绝大多数农户的支持。随后，由专业机构对土地进行了实地测绘，并绘制了图样备案。(20190610 - L 村村支书 CJS)

村民集中居住后，其原先居住的宅基地，由村级组织统一拆迁和进行土地平整，整治后的土地作为农田。集中居住作为农村宅基地整治的有效办法，不仅可以腾挪出大量土地面积，而且还能改善农村住房条件、人居环境等，并以此为突破口推进乡风文明和产业振兴，从而逐步实现乡村振兴的目标。简言之，L 村通过撬动社会资本参与集中居住的空间建设，一是社会资本为集中居住的空间建设提供资金；二是集中居住提高土地利用效率，促进土地规模化经营；三是集中居住后的土地资源集中，能够推动农业产业化发展。

(三) 村企合作治理和"经营村庄"

资本下乡作为村庄空间变迁的重要动力，一方面，推动社会资本参与村庄治理，再造村庄治理结构；但另一方面，企业替代村庄成为村庄治理的社会基础，消解了村庄治理的公共性。❶ 基层政府在"政治锦标赛"逻辑下，大力引导资本下乡，下乡企业逐步融入村庄治理主体，尤其是集中居住的村庄，资本直接介入村庄的空间变迁，进而影响村庄内部权力结构。"引企入村"后的村庄治理对象由原先村民扩大为村民、企业和企业员工。资本下乡后的村庄治理

---

❶　卢青青. 资本下乡与乡村治理重构 [J]. 华南农业大学学报 (社会科学版), 2019 (5): 120 - 129.

被资本利益所吸纳❶，村庄日益依附于企业，村级组织和企业逐渐联合"经营村庄"❷。"经营村庄"是村级组织应对村庄发展与村民致富的需要而采取的策略行为。❸一方面，村级组织为企业在土地流转、房屋拆迁、劳务用工等方面提供帮助和服务；另一方面，企业为村庄发展提供资金、技术市场等支持，壮大村庄集体经济和提升村民收入，提升村庄治理能力。L村通过土地流转的形式，使社会资本得以参与集中居住的空间建设，而社会资本不但为集中居住的空间建设提供资金支持，而且影响村庄治理的主体结构，逐步形成村级组织与企业的合作治理结构。合作治理强调主体间的双向合作，将双方的治理能力、治理资源、治理权威等进行"资源互补、优势互借"❹，促使村庄治理主体多元化和治理策略多样化，改变传统村庄治理主体单一性、治理能力有限性、治理规则模糊性等治理困境。

集中居住的空间形态，使村民社会空间发生改变；村民进入企业务工，其生产空间发生转换。资本下乡中的村民与下乡企业的矛盾纠纷，通常并没有合理的正式平台予以解决，这导致村民越级上访事件的增多，直接影响村庄治理秩序。尤其是资本下乡中侵害村民利益的事件不断增加，在土地流转、劳务用工等方面的矛盾纠纷呈现指数级上升趋势。

L村村民在W农业发展公司劳动务工者众多，由于用工形式多样、用工制度不健全等，导致村民和企业发生经济纠纷或劳务纠纷。W农业发展公司与村民的矛盾纠纷，主要表现为以下几方面。一是企业管理与村民工作习惯的矛盾，村民的传统农业耕作没有固定的时间安排，但企业工作讲究的是追求效率和服从管理，村民在企业务工往往出现迟到早退、不遵守请假制度和随意旷工的现象，企业不愿接纳村民，致使村民对企业滋生不满情绪。二是W农业发展公司扩建污染周边村民田地，村民要求企业予以赔偿，因为污染赔偿和鉴

❶　安永军. 政权"悬浮"、小农经营体系解体与资本下乡：兼论资本下乡对村庄治理的影响[J]. 南京农业大学学报（社会科学版），2018（1）：33-40.

❷　焦长权，周飞舟. "资本下乡"与村庄的再造[J]. 中国社会科学，2016（1）：100-116，205-206.

❸　刘景琦. 论"有为集体"与"经营村庄"：乡村振兴下的村治主体角色及其实践机制[J]. 农业经济问题，2019（2）：24-32.

❹　赵泉民，井世洁. 利益链接与村庄治理结构重建：基于N村"村企社"利益相关者"合作治理"个案[J]. 上海行政学院学报，2015（6）：64-74.

定标准等存在争议，W 农业发展公司始终拒绝赔偿。三是 W 农业发展公司与村民签订土地流转协议，但每年土地流转资金并不能按时发放，村民对此怨声载道。

传统村庄治理不利于化解资本下乡中村企的矛盾纠纷，进而产生村庄治理的空转效应，从而影响村民对村庄治理主体的满意度。集中居住的空间形态与资本下乡形成的村企合作治理结构，能够提升治理主体的治理能力和治理资源，并在村企联治参与形式和内容上进行创新，其运行机制主要表现为村企联治参与的组织化、村企联治形式的多样化和村企联治内容的有效化。

1. 村企联治参与的组织化机制

城乡人口流动的加剧，使村庄呈现出流动性的特征，传统村庄共同体逐渐消解，村民的个体化趋势显著，原子化的村民往往难以被有效组织起来，形成社会关系个体化和功利化。村庄共同体逐渐由一个紧密的治理单元变成一个松散的治理单元，村民间的公共生活减少和联结关系弱化，村庄社会关系显现原子化状态。村民在进厂务工过程中，缺少共同体的集体组织行动，村民将各种劳务纠纷直接诉诸村级组织，期望村级组织帮助其解决矛盾纠纷。然而，村级组织缺乏与下乡企业处理问题的沟通交流平台。因此，资本下乡的村庄治理需要通过组织化机制将村民和企业有效联结起来，改变村庄离散化的社会结构。村企合作构建组织化的治理平台，将企业纳入村庄治理主体，以实现治理主体多元化，提高村庄治理效率。

L 村党支部为集中收集村民反馈问题和意见，加强村级组织与村内企业的治理联结，成立 L 村村企联合党委。L 村的村企联合党委作为创新基层治理模式新形式，获得相关部门的指导和支持。联合党委书记由村党支部书记担任，W 农业发展公司和村党委成员中 3～5 名懂经营管理、善于做群众工作、协调能力强的党员同志担任联合党组织支部委员。L 村村企联合党委的主要职能是强化村企联建的领导，做好村庄、企业与村民之间的协调、服务和管理工作，对村企重大事项进行专项研究，同时完善村庄相关治理制度，并且做到定点办公、定期会商、沟通思想、通报情况。此外，L 村村企联合党委下设村企联治理事会，协商共治村企发展。村企联治理事会的会长由 W 农业发展公司总经理担任，成员由驻村企业负责人、村"两委"负责人、企业所在村村民组长和村民代表、老党员、宗族长辈等组成。村企联治理事会通过将村庄精英整合，协助村企联合党委做好村企协调、服务和管理，深化村企协商联治。

2. 村企联治形式的多样化机制

村企联合党委促使村级组织和下乡企业有效融合，形成村庄治理主体多元化。村企联合党委将下乡企业党组织纳入村庄治理主体，推动治理主体的角色分工明确。村企联合党委不仅提高了村庄治理效率，而且有效整合了村级组织的治理权威与企业的管理权威。再造原子化村庄的体制性组织，重塑体制性组织权威是将离散化的村民重新整合和再嵌入的重要方式。村级组织和企业的治理权威来源不同，村级组织的治理权威，一方面来自村民选举的自下而上的自治权威，另一方面来自基层政府赋权的行政权威。企业拥有资金和技术等资源，并依靠经济手段对企业员工进行工作管理。因此，村级组织和下乡企业的主体合作，不但能促进村级集体经济发展，而且能有效改善村庄治理的联结关系。

L村村"两委"与W农业发展公司不仅成立了村企联合党委，还成立了多种形式的合作治理组织。L村通过多种形式的合作治理组织，将村民和其他经营主体纳入村庄治理主体，促成治理权威整合和治理资源互补。L村成立调解委员会，实现多元主体参与村企联治。调解委员会主任由村党支部书记担任，成员由W农业发展公司负责人、村"两委"成员、企业所在村村民组长和村民代表及老党员等组成。同时，挖掘培育村内乡贤群体，搭建协商共治平台，推动乡贤成为村庄治理的重要力量。L村调解委员会主要职能是在村企联合党委的领导下，做好企业和村民之间劳资纠纷、工伤事故纠纷、土地征用纠纷等矛盾纠纷调解工作，实现多元主体参与的村企协商联治。此外，L村建立新型社会组织，依托社会组织联合会和W农业发展公司工会，成立村民理事会、道德评议会、红白理事会、禁毒禁赌理事会，吸纳村民和企业员工成为理事会会员，倡导村民和企业员工移风易俗，建设乡风文明的美丽乡村。

3. 村企联治内容的有效化机制

乡村社会价值主体及利益诉求多样化，使村庄治理由单一主体的"管控型"治理向多元治理主体交互作用的"协商共治型"治理转变。村企联合党委发挥双方治理优势，形成村企联治内容的有效化机制。村企联合治理的主要内容是针对村民与企业之间的劳务、赔偿等纠纷问题，将纠纷问题双方与村"两委"集中在一起，建立"7+X"模式的村庄协商委员会，"7+X"即7个固定成员和 1 个利益相关方代表。L 村成立协商委员会，开展议事协商，规范议事程序，扩大协商议事范围，坚持"民事民议民决"，形成"大家的事大家议，大家的事大家办；大事大议，小事小议，急事立议，无事不议"的村庄协商文化，使村民与企业的矛盾纠纷消除于村庄议事协商中。同时，广泛征求村民意见，对多数村民反馈的问题进行议事协商，让矛盾纠纷双方能够获得满意的结果。

村企联治内容的有效化机制主要体现在三个方面。一是党建联动互帮。村企联合党委充分发挥党建基础牢、工作规范等优势，引导企业党组织强化自身建设，提高企业党组织的凝聚力和战斗力。二是经济联动互促。村企联合党委引导村民关心、支持企业发展，及时有效地为 W 农业发展公司解决经营中遇到的用地、用工、用路等难题，不断优化企业发展的软、硬环境。W 农业发展公司积极参与乡村振兴发展，热心村级公益事业，通过筹集公益资金，开展 L 村内部的扶贫救济，让特困家庭能够共享村庄发展成果，并根据企业发展实际需求，为村民提供适合的就业岗位，提高村民生活收入。W 农业发展公司通过发展农业产业和村级集体经济，为 L 村基础设施改善提供资金。三是生活联动互融。村企联合党委通过召开座谈会、联谊会等形式，搭建矛盾调解平台，从企业员工的视角化解村民纠纷；同时，加强与 W 农业发展公司融通感情，增进相互友谊，营造和谐的村企关系和企民关系。

L 村村企联合党委会议制度、运行机制、工作职责的具体内容如下：

L 村村企联合党委会议制度

联合党委按要求召开工作例会、工作调度会和专项工作会。

一、工作例会制度

工作例会一般每季度召开一次。工作例会的主要内容：研究贯彻上级党委、政府的决议、指示；分析村、企发展前景，研究村、企联建发展规划和工作计划，共建协议和具体项目；回顾总结上季度工作完成情况，对下季度工作进行部署安排。

二、工作调度会制度

工作调度会一般每月召开一次。工作调度会主要内容：通过调查研究、听取汇报等，掌握联建工作推动情况，解决实际问题；研究解决村、企发展和联合党委运行工作中存在的困难，加强村企沟通联系，化解矛盾纠纷，促进村企协调发展。

三、专项工作会制度

专项工作会遇到临时工作和突发事件随时召开。

四、会议召开程序

会议由党委书记主持召开。涉及有关重要问题的讨论决定，根据会议内容需要，党委可指定有关人员列席会议。工作例会和调度会议题由党委书记根据上级指示要求和村企实际情况确定，或由党委成员向书记提出，书记确定。专项工作会议随时动议。重大会议召开前报镇党委审批。会议讨论、表决坚持民主集中制的原则。

L村村企联合党委运行机制

一、目标责任制度

1. 联合党委书记为第一责任人，党委副书记、委员为直接责任人。联合党委由镇党委统筹领导，村、企党组织密切配合。

2. 制定年度目标任务，村、企签订联建协议。

3. 细化量化目标任务、协议内容，形成"三个清单"。

4. 联建工作作为村、企党组织书记述职评议的重要内容。

二、双向承诺、服务制度

1. 年初通过实地走访、座谈讨论等形式，了解村、企双方需要解决的问题。

2. 村、企双方结合问题，围绕促进企业发展和乡村振兴等方面作出承诺，互为对方做实事。

3. 镇党委对承诺内容进行审核，并征求群众意见。

4. 承诺内容通过公开栏，向村、企党员群众公开。

5. 年底组织村、企党员群众评议承诺践行情况。

三、评价激励制度

1. 联合党委按月调度村企联建工作进度和成效。镇党委按季度进行监督检查，开展季度点评和情况通报。

2. 镇党委依据联建协议、落实情况和监督检查情况，对村、企联建年度工作进行评价和点评。

3. 将村、企党组织和党员在联建工作中发挥作用情况作为评选先进基层党组织和优秀共产党员的重要内容，评选表彰征求联合党委意见。

4. 表现优秀的村在千分制考核时可以给予适当加分，表现优秀的企业在农业发展、旅游发展等方面给予政策支持。

L 村村企联合党委工作职责

1. 商定重大事项。讨论决定村、企联合发展重大问题，统筹区域内党建资源、社会资源、信息资源、人才资源，促进村、企协调发展。

2. 促进乡村振兴。通过"党建＋产业＋旅游"模式，整合产业要素与旅游要素，以集中居住项目为基础，把资金、技术和知识引入村庄，建设生态涵养区，发展乡村旅游业，壮大村集体经济，形成互利共赢局面。

3. 服务企业发展。做好企业用地、用水、用电、用工、征迁等方面协调服务工作，加强企业务工村民的教育管理，协助企业提高员工素质水平。

4. 培训新型农民。发挥企业技术、信息和人才等优势，培训新型农民，提升党员致富、带富的能力，提高农民农业生产的能力。以企业先进的经营理念和管理方式影响农民，提高农民适应市场经济的能力。

5. 扶持公益事业。根据企业实际，对联建村予以帮扶。为农民提供适合的就业岗位，提高农民收入，促进村、企和谐发展。

6. 抓好自身建设。抓好联合党委自身建设，统筹协调好村、企之间的关系。

二、治理策略：治理主体下沉与空间治理技术

空间变迁不仅改变着村民的生活、生产方式，而且促使原有治理体系进行

重构，改变其中的构成要素和运行机制，主要是由治理主体到治理手段再到治理效能的转型变化。集中居住的空间形态，由传统村落分散的空间转变而来，推动了村民生活空间的集中。同时，集中居住的空间形态，从客观环境上迫使治理主体采取与以往不同的治理策略，以提高治理效能，而这种治理策略遵循着"主体—手段—结果"的逻辑，从而推动治理体系的整体性重构。首先，空间集中促使治理主体下沉，集中居住便于治理主体进行走访和开展活动。其次，空间集中推动治理提速增效，集中居住改变了传统分散居住的治理困境，使得治理主体通过空间划分和分配，提高治理效率。最后，空间集中推动议事协商，集中居住的客观空间环境促进议事协商创新，拓展了村庄自治空间。

（一）空间关系与治理结构重构

马克斯·韦伯认为，科层制内不同科室的空间隔绝，不仅符合科层制纪律的产生，还有利于科层制科层级别的分化。❶ 集中居住的空间形态，使村民集中居住在同一区域，地域的集中性改变了传统分散居住的特点，影响着村民的交换、情感和各种关系网络。❷ 同时，集中居住缩小了治理半径和范围，有利于治理主体及时有效地处理村民的日常矛盾纠纷。L 村在江镇的指导下，针对集中居住后村民反映的问题，采取"书记谈话"的治理行为，将村干部下沉至楼排，并与村民进行有效沟通，拉近村干部与村民的情感关系。

L 村在集中居住前，村民居住空间分散，村民流动性大，村庄各项公共活动和治理行为难以开展。例如，村庄党组织活动往往局限于开开会、读读文件，党员作用得不到发挥。L 村为充分激发党员活力，发挥他们在集中居住的村庄治理中的带头示范作用，并针对集中居住后村民反映的生活问题，开展了以"党群共议议村事，书记夜话话发展"为主题的"书记夜话"活动。L 村大多数村民白天外出务工，很少有机会与村干部直接交流沟通，反映村庄发展

---

❶ 叶涯剑. 空间社会学的缘起及发展：社会研究的一种新视角 [J]. 河南社会科学, 2005（5）: 73 - 77.

❷ 林聚任. 村庄合并与农村社区化发展 [J]. 人文杂志, 2012（1）: 160 - 164.

问题。为此，L村在夜晚召集部分党员、村民代表开展夜话活动，即村干部进组入户，主动听取党员、村民的意见和建议，进一步改善工作方法、提升工作效果，不断提高村民的获得感和满意度。

> 平时我一大早就出门干事，现在我们村搞集中居住和拆老房子，我有一些意见想给村里提，但没有时间到村部去，电话反映一句话两句话也讲不清楚。现在村干部主动上门征求我们的意见和建议，我们感到很温暖，觉得党组织开展这种夜话方式是真正地关注我们集中居住的生活。（20190708 - L村村民QF）

> 通过"书记夜话"这种方式，我们能充分听取到平时外出务工党员和村民的心声，吸收他们提出的宝贵意见，提高我们美丽乡村建设的水平，提升我们服务村民的能力，同时也提高了村民自觉参与美丽乡村建设的积极性。（20190710 - L村村支书CJS）

L村通过"书记夜话"活动，拉近村干部和村民的心理距离，促使村干部解决集中居住后期的村民生产、生活上的困难问题。村干部和村民通过夜话活动充分表达村庄集中居住发展过程中的想法，甚至吐露了因为工作上的误解而引起的不满。同时，村干部对村民现场提出的问题逐一给予解释答复，取得争取村民理解、消除干群误解、凝聚党心民心的效果。作为基层党组织活动，"书记夜话"活动和主题党日活动一样，目的在于加强基层党组织建设，搭建服务党员、村民的平台。

> 如果不用心安排组织，可能会把这个平台做成形式主义的东西，容易引起党员和村民反感。但是，如果结合实际，用心组织，将会切实解决党员和村民反映的热点问题，进而优化集中居住后的村庄治理。（20190711 - L村村支书CJS）

（二）空间分配与治理效率提高

福柯在《规训与惩罚：监狱的诞生》中提出，空间分配技术能够对人的身体进行规训，主要表现为空间的封闭、空间的单元化、空间的类别化、空间的定位，通过对空间进行划分和分配，权力可以实现对身体的规训。❶ 换言之，空间的划分和分配是实现权力运作的主要手段。L 村的空间变迁特征体现在集中居住的房屋外观的空间统一性，这种房屋的辨识度不高，所以现在每户村民的房屋墙面上贴有编码，如"3 排 5 栋"，像城市社区楼栋牌一样，可以显著地显示该户村民的空间位置。由于空间辨识度的增加，村干部在治理过程中更易查找和管理村民居住空间。空间的整齐划一和具有高辨识度的编码，使集中居住空间内的治理主体得以进行空间规范管理。L 村将集中居住后的村民房屋进行空间划分，共 20 排，每一排选择一个类似传统村民小组组长的人选担任楼排长，负责一排村民居住空间内部的管理。L 村通过空间划分和空间分配，使得村庄治理逐步下沉至空间楼排，村干部能够直接定位村民的空间位置，方便检查村民生活空间的环境状况。同时，针对村民的日常生活纠纷，首先是楼排长进行上报和调解，然后才是村"两委"进行讨论和处理。

集中居住的村庄内部道路纵横交错，各家各户前后都是道路。虽然集中居住的空间形态增强了村民的生活空间私密化，但是村庄边界的开放性，导致传统村庄空间的封闭性消失。传统村庄空间的村组是熟人社会，村民之间相互熟悉，但集中居住后，各个村组集中居住在一起，村庄内部村民的熟悉度不高。因此，集中居住后村庄的网络监控明显增多，村庄每个路口设立网络监控，以保障村民的财产安全和生活安全感。换言之，集中居住的空间网络监控，使村干部得以及时有效地管理村民日常活动。

福柯曾以边沁构想的圆形监狱举例，在监狱空间设计中心点和以它为圆心的环形建筑，使其能够行使行政管理、治安监视、经济控制等多种政治职能，这种空间设计理念被福柯称为"全景敞视主义"❷，在那里每个人的行为将会受到监控。显然，集中居住的空间形态促使村庄治理主体更加重视空间的管理，并以空间管理作为手段，规范人们的行为模式。在集中居住的村庄空间形态中，村委会大楼是村民参与村庄自治和处理日常基本公共事务的重要公共空间，往往位于村庄空间的中心位置，它是村里各条主要道路的交会点，以实现

---

❶ 刘少杰. 西方空间社会学理论评析 [M]. 北京：中国人民大学出版社，2020：147.
❷ 周和军. 空间与权力：福柯空间观解析 [J]. 江西社会科学，2007 (4)：58 - 60.

权力中心与村民的相互可见性。● 集中居住后房屋空间的统一、清晰，以及道路规划的整齐，使得治理效率有效提升。

> 以前我们到村里转一圈，需要花很大工夫，现在村民集中居住，我们走路把各家各户看一遍也花不了多少时间。有时我们早上来村部，也沿着道路转转，看看哪家乱扔垃圾。(20190702 - L 村村支书 CJS)

集中居住的空间单元化和空间整体性，不仅可提升治理效率，还有利于提高空间内公共服务供给水平，促进城乡基本公共服务均等化。传统村庄内部公共服务供给是村庄自给自足，随着国家资源下乡，村庄内部公共基础设施和公共服务，通常以项目的形式通过申请项目资金进行建设。集中居住作为国家美丽乡村建设的重要措施，一方面，减少国家公共服务供给成本；另一方面，集中居住能够提高农村公共服务供给质量，让村民享受到城乡均等的基本公共服务。因此，集中居住促使村民生活空间的设施更健全，而公共服务供给的成本下降，有助于村庄提供更加优质的公共服务。集中居住后交通更加便利是显而易见的变化，虽然村庄空间原先通过"村村通"道路修建，使大部分村民的出行得到极大改善，但是村内仍有不少村民的房屋未连接硬化的道路，一到下雨时，这些村民的出行就会受到影响。集中居住的村民住房外是硬化的道路，并且路面每隔一段距离设有路灯，即使在夜晚，村民出行依然方便。此外，集中居住后每家每户都装上了宽带网络，村民可以在家连接网络。总而言之，集中居住改善了村民生活空间的公共服务硬件和软件设施，使村民的生活空间更加具有舒适性和现代性。

> 我们住进新房子后，确实改变了我们的生活环境，也方便了我们的生活，特别是马路就在旁边，还修建了停车场，解决了过年的时候村民各家各户的停车问题。(20190718 - L 村村民 ZYW)

(三) 空间自治与议事协商创新

集中居住改变着村庄边界，村民从熟人社会转向半熟人社会，并影响着原

● 吴莹. 空间变革下的治理策略："村改居"社区基层治理转型研究 [J]. 社会学研究，2017 (6)：94 - 116.

先不同村民小组成员参与村级选举、村务决策、管理和监督过程中的积极性。❶集中居住的价值主体及利益诉求多样化，致使村庄治理由"管控型"治理向"协商共治型"治理转变。❷L村以前是村干部热热闹闹地干，村民袖手旁观地看，村庄治理缺少了村民参与，村干部往往费时费力还不讨好。对此，L村发挥村民自治优势，合理构建协商议事机制。

　　L村根据村民自治的实际出发，将涉及集中居住中公共利益的重大决策事项、关乎村民宅基地治理和土地流转，以及新房入住问题等纳入协商范畴，合理确定了协商内容，建立协商议事目录。首先，为了配强协商委员会成员，L村召开了村"两委"成员、党员、村民小组长、村民代表、村务监督委员会成员会议，通过举手表决的方式，产生了七类协商固定成员（党组织代表、村务监督委员会代表、村民小组长、楼排长、老党员、老干部、"两代表一委员"）；同时，规定协商成员可以根据协商事项进行动态调整，逐步形成了"7 + X"的协商模式。其次，村"两委"成员与协商委员会进行讨论，推选出德高望重、办事公道、有很好组织协调能力的人员，成立村民理事会，并建立了村民理事会沟通协调制度，以村民会议、村民代表会议为基础，协调各方利益，并建立相关协商制度，明确各方工作职责等。同时，将议事协商流程、规范与村规民约相结合，推动村民理事会议事协商的规范化和制度化。最后，L村制定了严格的协商程序和议事规程。一是增强村庄议事议题的收集渠道；二是严格按照具体协商方案，明确协商时间、协商地点、协商形式以及议事规则等内容；三是协商委员会牵头组织人员开展民主协商、平等议事；四是议事协商形式需要各方商议，并形成各方认可的协商决定；五是将议事协商结果公开，接受村民的各方面监督。

　　L村在集中居住建设过程中产生了很多矛盾，所以需要及时进行调解。L村通过理事会成员发放征求意见表，广泛收集村民对宅基地治理和土地流转的建议及需要解决的问题，记录村民的心声，之后经过梳理，针对村庄的具体问题制定了具体协商方案。理事会调解全程公开透明，化解了很多矛盾纠纷，顺

---

❶　冯兴元，柯睿思，李人庆. 中国的村级组织与村庄治理 [M]. 北京：中国社会科学出版社，2009：167.

❷　赵泉民，井世洁. 合作经济组织嵌入与村庄治理结构重构：村社共治中合作社"有限主导型"治理模式剖析 [J]. 贵州社会科学，2016（7）：137－144.

利完成了集中居住的美丽乡村建设及后期管护工作。

　　　　我们集中居住的新村建设好后，两家房子之间巷廊里面塞着许多乱七

八糟的东西，这与我们路面的环境很不协调，村里应该想办法给我们硬化

一下。（20190716 - L 村村民 SW）

　　针对村民反映的房屋之间的巷廊环境问题，L 村召集村"两委"、村庄协

商委员会和村民理事会，以及房屋建设方，共同商议房屋之间的环境问题。经

过议事协商，大家一致同意将房屋之间的地面硬化，不允许村民随意摆放杂

物，并将商议结果粘贴在村务公开栏。L 村通过建立村民协商议事平台，对村

民最关心的宅基地治理、土地流转、新房入住等申请进行评议。同时，将集中

居住后的道路建设、河道清淤、文化广场及其他公共设施建设列入协商议事范

围内，涉及集中居住的公共事务、公共矛盾、秩序管理、公共设施建设管理使

用等关注度高的重大事项，进行民主协商，群策群议。在村庄协商委员会与村

民理事会的共同努力下，村庄集中居住的空间变迁，无重大矛盾纠纷，实现了

"大事不出村，小事不出组"。

三、治理关系：文化共同体重建与公共文化联结

　　当前，传统村庄共同体在农村空心化、农户空巢化和农民老龄化的背景

下，逐步呈现出消解的趋势，这主要表现为共同体成员趋于分散、共同体意识

不断弱化、共同体情感逐渐消退等方面❶，但其实质是乡村公共文化和集体意

识的丧失。乡村公共文化是具有地方特色的文化形式，它是村民在长期的生活

和生产过程中形成的地方共有文化，也是村庄共同体的内在精神纽带。社会现

代化的快速发展，使得城市文明逐步侵蚀乡村文明，导致传统乡村文化的发展

空间受限，人们的精神和情感寄托在城镇化进程中逐渐消失，并消磨人们的集

体意识和公共精神，村庄共同体逐步瓦解。同时，集中居住的空间变迁，改变

了传统乡村文化的物质空间载体，使承载着传统乡村公共文化的空间形态逐步

消失。

---

❶ 曹军锋. 乡村振兴与村落共同体重建 [J]. 甘肃社会科学，2020（1）：68 - 74.

众所周知，传统村庄是一个熟人社会，其中以乡村礼俗为代表的乡村公共文化是人们行为的潜在规则，可以说，乡村礼俗的文化约束作用无处不在，人们的言语行动受当地乡村礼俗的影响和控制，同时它也是村庄共同体成员的关系基础和行为准则。❶ 乡村文化共同体是乡村社会衍生出来的文化符号体系，它是村庄共同体的精神内核❷，共同体成员具有相似的价值认同和行动规范。文化共同体通过行为规范和价值认同的方式，维系着空间变迁后新的治理秩序❸，推动着新型治理关系的建立。因此，重建文化共同体是再造村庄共同体的精神家园，它主要是以公共文化重新凝聚人心，以公共文化作为联结纽带和治理内容，重塑乡村治理秩序，再造具有集体意识的共同体，构建集中居住空间的公共性治理机制。文化共同体重建的物质载体主要是公共文化空间，通过村庄公共文化治理，加深空间集中型村庄的治理关系，进而建构空间集中型村庄的新型治理共同体。

农村公共文化空间不仅是一个物理空间，还是承载村庄公共精神价值的载体。从物理空间角度来看，它是村民自由进入并进行各种思想交流的公共场所，如村庄广场、戏台、祠堂等休闲娱乐、交流和传播各种信息的场所；从主观意义空间角度来看，它也是村庄的制度化组织和活动形式，如红白喜事、文艺活动等。❹ 公共文化空间能够让村民在潜移默化的文化环境熏陶中提升综合素质，并促使村民的行为模式与集中居住的空间环境相适应。而传统公共文化空间在集中居住的空间变迁中消失，致使村民的精神文化生活失去根基❺，不利于集中居住空间的集体意识营造。因此，重振村庄公共文化空间，形成以公共文化为联结纽带的文化共同体，有助于重建集中居住的新型治理共同体。

目前，农村公共文化主要表现为两个方面。一是传统文化，其中包括村庄宗族文化和中华伦理精神。传统村庄边界具有封闭性的特点，其他文化体系难

---

❶　曹军锋. 乡村振兴与村落共同体重建 [J]. 甘肃社会科学, 2020 (1)：68 - 74.

❷　刘志刚. 乡村振兴战略背景下重建乡村文明的意义、困境与路径 [J]. 福建论坛 (人文社会科学版), 2019 (4)：15 - 20.

❸　陈天祥, 王莹. 软嵌入：基层社会治理中政府行为与文化共同体的契合逻辑 [J]. 华南师范大学学报 (社会科学版), 2020 (5)：57 - 69.

❹❺　房亚明, 刘远晶. 软治理：新时代乡村公共文化空间的拓展 [J]. 长白学刊, 2019 (6)：138 - 145.

以进入村庄边界。随着城乡流动的加速，传统村庄边界已不复存在，现在村庄具有开放性和流动性特征，但宗族文化和中华伦理精神仍然影响着村民的思维习惯和行为模式。另外，还有孝老敬亲、尊老爱幼等家风家训和伦理精神等，可以说，这些伦理精神已经深入人心，成为村民的日常行为准则。因此，对于优秀的传统文化要积极保持和宣传，对于传统乡村文化应该去其糟粕、取其精华。二是新时代文化，新时代强调社会主义核心价值观、社会主义荣辱观等，以及农村、农民发展的各种新时代标语符号。这些新时代文化迎合时代发展实际，用以规范村民的日常行为，使村民的行为模式符合新时代的发展要求。同时，这种公共文化作为自上而下的文化传导，以村民喜闻乐见的形式，得到村民的认可和信任，并推动村民在实际行动中体现新时代文化的行为准则。概而言之，集中居住的空间形态凸显治理空间的整体性，空间集中通过将公共文化作为联结纽带和治理内容，规范村民的日常行为，营造集体意识和改善人居环境，从而构建集中居住的公共性治理机制。

（一）家风家训与营造集体意识

文化空间是符号的空间，它是建立在人类语言、表象活动、秩序观念之上的空间形式，同时也是反思的空间，将物理空间和社会空间符号化；文化空间主要表现为象征空间和抽象空间的形式。[1] 象征空间的主要作用是"认同"，建立起符号化的内在表征。[2] 公共文化空间在乡村治理中发挥着不可替代的作用，乡村空间是具有乡土性特征的熟人社会，以"差序格局"为主要表现形式，营造乡风文明的公共文化空间，有利于集中居住的公共文化回归，提供文化共同体形成的重要载体。

L村在集中居住区域创建家风家训示范街，培植淳朴民风。L村为弘扬传统文化，扎实开展"传育立行"教育工程，在L村新村率先创建家风家训示范街，在村民家门上粘贴"家风家训"门牌，积极营造美丽乡村的文化氛围，传承美德家风。同时，L村家风家训示范街标识着不同姓氏的家训家规。显然，这种公共文化宣传形式，有利于弘扬传统道德，对于形成良好风气具有促

---

[1] 冯雷. 理解空间：20世纪空间观念的激变 [M]. 北京：中央编译出版社，2017：135.
[2] 冯雷. 理解空间：20世纪空间观念的激变 [M]. 北京：中央编译出版社，2017：136.

进作用。L村家家户户院墙上粘贴着各类新时代农村标语或者行为图画，形式各异，主要内容是社会主义核心价值观、社会主义荣辱观、农村环境卫生整治、美丽乡村建设蓝图，以及实现乡村振兴的主要措施等。此外，L村成立新型社会组织，共建共享村企联治，依托社会组织联合会和W农业发展公司工会，成立道德评议会、红白理事会、禁毒禁赌理事会等，吸纳村民和企业员工成为理事会会员，倡导村民和企业员工移风易俗，建设乡风文明的村庄。L村在实施"传育立行"教育工程中，努力让村民参与进来，通过打造家风家训示范街等形式，激发蕴藏在广大村民心底的崇德向善的道德意愿和道德情感。

> 家风家训挂在门口，时刻警示着我们，让这些生活习惯记在我们心里，做在行动上。(20190620 – L村村民LQ)

L村创办了村级乡贤文化馆，内部设有"乡贤人物""廉政建设""家规家训""好人好事"等展厅。乡贤文化馆自建成以来，广泛接待社会各界群众，成为"家风家训教育""廉政教育""道德教育""爱国主义教育"的新基地。为了弘扬中华优秀传统文化，构筑美丽乡村的精神内核，L村结合"传育立行"教育工程的深入实施，创新载体平台，让好家训家风"飞入"普通百姓家。L村通过开展乡风文明建设和移风易俗工作，加强村民的思想道德建设，创新公共文化呈现形式，传承优良美德家风，使村民践行社会主义核心价值观。

> 我们宣传家风家训的主要目的还是内化于心、外化于行，让每个人都感受到好的家风就在我们身边，在我们脑海里。(20190621 – L村村支书CJS)

传统村庄的同质性程度高，经济分化程度较小，村庄共同体往往使村民社会生活高度同质化。随着分田到户和城乡流动，村民贫富差距拉大，村庄出现不同类型的边缘人。村级组织对村内边缘人进行集体生活照顾，形成对村庄边缘人的保护机制，提高村民的归属感和凝聚力，唤醒村庄集体生活记忆❶，促

---

❶　赵呈晨. 社会记忆与农村集中居住社区整合：以江苏省Y市B社区为例 [J]. 中国农村观察，2017 (3)：16 – 26.

使文化共同体的形成。村级组织对村庄边缘人进行集中帮扶，一方面，减少村庄公共服务供给成本；另一方面，提高村庄边缘人的生活水平，使村庄边缘人回归集体生活，营造村民集体生活的氛围，增强村民的集体意识感。L村将营造尊老敬老良好氛围、弘扬孝道的公共文化，作为文化共同体重建的重要内容，以此提高村民的文化素养，并推动集中居住的乡风文明建设，其主要措施表现为以下六点内容。

第一，深入开展"敬老爱老助老"主题教育，连续多年开展"孝道红黑榜"评选活动。在此基础上，L村每年开展"好儿媳、好孝子、好公婆"评选活动，暨"五好家庭""村庄好人"评选工作。近年来，评选L村"好儿媳"9人，"好孝子"7人，"好公婆"5人，L村"五好家庭"8户；被市、区评为"市好人"2人，"乡好人"3人，"本村好人"27个；还有1人荣获"全国孝亲敬老之星"荣誉称号。L村每年开展"最美孝星"等评选表彰活动，表彰孝亲敬老先进个人，发挥村庄敬老先进典型的示范带动作用。

第二，为60周岁以上老人发放高龄补贴。L村积极弘扬中华民族敬老爱老的传统美德，全村村民代表大会讨论通过了《L村老年人补贴实施办法》。"凡满60周岁以上老人每人每月补贴70元，70周岁以上老人每人每月补贴90元，80周岁以上老人每人每月补贴120元，90周岁以上老人每人每月补贴150元，100周岁以上老人每人每月补贴500元。"这些补贴充实了老年人经济生活来源，使他们得以真正安享晚年的幸福生活。

第三，为75周岁以上老人配送敬老餐。L村通过全村代表大会讨论的形式，对现住在村内75周岁以上的老人，每月2号和16号进行"敬老餐"配送。村老年协会组织居家养老日间照料服务队队员和敬老志愿者，安排车辆将"敬老餐"送至每位老人手中。

第四，组建村居家养老日间照料服务队，上门为空巢独居老人服务，让这些空巢老人生活不空心。作为L村居家养老服务受益对象，这些老人多属于家庭生活困难、自身行动不便和儿女不在身边等情况。L村聘请了5名护工，并对这5名护工进行了分工，对重点服务对象，每天上门服务时间不少于1小时，其余老年人每周服务时间不少于3小时。

第五，关心老年人身体健康，建好老人健康档案。L村每年对60周岁以上老人统一安排定期和不定期的身体检查，每次体检前村老年协会组织人员上门通知，争取每次检查不漏一人，并建立了老年人身体健康档案。同时，与其子女保持联系，发现问题及时沟通，使其子女在外地能够随时掌握自己父母的身体健康状况。

第六，为结婚50年以上的老年夫妻拍摄金婚照。L村为宣传记录老年人的幸福生活，对全村结婚50年以上和结婚60年以上的老年夫妇，请摄影师上门为他们拍摄一次金婚照和钻石婚照，用镜头记录他们宝贵的幸福人生，并在老年活动中心挂展，使大家分享他们家庭的幸福美满。

L村在做好尊老、敬老、助老工作的同时，还注重做好关心下一代工作。L村投资创办了全市首家村级幼儿园，园内教学设施全部按省级达标水平建设，高薪聘请专业幼师。幼儿园开设不同班级，入园儿童只收取伙食费，其他费用全免，这获得了全体村民的好评。

（二）红白喜事的规范治理

L村由村中具有权威的村民、党员、教师，以及村"两委"班子发起成立红白喜事理事会，主要是对村庄中婚丧嫁娶的规模、标准等进行设定，并号召村民进行互帮互助。同时，整顿村民在红白喜事中的奢靡之风，倡导村民简易举办红白喜事，以避免不必要的铺张浪费。L村之前的婚丧嫁娶重视大操大办，讲究排场，讲究面子。虽然有些村民家庭经济条件不行，但也重视红白喜事的规模和标准，以至于借款也要把红白喜事举办得"热闹"。有些村民甚至陷入负债状态。近年来，红白喜事的随份子钱水涨船高，村民的人情债越来越不堪重负，人情花销成为村民家庭的重要支出，导致村民的大部分收入花费在人情往来上。

L村根据村民婚丧嫁娶的习惯，制定了本村红白喜事章程，并通过向各家各户发放红白喜事宣传单，告知举办红白喜事设定的参考规模和标准等，使村民熟知举办红白喜事的流程。L村红白喜事理事会规定村民举办红白喜事时，村民要向红白喜事理事会递交一份申请表，申请表包括红白喜事举办的原因、地点、规模、标准等内容，申请表一般提交给村"两委"，村"两委"再召集红白喜事理事会理事进行讨论。其中，对于符合标准且申请合理的红白喜事予以通过，而对于超出标准和不合理的红白喜事则不予通过。此时，红白喜事理事会成员会前往村民家中详细解释其申请不通过的原因，并希望村民能够调整红白喜事举办的相关内容。同时，红白喜事理事会对于不申请的村民和不符合红白喜事举办标准仍大操大办的村民，采取了多种治理方式。一方面，上门对村民进行循循善诱式的劝导，告诉村民按要求简易举办红白喜事的好处，以及对村庄、家庭、个人的各种影响，并利用其他村民的舆论压力，充分发挥村级组织的示范带头作用，使得村民的红白喜事能够遵守村规民约。另一方面，通过镇里的统一协调，对参加红白喜事的乐队、主持人等相关人员进行告知，凡是参加没有经过申请的红白喜事，相关人员将会受到针对性的批评和惩罚。

这个红白喜事确实很难管，有些村民说我们自家办酒，村里来管什么。我们一般都是提前去村民家里说清楚，告诉他们这样搞不符合当前的农村风气，同时我们也对参加的乐队、主持人等打招呼，上面查得严，你们乐队、主持人的资格要小心，这也算是一种变相的警告吧。(20190629 - L村村支书 CJS)

有些村民家里随礼很重，这个有时很难执行，特别是过年的时候，外出打工的人回来，他们私底下送好多钱的红包，我们也管不了。这个最好还是慢慢养成习惯，等大家都习惯，就自然好办了。我们就是宣传，让村民感觉到这个随份子钱太多是不好的，潜移默化地改变他们的行为。(20190717 - L村民 ZCH)

此外，为切实加强新农村的乡风文明建设，L村主要通过创办村级"喜庆堂"，扩展村庄公共空间，倡导村民移风易俗，树立勤俭节约的新风尚。"喜庆堂"的主要作用是为村民提供举办红白喜事的公共活动场所。为把"喜庆堂"办成村民移风易俗、厉行节约的公共活动场所，L村红白喜事理事会制定了使用"喜庆堂"的相关规定，如村民必须递交红白喜事申请表，获得理事会同意后，才能进入"喜庆堂"举办红白喜事活动。L村"喜庆堂"减少了村民举办红白喜事的成本，而且也提醒在此举办宴席的村民要厉行节约、文明就餐。L村通过近年来"喜庆堂"的成功运作，使"喜庆堂"成为全村村民开展移风易俗、传承美德家风的公共活动场所。

第四节 思考与小结

农村集中居住的空间形态是将之前分散居住在自然村的农民整体迁移至集中区域居住,集中居住能够改善农民的居住条件和生活环境。❶ 空间集中型村庄不同于传统村庄分散杂乱的居住空间,它是集中居住的空间变迁类型,因此传统村庄治理模式不适应集中居住的农村空间。首先,集中居住虽然没有改变村民之间的社会关系,也并没有促使"农民上楼",而是将分散杂乱的居住空间,转换为整齐划一的集中居住生活空间,这意味着村民的社会空间发生变化。其次,集中居住带给人们的直观感受是居住空间的整齐划一和整洁干净,所以往往成为美丽乡村的"典型"和"样板"。最后,集中居住使得村民聚集生活在一起,集中居住的空间形态更加便于村庄治理,无论是政策宣传还是环境整治等方面,集中居住有利于减少治理成本和提升治理效能。此外,空间集中型村庄虽然通过集中居住将村民的居住空间拉近,但由于村民的流动性和个体化,传统村庄共同体的集体意识和公共认同遭到消解。空间集中型村庄通过公共文化空间建设,打造具有集体意识的文化共同体,从精神层面将离散化的村民重新集聚到文化共同体中,进而改善治理关系和促进相互交往。

集中居住的空间形态往往要求治理主体拥有相适应的空间治理能力和治理资源。尤其是在资本下乡背景下,企业成为改造乡村空间的重要主体之一,村级组织联合下乡企业,形成村企合作治理,有利于发挥村级组织和企业的优势资源,推动村庄治理结构优化、村庄共同体再造和村企矛盾纠纷减少的实际成效,从而增强村庄治理能力和丰富治理资源。L村在空间集中过程中,治理主体的权力和权威并没有受到削弱,反而通过引导下乡企业参与空间变迁,治理权威和治理资源得到整合,实现治理权力的再生产。集中居住的主要推动者是村庄"能人",在集中居住的空间变迁过程中,发挥"能人"优势,与下乡企业进行空间建设和土地流转的合作,提高集中居住的空间治理能力;同时,积

---

❶ 赵呈晨. 社会记忆与农村集中居住社区整合:以江苏省 Y 市 B 社区为例 [J]. 中国农村观察,2017 (3):16 – 26.

极申报国家各项惠农项目，使得村庄发展拥有政策和资金支持，增强村庄发展动力。总而言之，村庄"能人"运用各种内外资源，以增强治理权威和丰富治理资源。然而，这种"能人治村"在提升治理效率的同时，也会削弱村级民主和村级监督。

习近平总书记在党的十九大报告中提出"乡村振兴战略"。资本下乡作为"产业兴旺"的途径之一，有利于农村产业发展和农民收入提高。资本下乡的村庄治理结构，要兼顾下乡企业的治理存在感和村民的利益诉求，创新村庄治理机制，以提高村庄治理效率为目标。村企合作治理，强调双方发挥各自治理优势，实现治理资源、治理权威、治理手段等互补，有效化解传统村庄治理能力不足的困境。国家项目资源和社会资本是"集中居住"空间变迁的主要动力，在空间变迁过程中，村级组织的角色和作用被相应放大。因此，我们需要警惕村级组织与下乡资本形成利益共谋的庇护关系，防止资本下乡中村级组织与企业形成利益链上的"利益共同体"，产生侵害村民利益的现象。例如，在资本下乡过程中，应该避免下乡企业和村级组织通过权力庇护和利益交换进行策略性合作。权力庇护往往是村级组织通过科层制的结构性位置，为下乡企业提供权力保护和项目资源支持。庇护关系是不同利益主体之间形成的特殊双边交换关系。其中，庇护者通常是拥有较高政治、经济、社会地位的利益主体，他们利用自身的社会资源为被庇护者提供帮助，而那些被庇护者会给予庇护者需要的各种形式的回报。❶ 在庇护关系中，庇护者主要是利用自身影响力和资源向被庇护者提供保护和利益。❷ 庇护关系关注的是行动者的关系网络，但更关注的是特定社会的权力结构、资源流动方式等。❸

下乡企业作为外来利益主体，无论是在集中居住的土地流转方面，还是在企业实际运行方面，都需要寻求村级组织的实际帮助和庇护，这体现在村干部为企业在项目获取、土地流转、房屋拆迁、劳务用工等方面提供帮助和服务。

---

❶ 李祖佩. 项目制基层实践困境及其解释：国家自主性的视角 [J]. 政治学研究，2015（5）：111-122.

❷ 狄金华. "权力—利益"与行动伦理：基层政府政策动员的多重逻辑：基于农地确权政策执行的案例分析 [J]. 社会学研究，2019（4）：122-145.

❸ 符平. 次生庇护的交易模式、商业观与市场发展：惠镇石灰市场个案研究 [J]. 社会学研究，2011（5）：1-30，243.

作为对权力庇护的回报，下乡企业为村庄发展提供资金、技术市场等支持，并壮大村级集体经济和提高村民收入。不同于传统利益交换的物质利益直接灌输，这种利益交换是一种间接的、潜在的利益交换，体现在平时的宴请招待、打造政绩工程等方面。村级组织和下乡企业的权力庇护和利益交换，虽然会给村庄发展提供动力，但是可能会损害村民的实际利益。因此，应避免国家资源通过项目制的形式被下乡企业获取，而村民并没有获取实际的发展成果，进而导致国家资源下乡的异化和基层的"微腐败"。简言之，集中居住的空间集中，需要社会资本参与空间建设，提高乡村社会发展的市场运作水平，激发村庄在与资本合作中的内生发展动力，但应做好制度设计和村级监督，避免村企形成权力庇护和利益交换的互动模式。

第五章
空间改造型村庄的空间形态与流动治理

　　空间改造型村庄不同于空间重组型社区和空间集中型村庄，它并不是村庄空间的整体性变革，而是村庄空间的局部变迁。空间改造型村庄主要是村民依据自身家庭条件，在村庄主要道路附近建设新的居住空间，并逐步形成空间规模趋势，进而产生村庄新、旧地域空间之分。空间改造型村庄的空间变迁，伴随着农村社会结构变迁，村庄空间流动是其主要特征。城镇化促使村民"带地"进城，产生农村空心化、农户空巢化和农民老龄化的结构困境。村民进行空间消费和土地流转，形成生活空间改造和生产空间易地化。同时，村庄内娱乐空间和非正式空间的崛起，反映了村民的生活方式变化。

　　村庄的空间流动特征，使得治理主体对权力结构和治理策略进行改造，以合理利用村庄治理资源和治理规则。一方面，村庄治理进行主体改造，吸引新乡贤等村庄精英回归并参与村庄治理，依靠村庄精英个人资源撬动村庄发展动力，提高村庄治理能力。另一方面，村庄治理主体通过运用网络空间，将流动"不在场"的村民积聚在同一治理空间下进行有效沟通，消除地域空间的阻隔。同时，发展村级集体经济，重塑村庄治理权威，实现村庄治理权力再生产。在此基础上，空间改造型村庄形成流动治理，流动治理主要是应对村民外出流动的"身体缺场"，以网络空间构建虚拟治理关系，实现"缺场治理"。此外，村庄空间流动使传统村庄共同体面临消解。而流动共同体是兼具开放性和流动性的个体化的共同体空间，并以网络空间重建村庄联结纽带，进而塑造乡村社会的身份认同和集体意识。

第一节 空间改造型村庄的空间形态

一、空间改造与村庄治理重心转移

G村是传统农业型村庄，地处江镇北端，全村总面积8.1平方公里，辖17个村民组，2019年人口总数为1923人，共513户，耕地面积3313亩，山场面积4995亩，水面面积880亩，村党总支下设两个党支部，共有党员80名。2019年村级集体经济收入45万元，人均可支配收入23500元，村"两委"成员共7人。2018年T市农业科技发展公司在G村流转土地2000亩，用来建设标准化蔬菜大棚。G村外出流动人口居多，约有三分之一的外出流动人口，其中以年轻人居多，村庄流动人口使得G村的空间流动特征显著。

近年来，随着农村"住房改造热"的兴起，G村外出务工人员通过务工收入和积蓄，回村后热衷于翻新或建造新的居住空间，道路两旁成为村庄新式住房的集中区域，这形成了G村的新型住宅空间区域。同时，原有家庭住房遭遗弃，村庄内部出现凋敝、破旧的房屋。其中，有些破旧房屋周边杂草丛生、树木盘根错节，这种一般是房屋主人迁入城市后，放弃了的旧房屋，致使村庄内部衰落房屋的成片化。因此，G村具有对比鲜明的村庄新、旧地域空间形态。像我国普通农业型村庄一样，G村面临空心化、空巢化和老龄化的困境，其空间变迁类型主要是空间改造型。空心化村庄在城乡人口流动背景下形成，由于家庭拥有不同的经济资本，产生不同的空间改造逻辑。G村部分村民选择定居城市而放弃农村居住空间，另外大部分农民则是对原有居住空间进行翻新和重新建造，所以同一村落空间中拥有不同的空间形态。

> 我家在村子里面，进出道路不是很方便，房子也比较破旧。刚好儿子要结婚盖新房，我们就准备放弃住了几十年的老房子，到道路旁边建个新楼房。(20190508 - G村村民ZYH)

G村空间改造呈现出不同的空间形态。一方面，村庄新型居住空间主要是村民自建楼房，楼房样式不一，但楼层和面积都有相应的规定和标准，空间形态表现为景观各异、相互分离，且具有连续发展趋势的村民居住空间。❶ 村庄新型地域空间是村民新建房屋的集中区域，在 G 村是靠近县道和村中主要道路的地域，大多数村民尤其是拥有私家车辆的村民，扎堆选择在道路两边建房，主要是为了出行的方便。另一方面，村庄内部的空间萎缩。虽然有村民在宅基地上新建住房，但新房相对较少，大部分是老旧房屋，有些房屋还是村民遗弃的旧房屋。可以说，村庄内部空间是旧地域空间。村庄内部空间中不仅房屋较为老旧、破损，而且居住人口较少，与村庄新型空间呈现鲜明对比。村庄新、旧地域空间的差异，反映了村民居住空间的移动对村庄中心空间的影响。

　　由于 G 村新旧地域空间的差异，村庄治理重心亦随之变化。首先，村庄新地域空间的各项公共基础设施不断完善，如道路的扩建加宽和体育锻炼器械的安装，而村庄内部空间则没有相对完善的公共基础设施，道路破损，且没有及时维修。因此，村庄新、旧地域空间的公共基础设施差异，反映了治理主体对不同空间地域的重视程度。其次，便民服务中心和村委会大楼建设在村庄新地域空间（见图 5 - 1）。显然，居住在村庄新地域空间的村民，前往便民

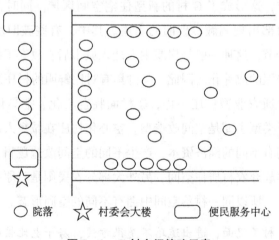

○ 院落　　☆ 村委会大楼　　▭ 便民服务中心

图 5 - 1　G 村空间简略示意

---

❶ 杜德斌，崔裴，刘小玲. 论住宅需求、居住选址与居住分异 [J]. 经济地理，1996 (1)：
82 - 90.

服务中心和村委会大楼办理事务较为方便。最后，村庄新地域空间作为村庄门面，G村美丽乡村建设项目的大部分资金投入安排在新地域空间，环境和卫生较为干净整洁。此外，G村不同地域空间的治理任务也有所差异。村庄新地域空间主要是处理村民环境卫生的问题，村民宅基地的纠纷较少，而村庄旧地域空间对环境卫生的重视程度较低，主要是处理因宅基地边界不清晰所产生的宅基地纠纷，以及层出不穷的各类偷盗事件。例如，G村在冬季时盗狗事件较多，虽然在进入村庄内部的路口装有监控探头，却仍有盗狗事件发生。因此，村庄不同地域空间的治理任务有所不同，进而使村庄治理重心发生转移。

二、空间流动与农民"带地"进城

城市和农村处于不同的空间结构，外在表现为拥有不同的空间形态，内在表现为不同的价值观念、思维方式等。因此，城市和农村空间中的行动者具有不同的行为模式和身份认同。当前，城乡空间流动逐步构成乡村治理的社会基础，尤其是流动性强的空心化村庄。传统村庄的低流动性，使得村民之间的关系是"低头不见抬头见"，彼此共同遵循"熟人社会"的秩序规则，进行社会交往的持续互动，村庄社会伦理规范得以维系实施。❶ 新中国成立后，在城市和农村实施城乡二元体制，城乡二元体制下市民和农民的身份不同，而身份不同意味着权利和义务的差异。换言之，城乡户籍身份的不同，导致两者在医疗、教育、就业、社会保障等基本公共服务上存在差异，并具有不同的资源获取机会和个体发展机会。改革开放之前，城乡流动速度较低，农民被固定在农村社会中，其身份限制了向城市流动的行为，农民转变为市民只能依靠考学、入伍等途径，这时候城乡二元体制的政策影响力较大，农民难以跨越户籍身份阻隔。

随着改革开放的深入，城乡流动快速推进，数以万计的农村剩余劳动力进入城市务工。他们有些定居在城市生活，将户籍迁移至城市，成为新的城市居民。但是，大部分农民在城市工作生活，却并没有将户籍迁入城市，他们的户

---

❶ 王义保，李宁. 社会资本视角下新型农村社区治理秩序困境与能力创新 [J]. 思想战线，2016 (1)：141–146.

籍身份仍然是农民。同时，因为户籍依旧在农村，虽然长期生活居住在城市，但他们与农村有着千丝万缕的联系，尤其是办理各项与户籍有关的事项时，他们需要返回户籍所在地进行办理。目前，农民身份捆绑着土地承包权、经营权和村庄集体经济收益权等权利。虽然农村外出流动人口在城市定居生活多年，但他们不愿放弃农民的身份福利，所以产生居住地和住所地之间的身份流动，出现生活在城市、身份却在农村的城乡流动局面。G 村作为空心化村庄，村民空间流动性特征显著，有些村民通过外出务工早已在 T 市居住生活。然而，虽然这些外出村民已不在村庄生活，但是身份、权利以及各种关系还留在村庄，他们仍然会参与村庄的集体活动和公共事务。G 村这些没有迁移户口的村民，从形式上看，他们仍然是 G 村村集体的成员。虽然他们较少参加 G 村的集体活动和公共事务，但是需要他们选举投票、缴纳集体费用、领取集体分红时，村干部会电话联系或者通知他们在村的亲戚朋友。

　　城镇化的快速发展，使传统村庄的封闭性与同质性改变，农民的城乡流动加速，导致农村的原子化生活状态显现，农村公共性和公共空间式微。[1] 同时，城乡流动加速，大批农民前往城市生活和工作，而农村农业税的减免，使农民进入城市逐步由"弃地"进城转变为"带地"进城，导致农村土地抛荒的现象严重。农村土地产权是与以户籍为标志的村庄集体成员权利结合在一起的，农民进入城市会由于发展能力不足，而陷入居住边缘化和生活"孤岛化"，以及社会认同"内卷化"的困境。[2] 与此同时，农村土地承包权的享有，依然是以户籍为标志的村集体成员权为前提，农民入户城市必须放弃农村土地承包权。在这一政策制度背景下，农民在城市居住和生活，作为城市中的流动人口，他们没有选择将农村户籍迁入城市，相反他们仍保留着原有农村户籍，形成农民"带地"进城现象。

　　农民"带地"进城现象的原因主要有以下三方面。一是情感性，传统农村生活是农村外出流动人口的儿时记忆。在中国传统文化中，家乡是个体生存和发展的"根"之所在，同时也是离乡之人魂牵梦萦的故乡，乡愁往往是农

　　❶ 王义保，李宁. 社会资本视角下新型农村社区治理秩序困境与能力创新 [J]. 思想战线，2016（1）：141－146.
　　❷ 王春光. 农村流动人口的"半城市化"问题研究 [J]. 社会学研究，2006（5）：107－122.

村外出流动人口的内心寄托。因此，虽然他们居住生活在城市，但是由于对家乡情感的存在，他们不愿完全放弃农村的户籍而迁入城市。二是利益性，土地承包责任制和分田到户，使得农民享有土地承包和经营的权利，而伴随着农业税费的减免，土地税收不再成为生活的负担。一方面，国家对农村和农民的惠农资源输入力度加大，"工业反哺农业，城市支持农村"的政策，使农村户籍成为享受惠农福利的重要门槛，国家以是不是农村户籍或承包土地多少进行惠农补助。另一方面，如果村级集体经济收益较好的话，每年还会享受村级集体经济的分红，这是农民不愿放弃的经济权利，所以即使农民在城市定居生活多年，他们也不肯放弃农村户籍。三是融合性，农民进入城市工作和生活，其融合过程是一个相当漫长的进程，不仅需要生活方式的改变，还需要价值观和思维方式的融合。在这一融合过程中，许多农民并不习惯城市的价值取向和生活方式，进而产生身份认同困境。同时，虽然部分农民通过个体努力，实现了在城市的"安居乐业"，但依然存在生活习惯和思维方式的融合困境。

第二节　空间改造型村庄的空间特征

一、空间消费与生活空间改造

　　空间改造生产着新的空间结构，并推动空间消费变迁。"消费主义的逻辑成为了社会运用空间的逻辑，成为了日常生活的逻辑。控制生产的群体也控制着空间的生产，并进而控制着社会关系的再生产。"❶ 空间结构由行动者组成，空间在改变行动者行动的同时，也受到行动者行动的影响，其行动具有"使动性"。因此，空间消费作为行动者对空间的一种消费行动，不仅是行动者对空间的单向消费行动，被消费的空间也在反向影响着行动者。❷ G村大部分外出流动人口没有在城市购买住房，因为多数村民并没有稳定的收入来源，用以

---

❶　包亚明. 现代性与空间的生产 [M]. 上海：上海教育出版社，2003：10.
❷　丁波，李雪萍. 乡村振兴背景下民族地区空间改造与农村现代化建设 [J]. 中央民族大学学报（哲学社会科学版），2020（2）：71–77.

偿还每月的房屋贷款。而受熟人社会的"面子"影响，村庄外出流动人口回村后，选择将家里住房进行重新建造，以显示家中经济资本的增加。从这个层面上看，村民的房屋具有家庭经济资本展示的功能。据 G 村村支书 WT 估计，目前居住在道路两旁的村民占比约为 G 村总人数的 30%。原先道路两旁的村民住房，并没有引起村庄其他村民的羡慕，因为道路两旁噪声较大、灰尘大，并且来往的车子经常与村民饲养的家禽发生碰撞，导致家禽死亡。不过，随着村民交通出行需求的递增，村民经常坐车前往县城，同时家庭经济条件好的村民，购买汽车作为交通工具，因此道路两旁成为村民们争相建设住房的场地。一方面，道路两旁的住宅方便出行，特别是乘坐公共汽车去往县城较为方便；另一方面，村民建造的新式住房通常是三层的房屋，房屋样式新颖且宽敞大气，能够彰显房屋主人的"面子"。

G 村在道路两旁形成新的居住空间，与村庄内部破旧的居住空间相比，新房屋样式不一，但房屋分布却是整齐并排。当前，村庄受个体化、流动性影响，村民间的社会交往减弱，但是村民之间仍然是知根知底的熟人，受人情关系和"面子"影响，村民通常希望能够在他人面前"抬起头"，证明自己家庭的生活要好于他人。在这种"面子"逻辑的影响下，道路两旁建设住房的村民，希望通过新房屋的建造，展现自家的"幸福生活"。因此，村民在道路两旁建造的房屋出现了互相攀比的现象，以凸显房屋的"面子"功能，显示家庭的生活富裕。显然，这种居住空间的互相攀比，使房屋原本居住的功能减弱，而房屋展示的经济功能不断增强。

农村新建的房屋面积必须按照规定标准，所以村民不能在房屋面积和大小上进行互相攀比，但村民往往在新建房屋的外观上暗自较劲。江南地区楼顶普遍是有角度的斜顶，并铺装瓦砖，有些村民则设计各式各样的楼顶，有的配上不同样式的瓦砖，显得造型新颖、夺人眼球。同时，房屋内部的装潢更是各有不同，不同村民采用不同的装潢风格。有的房屋与城市住房装潢类似，无论是客厅还是卧室都是现代风格。现代化和个性化的装潢风格是年轻人较为喜爱的房屋装潢样式，但却高于农村普通房屋的装潢花费。因此，往往会出现因为建造房屋将家庭多年积蓄花完的现象，甚至会陷入家庭债务困境或者导致家庭贫困。总体来看，不同于政府统一建造的居住空间，村民自行建造的房屋，具有个性设计的灵活性，村民可以按照自己的喜好进行房屋设计。但是，这种房屋建造的个性化，导致村民将房屋作为显示"面子"的工具进行空间消费。

> 房子装潢我们无所谓，但是过两年孩子要结婚了，孩子结婚是个大事，装潢不搞好点，孩子也不满意，而且现在大家都这样装潢，我们也只能硬着头皮搞。（20190528 – G 村村民 LY）

此外，随着汽车产业的快速发展，居民汽车消费逐步普及。乡村社会中的汽车消费逐渐成为家庭财富外显的标志，汽车消费在农村也被追捧起来。尤其是在外务工的年轻人，回家过年时为了显示自己在外的成功，将购买汽车作为成功符号，以获得他人的赞许和肯定。过年期间，在 G 村内部道路上，经常会出现因为汽车错车难而造成的拥堵现象，其中大部分是外出务工回乡的年轻人购买的汽车。汽车消费对于村民的日常生活来说并无刚性需求。有些村民为了体验同样的汽车出行方式，进行显示"面子"的"炫耀消费"，甚至为购买汽车不惜借钱、贷款。但是，在实际生活中，普通村民的汽车使用率不高，甚至有些村民将使用率低的汽车用车布遮盖，长期停在自家门口。

二、土地流转与生产空间易地化

马克斯·韦伯认为，不同思维理性下的社会行动各不相同。在韦伯看来，社会行动是一种包含社会关系的行动，而行动者的理性具体可表现为工具理性行动和价值理性行动，工具理性行动是以对外界事物的情况和其他人举止的期待为"条件"或"手段"，实现自己合乎理性所争取目的的行动。[1] 传统农业型村庄的生产空间以农业生产为主，但由于农业生产比外出务工等非农生产的收入要低，农村多数青年劳动力选择从事非农生产。一方面，农民从事非农生产要比农业生产获取更多的收入，这种经济收入的"剪刀差"，致使当下多数农民不愿从事农业生产，在农村耕种的农民越来越少，留守村庄继续从事农业生产的群体，以老年人和中年妇女居多。[2] 因此，经济收入差距倒逼农民外出务工，以获得比农业生产更高的收入。另一方面，从事产业工人、装潢工人、

❶ 侯钧生. 西方社会学理论教程 [M]. 天津：南开大学出版社，2010：119.
❷ 张兆曙. 农民日常生活中的城乡关系 [M]. 上海：上海三联书店，2018.

建筑工人工作的农民，往往选择就近务工，因为家乡城市需要大量手艺工人，他们不需要远离家乡而外出务工，这些农民在家门口就可以实现"离土不离乡"的非农就业。

近年来，G 村居住空间改造以村庄道路两旁的新地域空间为主，具有一定经济条件的村民竞相"换地建房"，经济条件一般的村民则在原有宅基地上建造房屋。G 村村民的居住空间改造消费，必然导致家庭经济负担加重，使得村民的经济压力加大。村民为增加经济收入"谋出路"，选择外出务工从事非农生产。村民的生产空间逐步由农业生产，转为经济收入更高的城市第二产业、第三产业等非农生产。

当前，G 村村民从事非农生产有两个方向。一是长距离的外出务工，采取这种长距离外出务工模式的，通常以年轻人居多，一般具有相应的学历，他们向往大城市的生活，渴望能够在城市扎根。在外长期务工的村民，往往只有在春节期间回村，他们游离于城市和农村之间，一旦有机会能够在城市居住生活，他们将脱离农村的生活空间。G 村长距离在外务工的首选地点是江浙沪等地，大多数人从事服务业、制造业等工作，其中较为成功的是留在城市和成为城市居民。二是短距离的外出务工，这部分务工村民主要是"上有老下有小"拥有家庭的村民，对于他们来说，在当地务工的实际收入和远距离外出务工相差不大，并且可以照顾家庭。同时，短距离务工的村民大多拥有一门手艺，比如泥瓦匠、装修工等，他们的收入比普通农民工要高。此外，村庄中没有手艺闲置在家的村民，则前往下乡企业就业，这种短距离的务工可以归纳为"离土"和"进厂"。村民进入下乡企业务工，不仅可以照顾家庭，还可以提高收入、补贴家用，从而实现"离土不离乡"的就业。总之，土地流转和村民生产空间的易地化，直接影响了乡村社会的原有联结纽带和治理秩序。❶

桂华通过对农村人口群体的分析，认为目前农村存在三类群体。❷ 第一类是"利益在村"的群体，这类群体主要是留在农村从事农业生产的农民，他们的家庭收入与农业生产密切相关。可以说，这类群体是农村的"中坚农

---

❶ 郭亮. 土地流转与乡村秩序再造：基于皖鄂湘苏浙地区的调研 [M]. 北京：社会科学文献出版社，2019.

❷ 桂华. 让"利益在村"农民越过越好 [N]. 环球时报，2019 – 10 – 01.

民"，他们是推进乡村振兴的主体性群体。第二类是"价值在村"的群体，这类群体的经济收入不依靠农业生产，但是价值理念却依然是乡村社会的价值理念，并与村庄具有社会性联系。这类群体大多是在外务工人员，他们的经济收入主要是非农生产，同时他们的人际关系等社会生活依然留在村庄。第三类是"权利在村"的群体，这类群体虽然已经脱离农业生产和村庄生活，但他们在农村依然拥有宅基地和承包地。这类群体实际上已经与村庄脱离关系，但他们户籍仍然留在村庄。因为户籍身份决定集体成员的权利范围，集体成员以此可以获得土地承包权等各项权利，同时也有权利参与村庄公共活动和村庄治理等。❶ 因此，农村不同类型群体人口的存在，导致村庄土地闲置较为严重，有些土地甚至被抛荒。G村村"两委"根据村庄土地使用情况，在江镇政府的牵线搭桥和鼓励下，于2018年引进T市农业企业GS公司，并对G村土地进行规模化的土地流转。

三、娱乐空间与非正式公共空间崛起

村落公共空间是村民日常生活的中心，村庄各种信息在此汇聚，村落公共空间具有整合村庄社会关系的能力。因此，村落公共空间作为村民关联的场所，其形式固然会因村民关系的多样性及人际交往的相异性而呈现出不同形式。❷ 空间改造型村庄与空间重组型社区、空间集中型村庄不同，空间重组型社区和空间集中型村庄的公共空间是重新建造和形塑的新型公共空间，具有新型公共空间的外在形式和内在功能。空间改造型村庄的公共空间，既保留了传统河道旁、房前屋后等村民交流交往的开放性公共空间，也有以文化广场、便民服务中心等为代表的新型公共空间。G村作为空间改造型村庄的典型，其公共空间从"人气"上来看，主要是消费公共空间的兴起，其中包括棋牌室和超市等非正式公共空间，以及便民服务中心、文化广场、农家书屋等正式公共空间。

棋牌室是村庄的另类公共空间。随着农民可支配收入的增长，农村棋牌室

---

❶ 王义保，李宁. 社会资本视角下新型农村社区治理秩序困境与能力创新 [J]. 思想战线，2016（1）：141-146.

❷ 郭明. 虚拟型公共空间与乡村共同体再造 [J]. 华南农业大学学报（社会科学版），2019（6）：130-138.

逐渐兴起，成为农民日常消遣娱乐的场所。G村棋牌室是村庄社会交往的场所，村庄各种消息可以在棋牌室交流获取。村民饭前饭后喜欢到棋牌室门口溜达和聊天，棋牌室俨然成为村民聊天和交往的话语中心。换言之，棋牌室的娱乐空间，具有公共空间的某种功能，村民在其中能够拓展村庄公共性，打破空心化村庄的信息不对称和低频次交流。村民在棋牌室交换的村庄各种信息，具体可分为三类：第一，村民生活上的各种事情，如村民的红白喜事和家庭矛盾等，不同的村民带来不同的生活信息，有时针对同一信息会出现不同的版本，导致村庄流言的产生；第二，村民生产互助上的信息，主要表现为村民外出务工机会和就业信息，村民足不出村也能了解村外的就业发展信息；第三，村庄发展上的信息，村民对村庄发展的讨论，特别是对村庄公共活动和公共事务，各自发表不同的意见和观点。

G村共有三家固定的棋牌室，均位于G村的新地域空间。一方面是新建造房屋的环境整洁，夏天和冬天都有空调制冷和取暖；另一方面是交通比较便利，村里各个区域的村民来这里都比较方便。在村庄开设棋牌室的村民，其普遍特征是人缘较好，性格比较随和，容易与其他村民接触和聊天。虽然三家棋牌室之间存在竞争，但并不是公开的竞争。这种相互之间的竞争主要体现在电话邀请上，例如，两家同时邀请一个村民来参加牌局，这时村民会考虑与哪家关系好，哪家做的饭菜好吃等因素。此外，村庄棋牌室还起着村庄非正式联结的作用。例如，棋牌室的常客，在不打牌的情况下，也可以去棋牌室免费吃午饭。棋牌室为吸引村民前来打牌消费，并不在乎少许村民的午餐，因为村庄作为熟人社会，如果经常来吃饭，那么以后肯定会来打牌消费。

公共空间的公共交往是其主要特征，从这方面来看，农村棋牌室的娱乐空间促进了公共交往，并引发村民之间的讨论。因此，农村棋牌室具有"游戏空间""话语空间"等公共空间的形式。公共空间的重要特性是公共性，公共空间具有低门槛的特点，如果公共空间存在一定标准和门槛，将会排斥部分人进入和使用公共空间，进而影响其公共性程度。G村"棋牌室"作为村庄另类公共空间，在公共性上并没有包括所有村民，而是排斥了没有参与棋牌活动的村民，这使得娱乐公共空间的公共性在一定程度上受损。

农村生活必需品的购买，使得每个村民需要经常进入村庄商店、超市，G村具有规模的超市主要有两家，分别在G村道路两旁的新地域空间的两端。

村民在购买家庭所需品的同时，喜欢在超市门口闲坐聊天。久而久之，超市成为村民日常消遣聊天的空间，特别是在村民闲来无事时，三五成群的村民在超市门口聊天，这增强了超市作为消费空间的公共性。村民在超市门口闲坐聊天，往往会有"什么都不买，也觉得不好"的想法，难免会购买店里商品，如购买香烟、零食等，所以超市为增加人气，乐意村民驻足聊天。村庄超市的公共性，主要体现在村民进入超市的无门槛，即任何村民都可以在超市门口聊天和进入超市，可以选择在超市购物，也可以选择不在超市购物。同时，在电商、物流配送等没有完全普及的情况下，村民的大部分生活用品，需要到村庄超市购买，在这里可以遇见平常很少见面的村民，也能够交换到村庄的各种信息。可以说，超市在 G 村是村民互相交流信息的场所。

G 村的正式公共空间包括便民服务中心、文化广场、农家书屋等。相对于村庄非正式公共空间，像娱乐空间的棋牌室、消费空间的超市，村庄正式公共空间的使用率和便利性并不高，村民的知晓程度也不高。在村庄正式公共空间中，便民服务中心是村民办理户籍转移、开具各种证明，以及缴纳社保和医保等的场所。虽然便民服务中心服务于村庄的每个村民，但前往便民服务中心的村民并不是去休闲聊天，而是办理各种事务，通常办完事务后会马上离开。有时村民几个月都去不了一次，所以作为公共空间的公共性和利用率受到限制。在村庄正式公共空间中，文化广场是村民利用率相对较高的场所，因为村民会在文化广场跳广场舞。然而，不同于城市社区为跳广场舞而产生公共空间资源争夺的现象，农村中类似文化广场的公共空间平时都处于闲置状态，所以不存在公共空间的竞争。G 村中老年妇女喜欢在晚饭过后相约文化广场跳广场舞，这时文化广场不仅有跳广场舞的群体，还有在旁边围观的其他村民，可以说，傍晚时分村庄文化广场热闹非凡。

此外，农家书屋、计算机房等国家资源下乡要求建设的村庄标准化空间，一般位于村委会大楼中，这与村民们的实际生活具有一定距离。农村网络普及后，农民在家就可以联通网络，了解各种信息和知识，导致农家书屋和计算机房的闲置，其公共性和利用率较低。G 村的文化广场和村委会大楼建在道路两旁，所以居住在村内的村民喜欢在道路两旁散步，遇见熟人可以驻足聊天，这逐步使村庄集体活动转向村庄新地域空间。村庄集体活动的转移意味着村庄中心的转移，因此现在村庄中心位于道路两旁的新地域空间。在村庄新地域空间中，村委会大楼、便民服务中心、文化广场、学校等正式公共空间处于其中，同时还有棋牌室、超市等非正式公共空间的存在。综上所述，根据村庄公共性的强弱，我们可以发现村庄正式公共空间存在利用率不高的局面，正式公共空间面向全村村民，但村民的喜好度和使用率较低。而村庄非正式公共空间虽然是村民个人空间，村民却能够以较低的门槛进入空间，并获得信息的交流和汇集。同时，村庄正式公共空间和非正式公共空间位置的转移，与村民的居住空间集聚密不可分，反映了村庄空间中心和"人气"的转移。

第三节　空间改造与流动治理

一、权力结构：主体改造与"新乡贤治村"

乡村社会的权力结构是村庄发展的主导权力来源，以及与其他权力之间的关系。其中，权力是村庄中占据优势资源者在促成村庄政治和社会生活的行动中支配他人的能力。❶ 村级组织是国家权力延伸至基层社会的触角末端，例如国家在农村建设标准化的行政服务中心，使得村级组织成为农村公共服务的提供者。❷ 空间改造型村庄的空间流动和居住空间变迁，导致传统村庄治理面临挑战。空间改造型村庄的权力结构，通过外部引入和内部提升进行改造。一方面，吸引新乡贤等村庄精英回归，广泛引进社会各种力量参与村庄治理，通过整合村庄治理资源，提高村庄治理能力。另一方面，将外在村庄精英纳入村庄治理主体，改变村庄治理的原有权力结构，形成多元主体共治，提升村庄治理能力。

（一）治理主体改造：新乡贤的群体再造

随着农业生产收入的降低，农村剩余劳动力前往城市务工，经过持续的城

---

❶ 仝志辉，贺雪峰. 村庄权力结构的三层分析：兼论选举后村级权力的合法性 [J]. 中国社会科学，2002（1）：158-167.

❷ 何钧力. 高音喇叭：权力的隐喻与嬗变：以华北米村为例 [J]. 中国农村观察，2018（4）：2-16.

乡空间流动，乡村社会大量人口流入城市，致使乡村精英大量流失，导致农村空心化、空巢化和老龄化问题严重。一方面，农民外出务工是空心化村庄形成的重要原因，农村大量剩余劳动力外出务工，农村出现"三留守"群体，留守老人、留守妇女和留守儿童构成了空心化村庄的主要群体。另一方面，"中坚农民"和村庄精英的减少，以及村庄中中青年农民的严重流失，导致空心化村庄存在农民主体性作用发挥不足的现象，农村缺乏能够带领广大农民致富的村庄精英。因此，乡村振兴战略的实施，更加呼唤新乡贤的回归。新乡贤作为农村社会发展的引领者，其群体特征不同于传统社会的乡贤。传统社会的乡贤强调道德的标榜作用，即要有德行、有才能和有声望的贤达人士，其中以道德为先。[1] 传统国家治理是"皇权不下县"的地方性简约治理，因此在传统社会结构中，乡贤是农村社会治理的中坚力量和农村伦理的教育力量。[2] 随着农村空心化的社会结构不断加剧和传统文化道德的衰落，以及乡村治理人才的匮乏、后继无人，导致农村内生发展动力不足，村庄治理强烈要求新乡贤等村庄精英回归。

当前，新乡贤作为乡村社会的引领者，其群体特征不同于传统社会的乡贤。新乡贤是相对于古代乡贤的新提法，作为新时代的新乡贤，更加强调道德和经济的双重引领作用，不但要弘扬新时代社会主义道德和乡村传统美德，而且要利用自身才能，重振乡村活力，帮助村民走上富裕道路。新乡贤往往是接受了城市现代文明的洗礼，在现代化进程中，有着更加关注乡土文化的自觉意识。[3] 新乡贤的权威主要是根据其道德水平与文化、经济地位的结合而被村民所认可，其身份认定的内容主要是有德行、有才能、有意愿、口碑好且威望高；不同于对传统乡贤的要求，对新乡贤的要求更加突出其才能，更强调对当地所做的实质贡献，以及其道德行为后果的影响。[4] 新乡贤的群体特征体现在两个方面：一是他们生长于农村，对农村的传统文化和社会结构较为熟悉；二

---

❶ 姜方炳. "乡贤回归"：城乡循环修复与精英结构再造：以改革开放40年的城乡关系变迁为分析背景 [J]. 浙江社会科学，2018 (10)：71-78，157-158.

❷ 杨筱柏，赵霞. 简析传统乡贤的自治能力及现代新乡贤的培育 [J]. 社科纵横，2018 (5)：92-95.

❸ 张祝平. 新乡贤的成长与民间信仰的重塑 [J]. 宁夏社会科学，2018 (5)：229-238.

❹ 赵浩. "乡贤"的伦理精神及其向当代"新乡贤"的转变轨迹 [J]. 云南社会科学，2016 (5)：38-42.

是他们生活于城市，具有新知识、新眼界，对现代社会价值观念和知识技能把握透彻。❶ 农村作为离乡精英儿时的记忆和情感的归宿，意味着具有熟人社会的安全感，农村是叶落归根的故乡。目前，城乡人口间的流动加速，城乡间行为模式的差别不断缩小。新乡贤长期生活在城市，掌握城市生活的行为模式，同时由于年少时生长在农村，熟悉农村的文化规范体系。因此，新乡贤可以在城乡两种行为模式中熟练切换，容易接受社会发展的新鲜事物。作为文化传播的新途径，新乡贤能够将城市的新理念带入农村，从而加速城乡一体化进程，促使城乡文化间差异逐渐缩小。

　　乡村振兴实施的关键是解决城乡发展不平衡问题❷，进一步提升农民的主体性地位。新乡贤作为离乡精英，大都是从农村走出的各级干部、工商企业界人士和各类专家学者❸，虽然他们之前的生活远离乡土，但由于生长于农村，对农村具有浓厚的故土情结和血缘联系，同时拥有一定的政治和经济方面的优势资源，返乡后有足够的能力参与村庄发展。农村空心化、空巢化、老龄化的困境，导致多数村庄缺少村庄治理的合理人选。返乡生活的新乡贤以其道德品行和能力资源参与农村公共事务，能够获得村民的认可和信服，并以此逐渐进入村庄权力结构。同时，符合村民自治制度的新乡贤，通过村民选举进入村"两委"班子，直接成为村民"当家人"。因此，乡村社会给予新乡贤等村庄精英充分施展本领的机会，使其回乡后直接参与村庄治理，发挥他们在村庄发展中的主体作用。

　　G 村现任村支书 WT 是返乡精英的代表，也是当地政府极力宣传的新乡贤返乡的代表。WT 成长于 G 村，20 世纪 90 年代由于家庭经济困难，跟随村里人一同去城市谋生活。由于聪明能干和吃苦耐劳，WT 从一名建筑工人成为拥有一家混凝土公司的老板。因为心念家乡发展，WT 返乡并顺利当选 G 村村主任及村支书，在 WT 带领下，G 村近两年的村容村貌发生巨大变化，村集体经济快速增长。同时，他号召 G 村外出的"能人"，通过捐款助资推动 G 村发

❶ 胡鹏辉，高继波. 新乡贤：内涵、作用与偏误规避 [J]. 南京农业大学学报（社会科学版），2017（1）：20-29，144-145.

❷ 贺雪峰. 关于实施乡村振兴战略的几个问题 [J]. 南京农业大学学报（社会科学版）. 2018（3）：19-26，152.

❸ 钱念孙. 告老还乡，做"新乡贤" [N]. 光明日报，2016-03-11.

展，WT 的治理权威逐步树立，并得到村民的信服和认可。2018 年，G 村投资兴建 G 村乡贤文化馆。G 村乡贤文化馆设有"红色记忆""乡贤人物""廉政建设""家规家训""村庄好人"五个展厅；院内墙上设有村规民约"八要八不要"图；院外墙上设有"新二十四孝"图，旨在记其事，述其迹，"读懂乡贤，敬之仰之；传之颂之，家国情怀，宜真宜勤"，展示 G 村浓厚的乡贤文化和孝道文化。

(二) 新乡贤返乡的行动嵌入

嵌入性由波兰尼提出并引进至社会科学领域，用以表述经济和社会的关系。[1] 后经格兰诺维特的理论分析，嵌入性逐步成为经济社会学的重要概念。[2] 格兰诺维特强调，"将人看作是嵌入于具体的、持续运转的社会关系之中的行动者，并假设建立在亲属或朋友关系、信任或其他友好关系之上的社会网络维持着经济关系和经济制度"。[3] 格兰诺维特的嵌入性理论侧重于经济行动与社会关系的研究，突出社会关系对经济行动的影响，将社会关系带入经济行动的分析中。[4] 简言之，嵌入性理论强调嵌入主体的特征和关系网络嵌入至嵌入对象的社会结构中，受到来自嵌入对象社会结构的文化、价值因素的影响[5]。

马克斯·韦伯认为，社会行动是一种包含社会关系的行动。因此，他认为行动者行动可以划分为四类，分别是目的合理性行动、价值合理性行动、情感行动和传统行动。[6] 新乡贤返乡是具有多种合理性的行动，其中既有目的合理性，也有价值合理性，还有情感合理性的存在。本书借用嵌入性理论并进行理论迁移，对新乡贤嵌入乡村治理的行动进行分析，提出新乡贤返乡治村的治理逻辑。回归乡贤嵌入乡村社会，由城回乡的新乡贤带来的思维转换与治理资

❶ POLANYI KARL. The great transformation [M]. Boston：Beacon Press，1999：45.

❷ 丁波. 农村生活垃圾分类的嵌入性治理 [J]. 人文杂志，2020 (8)：122-128.

❸ 符平. "嵌入性"：两种取向及其分歧 [J]. 社会学研究，2009 (5)：141-164，245.

❹ 方菲，靳雯. 精准扶贫中农户"争贫"行为分析 [J]. 西北农林科技大学学报 (社会科学版)，2018 (6)：44-51.

❺ 黄中伟，王宇露. 关于经济行为的社会嵌入理论研究述评 [J]. 外国经济与管理，2007 (12)：1-8.

❻ 侯钧生. 西方社会学理论教程 [M]. 天津：南开大学出版社，2010：117-119.

源，有利于实现乡村治理重构。因此，新乡贤返乡的行动逻辑具有多重性，多重行动逻辑下的返乡治村，导致新乡贤嵌入乡村治理的路径选择不同。新乡贤嵌入乡村治理的行动逻辑主要表现为情感嵌入、身份嵌入和治理嵌入的三重叠加，首先是基于新乡贤对传统熟人社会的乡土情怀，以及对故乡的记忆和眷恋；其次是基层政府对返乡精英进行新乡贤的身份建构，使得新乡贤获得合法性身份；最后是新乡贤处于乡村治理的"在场"位置，使其有充分发挥才能的空间。

1. 情感嵌入：熟人社会的乡土情怀

新乡贤由城到乡，其城市行为规范和都市文化转化为农村行为规范和乡土文化。传统乡村社会主要是依靠血缘、地缘为纽带的熟人社会。费孝通认为乡村社会是差序格局的社会结构，他曾在《乡土中国》中提到在乡土社会中，文化系统具有稳定性，生活是按照传统模式，教化权力是乡村社会的重要权力结构，长幼之序是教化权力的保证。❶ 随着城镇化快速发展和农村人口流动加速，农村熟人社会结构开始变迁，逐渐由"半熟人社会"转变为"无主体半熟人社会"❷，城市的现代性通过城乡流动的方式，改变着农村社会结构，城市的经济理性逐步被农村所接受。新乡贤返乡的情感性主要表现为两方面：一方面，新乡贤对传统农村熟人社会的乡土情怀、生活习惯和文化系统的眷恋，以及儿时乡村社会的记忆，促使他们渴望返乡回到曾经的故乡；另一方面，乡村社会作为乡愁的主要承载地，它反映着传统文化的落叶归根理念，乡愁推动新乡贤重回乡村社会。

2. 身份嵌入：新乡贤身份的建构

基层政府鼓励返乡精英参与乡贤组织，以推动乡贤组织目标和规则内化为返乡精英自我认知，提高乡村治理的存在感，使得新乡贤的身份认同从开始的被动配合到后来的主动接纳。基层政府作为新乡贤身份建构的重要主体，给予返乡精英新乡贤的社会身份，使其获得返乡的合法性身份。在乡村振兴背景下，将具有一定社会地位和影响力的返乡精英组织起来，激发他们参与农村建

---

❶ 费孝通. 乡土中国 [M]. 北京：人民出版社，2017：83.
❷ 吴重庆. 无主体熟人社会 [J]. 开放时代，2002（1）：121–122.

设和承担公共事务的积极性，利用新乡贤的个人能力和优势资源❶，发挥新乡贤对村庄内生发展的作用。同时，吸纳不同返乡精英参与乡村治理，通过整合治理资源和提高治理能力，能够优化乡村治理结构。例如，设立乡贤理事会的乡贤组织，以组织化机制给予返乡精英合法性身份。乡贤理事会吸引具有经济资源和道德权威的返乡精英，将村庄发展需要的资源通过组织予以聚合，可以说，乡贤组织是将返乡精英进行再组织化的平台，从而让返乡精英发挥群体引领作用，改变空心化和老龄化等发展困境。进一步而言，基层政府对新乡贤身份的合法性机制，加深了返乡精英对新乡贤身份的认同。简言之，新乡贤返乡的身份嵌入，不仅改变他们的社会身份，更是强化新乡贤的行动责任，使新乡贤在村庄发展中发挥引领示范作用。

　　3. 治理嵌入：乡村治理的"在场"

　　新乡贤由城市社区自治的"不在场"转向村民自治的"在场"。首先，新乡贤返乡前居住在城市社区，但由于从农村进入城市，其本身所携带的社会资本不足，进城后主要时间精力则是忙于生计，对城市社区的居民自治参与不够。其次，因为城市社区公共产品供给具有直接性和便利性，居民参与社区自治的意愿相对较弱，可以说，新乡贤在原先城市社区自治中是"不在场"和缺位状态。再次，新乡贤返乡后回到村民自治制度框架中，由于农村空心化、空巢化、老龄化的现状，多数农村缺少乡村治理的合理人选，新乡贤以道德品行和能力资源参与农村公共事务，不但能获得村民的认可和信服，还能以此逐渐融入乡村治理主体。最后，有德行、有才能、有意愿的新乡贤，在符合村民自治制度前提下，通过村民选举有机会融入乡村治理主体，直接参与乡村治理，提升乡村治理能力。换言之，乡村治理场域给予新乡贤充分施展本领的机会，他们由城市社区自治的缺位和"不在场"转变为回乡后的治理"在场"，能够发挥他们在乡村振兴中的主体性作用。

（三）新乡贤返乡治村的路径选择

　　空间改造型村庄的空间流动特征，要求村庄治理主体具有治理现代化的

---

❶　殷民娥. 培育乡贤"内生型经纪"机制：从委托代理的角度探讨乡村治理新模式 [J]. 江淮论坛，2018（4）：25–29.

能力。村民自治下的治理主体，通常受年龄、文化知识等方面影响，存在治理能力不足和弱化的困境。然而，通过吸引村庄精英参与村庄治理，能够提升空间改造型村庄的治理水平。国家"十三五"规划纲要和2018年中央一号文件明确提出，要培育"新乡贤文化"，积极发挥新乡贤在基层治理实践中的作用，重塑村庄治理结构，有利于实现乡村治理体系和治理能力现代化。新乡贤发挥主体性作用的最主要体现是参与村庄治理，即"新乡贤治村"。"新乡贤治村"可以改善传统村庄治理主体结构的单一性，通过村庄自治、法治和德治的渠道参与村庄治理，优化村庄治理结构。新乡贤治村的形式，一是主体治理，融入村庄治理主体；二是协商治理，协助村庄治理主体；三是道德治理，通过道德权威评价参与治理。新乡贤不仅凭借自身才能回乡投资创业，带动村民脱贫致富，增加村庄内生发展动力；新乡贤更直接参与村庄治理，成为村庄治理的重要主体，提高村庄治理能力，促使村庄治理主体多元化。

1. 主体治理：融入治理主体

新乡贤作为返乡精英参与乡村治理最为直接的方式是融入村庄治理主体，利用自身才能和优势资源，提升村庄治理能力。因此，村民自治制度是乡贤治村的制度机制，使有意愿的新乡贤参与村庄治理。新乡贤发挥自身"城乡两栖"❶优势，利用在村民中的威望，通过村民自治制度参与村庄治理，如G村村支书WT。新乡贤运用制度化手段参与村庄治理，同时新乡贤具有文化素质、道德品质和能力资源，因此新乡贤参与村庄治理可以优化村庄治理主体结构。新乡贤治村在强调道德品行和个人威望的同时，更加注重发挥优势能力资源进行制度化治村。新乡贤融入治理主体的前提条件，一是满足村民自治制度的规定条件，二是新乡贤具有主观意愿和优势能力资源带领村庄发展。其中，最重要的是个人主观意愿，只有当新乡贤具有强烈的奉献意愿时，才会在实际工作中不计较个人得失，将个人资源与村庄资源结合在一起，进而运用内外资源共同激活村庄内生发展动力。新乡贤作为具有能力资源和道德品行的返乡精英，在村庄治理结构中占据重要位置，其才能和作用发挥与否，直接影响村庄

---

❶ 付光伟. 从"两栖"到"三栖"：农民工生存方式的变化及其影响 [J]. 西北农林科技大学学报（社会科学版），2018（3）：31-36，44.

整体治理功效。此外，新乡贤的权威是自下而上得到村民认可，因此避免了以往村庄选举的形式民主❶，提升了治理决策的科学化和民主化，真正发挥了村民自治制度的民主性。

2. 协商治理：参与乡贤组织

新乡贤不仅能够直接参与村庄治理，而且还可以通过乡贤组织协助村庄治理，以组织化的运作过程参与村庄治理，充当村庄治理辅助角色，增强村庄治理活力。目前，各个地方的不同实践经验表明，主要存在以下三种不同形式的协助治理模式，分别是以乡贤参事会的方式直接参与村庄治理、以乡贤理事会的方式独立参与村庄治理、以非正式社会组织参与村庄治理。❷ 政府领导下的乡贤参事会对村庄治理效率的促进作用最为显著，其角色相当于村庄监督管理机构，乡贤参事会作为行政体制下的正式组织，为村庄治理出谋划策，但其受行政体制影响也最大，独立性不强。乡贤理事会等非正式组织强调乡贤对村庄治理进行支持和补充，在村级组织和村民之间发挥协调作用。

G 村利用春节乡贤返乡的有利契机，积极开展乡贤间联谊活动，成立了 G 村乡贤理事会。名誉会长由 G 村村支书担任，会长由村"两委"推荐的企业家担任，成员有村致富能人、企业所在村村民组长和村民代表、老党员、宗族长辈等。G 村乡贤理事会主要职能是在村党组织的领导下，协助村党组织做好村、企协调、服务和管理。同时，G 村在江镇政府的指导下，实施"归雁经济"发展农村产业，通过资本下乡的不同项目，组织动员本村外出成功人士回乡投资创业。G 村设立乡贤理事会等非正式组织，一方面，能够更大范围地吸引村庄精英参与村庄治理，对村庄治理主体具有支持作用，推动村庄治理结构不断优化；另一方面，非正式组织将不同领域和不同才能的返乡精英纳入组织，发挥非正式组织的群体性和灵活性优势，利用返乡精英所拥有的社会资本，将村庄外部不同类型资源带入村庄。

3. 道德治理：道德权威评价

道德治理的基础是新乡贤具有道德权威。传统乡贤强调伦理秩序和道德品

---

❶ 冷波. 形式化民主：富人治村的民主性质再认识：以浙东 A 村为例 [J]. 华中农业大学学报（社会科学版），2018（1）：106－112，161.

❷ 王文龙. 新乡贤与乡村治理：地区差异、治理模式选择与目标耦合 [J]. 农业经济问题，2018（10）：78－84.

质，因此在传统乡村社会中，道德品质是衡量乡贤基本的价值尺度，也是决定个人成功与否的重要标准。同时，乡贤还应具有强烈的责任感，以村庄的整体发展为己任，而不以谋私利为主要行动目标，这使古代乡贤受到村民信服和认可，传统乡村社会主要是"长老统治"。新乡贤身份认定的首要内容是有德行，德行是新乡贤的内在要求。新乡贤传承人文精神、涵育文明新风，成为村民的道德标榜。因此，在村民日常的道德行为上，新乡贤可以对不同行为进行道德上的评价，对高尚的道德行为进行肯定和认可，对不良道德行为进行批评，这使村民行为更加符合道德规范，从而发挥新乡贤的道德治理作用。尤其在当今个体化时代，农村道德面临衰落背景下，突出新乡贤对于村庄道德治理作用，可引领村民日常道德风尚。

G村设立"乡贤评理堂"，将自治、法治、德治有机结合，提升村庄治理效能。通过对新乡贤进行不同程序层层筛选，从中遴选出村庄乡贤评理员。同时，结合便民服务中心、综治调解室等现有场地，建设"乡贤评理堂"。G村的"乡贤评理堂"，使新乡贤能够对村民的日常行为进行道德评价。此外，当作为个体的村民与村庄整体发生矛盾时，新乡贤充当桥梁与纽带作用，利用亲情、乡情和自身声誉威望，让村民摒弃个体利益的同时，考虑村庄整体利益，化解村民间的矛盾纠纷，让村民的公共理性得到涵养和增强。

(四) 新乡贤返乡治村的有效性

新乡贤返乡治村的有效性主要体现在两方面，分别是对乡村治理结构和村民生活方式产生不同程度的影响。这种影响主要表现为两方面：一是优化乡村治理结构，推动治理主体多元化和治理策略多样化；二是培育村民现代价值观念，促使村民公共理性增加和行为规范合理。

1. 优化乡村治理结构

（1）乡村治理主体多元化

传统农村治理主体结构呈现单一化，村庄精英通常控制着乡村治理的权力，普通村民难以有效参与乡村治理过程，因此村民参与村民自治的积极性不强。同时，农村的空心化、老龄化、空巢化等困境，导致出现乡村混混等利用村庄选举谋求自身利益的乱象。新乡贤不仅通过自身才能和经济资本，回乡投资创业，带动村民脱贫致富，增加村庄内生发展动力；而且能够直接或间接参与乡村治理过程，成为乡村治理的重要主体，提高乡村治理主体能力，促使乡村治理主体多元化。乡村治理主体多元化，一方面，可提升治理主体决策的科学化和民主化；另一方面，吸纳新乡贤，甚至是普通村民，参与村庄各类组织，以组织化的运作方式参与乡村治理，从而增强乡村治理的活力。例如，积极挖掘培育乡贤群体，搭建协商共治平台，成立乡贤理事会，以乡贤理事会参与乡村治理过程，提升乡村治理主体能力。

（2）乡村治理策略多样化

美国学者约瑟夫·奈提出"硬权力"和"软权力"概念，"硬权力"是借助强制力改变他人行为的控制力；"软权力"是建立在文化和价值基础上，凭借影响他人行为，以控制他人行为的能力。❶ 乡村治理通过将"软权力"与"硬权力"相结合，使国家正式制度能够在农村生成运行。传统农村熟人社会往往通过地方性知识和人情关系进行非正式治理，传统乡村治理方式背后的基础是治理主体拥有村民普遍认可的治理权威，同时传统农村的空间封闭性，使村庄外部的信息难以传递进来。随着村庄空间边界的开放和村民法治观念的加强，传统治理方式并不能发挥预期效果，也不适合国家治理体系现代化要求。新乡贤将现代治理要求和乡村社会的非正式治理相结合，形成综合运用"软治理"和"硬治理"两种不同治理策略的治理逻辑，使乡村治理主体针对各类不同事务使用不同治理方式，提高乡村治理手段的灵活性。新乡贤以道德权威和生活经验，在村庄生活中协助治理主体实施"软治理"。新乡贤依赖村庄的人情关系、文化习俗等，进而以晓之以理、动之以情的方式，潜移默化地促使村民的行为符合治理规则。G村的"乡贤评理堂"能够有效解决村民日常的邻里矛盾、家庭矛盾等，CJS作为城市老教师返乡回村，村民普遍认可其德行和权威，往往信服CJS对矛盾的调解，CJS也因此经常被村民邀请去处理村庄日常纠纷。

2. 培育现代价值观念

（1）公共理性增加

公共理性意味着对他者的感知和对整体性的认识。公共理性强调社会主体

能够认识到公共生活必须遵循的某些原则，并在此基础上达成共识。❶ 当前，农村公共理性的缺失，表现在村民对村庄公共活动和公共生活的冷漠。随着村庄集体化时代结束和农村熟人社会变迁，传统村庄共同体逐步发生消解，原本互帮互助的集体生活消失，村民将全部精力集中于经营家庭，不热衷于参与村庄集体活动和公共生活。同时，个体化生活方式影响到农村，使村庄结构呈现出"马铃薯化"和"原子化"，村民往往"只扫门前雪"，关注自身利益的得失，对于村庄整体发展漠不关心，村庄的公共活动形同虚设，村级组织难以有效组织动员村民。新乡贤积极参与村庄集体活动和公共事务，因为集体活动和公共事务更能体现其存在感，也是个人能力和价值的体现。一方面，新乡贤作为乡村有德行、有才能的群体，积极参与村庄集体活动和公共事务，在一定程度上形成带头示范作用，带动周边村民融入村庄集体生活。另一方面，当个体村民与村庄整体发生矛盾时，新乡贤能充当桥梁与纽带作用，利用亲情、乡情和自身声誉威望，让村民摒弃追求个体利益的同时，考虑村庄整体利益，进而调节村民间的矛盾纠纷，逐步让村民的公共理性得到涵养和增强。

（2）行为规范合理

福柯曾提出，对个体行为的约束和控制是权力作用的表现形式。❷ 在传统农村的熟人社会，人与人之间的行为规范体系是基于以血缘和地缘为纽带的差序格局，缺少法治等现代治理的思维惯习。新乡贤对于村民行为的影响，主要是对村民日常行为进行规范。首先，新乡贤的返乡生活，将城市生活模式嵌入农村生活，在日常生活中表现出"形式理性"的行为规范，无形中改变了村民传统的"价值理性"，使村民行为规范更加符合现代社会的要求。其次，新乡贤重视居住环境的卫生状况，这是对生活空间改造的重要表现，将农村生活空间改造成接近于城市居住空间。例如，城市返乡人员进入卧室时换拖鞋的习惯，这在农村生活空间中并不常见，拖鞋将卧室与客厅区分开来，展示主人对私人空间和公共空间的区别对待。可以说，新乡贤对生活空间的改造，容易促使周边村民对其行为进行效仿，推动村民更加重视生活环境的干净整洁，从而

---

❶ 周谨平. 社会治理与公共理性 [J]. 马克思主义与现实, 2016 (1)：160–165.

❷ 米歇尔·福柯. 规训与惩罚：监狱的诞生 [M]. 刘北成, 杨远婴, 译. 北京：生活·读书·新知三联书店, 2003：79.

形成乡村生活空间的"改造热"。最后，新乡贤在处理日常矛盾和冲突时表现出的法治思维，与村民传统讲究人情关系原则有所不同，但却潜移默化地影响了村民在面临冲突和矛盾时的行为表现。

二、治理策略：网络空间运用与治理权力再生产

（一）虚拟治理空间：网络空间的运用

随着互联网时代的到来，虚拟网络空间逐渐崛起，并成为人们沟通和联结的新形式。"作为一种社会趋势，信息时代的支配性功能与过程日益以网络组织起来。网络建构了我们社会的新社会形态，而网络化逻辑的扩散实质地改变了生产、经验、权力与文化过程中的操作和结果。"● 个体化趋势的发展，凸显网络空间的实效性。网络空间成为人们生活、生产和社会关系的重要工具手段，使得个体可以突破时空分离，从而改变个体的行动特征和群体的联结方式，以及社会的运作机制。新的网络空间融入人们的日常生活中，日益成为人们生活不可缺少的部分。乡村治理不仅有实体治理空间，还有虚拟治理空间。尤其是在治理主体和治理对象不处于同一时空的情况下，虚拟治理空间作为新型治理空间，能够促进治理的有效性和及时性。同时，虚拟治理空间是广大社会成员普遍参与的信息交流和交往联络的社会空间。❷ 在虚拟治理空间中，治理主体通过QQ、微博、微信等网络平台，以电子布告栏、电子信箱、博客等治理手段，使村民能够在虚拟网络上进行跨地域沟通和交流。一方面，村民可以针对村庄的公共事务进行讨论，发挥自己的智力优势和个人资源，积极参与村庄公共事务和集体活动。另一方面，村民居住地和住所地之间的信息互通，可提高居住地和住所地的治理效率，实现村民信息的互通共享，防止出现"两不管"的双重治理模糊地带。

1. 网络空间促进村民协商自治发展

哈贝马斯认为，沟通行动所处理的是主体间关系和主体间行动的相互协调

● 曼纽尔·卡斯特. 网络社会的崛起 [M]. 夏铸九，王志弘，等译. 北京：社会科学文献出版社，2006：569.

❷ 刘少杰. 网络空间的现实性、实践性与群体性 [J]. 学习与探索，2017（2）：37-41.

问题。❶ 在流动性背景下，实体治理空间的治理效率不高，村民参加的村庄公共活动减少。村庄公共活动具有公共性特征，如村庄红白喜事、民俗文化活动等公共活动，能够促进村民之间的合作和联结。但是，随着城乡流动的加剧，这类公共活动逐步减少，村庄治理主体的实体治理空间则相应被挤压，致使缺少发挥主体性的治理空间。空心化村庄治理缺少治理对象的参与，村庄留守群体相对于村庄中青年村民，往往对村庄公共事务漠不关心，导致村庄治理成本加大和治理效能降低。村民自治是基层民主的重要实现形式，即通过村民自治选举代表村民利益和诉求的"当家人"。然而，目前因为村庄流动性特征显著，村民参与村民自治的积极性越来越低，有些村庄在选举中出现参选率和投票率较低的困境，影响村民自治制度的实际运行。网络空间将治理对象重新汇聚在同一时空空间中，治理主体将村庄公共事务和议题发布于网络空间，分散在各地的村民可以针对村庄公共事务和议题进行协商自治和公共决策，从广度和深度上增强村民自治的民主性。同时，网络空间所形成的虚拟公共空间突破了实际时空的阻隔，为村民参与村庄公共事务的议事协商提供了平台。网络空间中不同的主体话语权能够得以充分表达，并且推动自我管理、自我监督和自我服务。❷

G 村年轻人多在外地务工，只有在逢年过节时，村庄才有"人气"，平时村庄公共事务很难收到村民的意见反馈，村庄治理的自下而上机制并不畅通。为此，G 村通过创建本村的 QQ 群、微信群等"微平台"，使外出人员可以及时了解村庄发展变化，并为村庄发展建言献策，增强村民的身份认同和归属感。"微平台"有利于提升村庄治理的集体行动意识，拓展网络空间的公共交往。当前，G 村拥有党员微信群、外出人员微信群等不同类别微信群，这使得村庄治理主体扩大治理范围，在外的村民能够及时参与村庄公共事务和集体行动。G 村外出务工人员的微信群的主要议题是"工作和工资"，党员服务群的主要议题是"矛盾调解、例行开会"，村民微信群的主要议题则是"娱乐和村庄发展"。此外，村庄治理通过网络空间在线管理村民各项事务，并且与线下

---

❶ 侯钧生. 西方社会学理论教程 [M]. 天津：南开大学出版社，2010：372.
❷ 徐琴. "微交往"与"微自治"：现代乡村社会治理的空间延展及其效应 [J]. 华中农业大学学报（社会科学版），2020（3）：129–137.

的管理相融合。村民在网络空间中的议事协商，突破传统村民自治的弊端，让更多在外生活的村民参与村庄治理。例如，G 村原先没有健身广场，江镇政府根据农村标准化建设要求，拨款给 G 村建设村庄健身广场。G 村村委会对于健身广场选址问题，存在意见不合。为此，G 村村干部将健身广场选址问题发送至村民微信群，收集村民意见。根据微信群的村民意见反馈，大多数村民支持建设在道路旁边，因为交通方便、来去自由，且村民活动多在此。因此，G 村的健身广场综合村民意见建设在新空间地域的道路旁边。

2. 网络空间推动治理权力多元化

在实体治理空间中治理主体既有正式治理权威，也有非正式治理权威。治理主体通常是熟悉地方性知识的地方精英，他们拥有村庄的治理权威。网络空间作为村庄新型治理空间，其主要特征是虚拟治理空间。不同于实体治理空间中的权威和权力结构，虚拟治理空间凸显无中心的分散化、匿名化和符号化特征，导致虚拟治理空间的权力结构产生变化。一方面，网络空间中各个主体的自由度较高，不受空间位置的影响，每个网络主体都有对公共事务和议题发表言论的自由。虚拟治理空间的权力和权威中心，其标志主要是得到其他网络主体的认可，而这一前提是依靠网络空间中的发言次数和言论观点，成为网络空间的意见领袖。因此，虚拟治理空间的交往互动方式不受实体空间权力和资本控制，往往更在乎言论的合理性、正确性和逻辑性，所以实体空间中的权力和资本对虚拟治理空间的影响较少。另一方面，虚拟治理空间能够带来不同的话语资源，吸引不同村民参与村庄治理，通过村民和社会力量的参与，形成多元主体参与村庄治理的发展路径，进而在虚拟治理空间讨论中，实现治理能力的提升。虚拟治理空间使得村庄公共信息传播更为分散，公共决策主体多元，政策实施由村民协商自主决定。❶ 村庄治理主体受年龄、知识结构、网络技术等影响，在虚拟治理空间往往并不是处于中心位置。与此相反，有些在实体空间中沉默寡言的村民，却在虚拟网络空间中处于中心位置，成为网络空间的意见领袖，主导网络空间的公共事务和议题走向。因此，虚拟治理空间的存在，使得治理权力和权威发生变更，从而影响实体空间权力的运作。

---

❶ 鞠真. 虚拟公共空间对基层治权的重塑：基于 A 镇实证调研 [J]. 天府新论, 2019 (5)：106－115.

G 村依托"互联网 + 政务服务"的治理网络体系，充分调动村民参与村庄治理的积极性，大力推进信息共享、业务协同、部门联动、上下贯通，整合各类信息，构建共享信息数据库，加快互联网与村庄治理、服务体系的深度融合。G 村充分发挥 QQ、微博、微信、移动客户端等新媒体在引导村民组织邻里互助、参加村庄活动和参与村庄公共事务等方面的积极作用，创新村庄治理模式。G 村虚拟治理空间提高了村庄管理和服务工作效率，使信息资源开发不断满足管理村庄、服务村民的需求。

（二）权力再生产：发展村级集体经济

新中国成立后，在农村逐步实施土地改革和互助合作运动，并在 20 世纪 50 年代建立人民公社体制，人民公社实行"三级所有、队为基础"的政社合一体制，生产队作为农民基本的生产与生活单位❶，统一组织生产和分配生活需求品，生产队为基本核算单位❷。人民公社时期的"一大二公"，强调将农民个体生产资料入社，生产资料归集体所有。在人民公社体制下，社员在生产队的领导下从事集体经济的生产，可以说，人民公社时期的集体经济发展程度高，集体经济直接影响社队发展和社员生活。随着人民公社体制的瓦解，家庭联产承包责任制逐步实行，农村由此获得跨越式发展。家庭联产承包责任制不同于人民公社的集体生产，它是将农村集体生产资料分田到户，由家庭向集体承包土地，并作为生产单元和生产主体从事生产经营活动；家庭联产承包责任制具有集体产权和个体经营的特征，它是一种"以家庭经营为基础的统分结合的双层经营体制"❸。"交够国家的，留足集体的，剩下都是自己的"，农民具有生产经营自主权，农民的生产积极性被极大地调动起来。❹ 同时，这一时期大部分农村通过分田到户，导致村级集体经济体量严重缩小，甚至逐步消失。然而，有些地方的农村由于自然和社会条件等因素，并没有实施分田到户，而是利用国家当时轻工业欠缺的经济特点，通过村级集体经济发展轻工

---

❶ 贺雪峰. 农民组织化与再造村社集体 [J]. 开放时代, 2019 (3): 186 – 196.
❷ 贺雪峰. 如何再造村社集体 [J]. 南京农业大学学报（社会科学版）, 2019 (3): 1 – 8, 155.
❸ 黄振华. 能人带动：集体经济有效实现形式的重要条件 [J]. 华中师范大学学报（人文社会科学版）, 2015 (1): 15 – 20.
❹ 贺雪峰. 农民组织化与再造村社集体 [J]. 开放时代, 2019 (3): 186 – 196.

业，实现村庄的跨越式发展，其中发展成功的"明星村"，有华西村、南街村等。但整体来看，农村集体经济在不同时期发展程度不同，同时我国各地区的集体经济发展程度也呈现出巨大差异，其中东部地区村庄集体经济较为发达，而中西部地区的村庄集体经济相对薄弱，有些村庄在土地承包责任制后实施集体资产的完全分田到户，致使村庄没有任何集体经济，成为完全意义上的"空壳村"，村级组织则全部依靠上级政府拨款才能够维持运行。

21世纪初，随着"三农"问题的越发严重，国家在2006年实施农业税减免政策，原先以收缴农业税为纽带的农民与村集体联系逐步减弱，同时国家开始实施工业反哺农业、城市支持乡村的资源下乡政策。在城镇化进程中，农村逐步显现出空心化、空巢化和老龄化，导致血缘、地缘等传统关系纽带作用减弱，农民集体意识降低，产生"事不关己，高高挂起"的心态，农村公共性面临困境，村庄共同体受到不同程度的消解。中西部地区的农村普遍存在"空壳化"现象，以及集体经济效益低下、农村人才流失严重和发展不平衡、集体负债严重等突出问题。[1] 村级组织难以有效动员农民参与村庄公共事务和集体活动，农民组织化程度低，农民的离散化趋势显著，村干部的治理权威减弱，农民由具有集体意识的共同体变为原子化的个体存在，乡村治理表现为悬浮型治理特征。

城镇化促使城乡流动加速，大批农民迁移至城市，同时农村农业税的减免，使得农民进入城市逐步由"弃地"进城转变为"带地"进城[2]，农民不愿失去土地承包权的资格，导致大量土地抛荒现象的出现，进而呈现土地无人耕种和缺少耕种土地的结构矛盾。此外，农村土地新一轮承包权的"增人不增地，减人不减地"政策，使得村级组织缺少重新统筹调整抛荒土地的能力[3]，村级集体经济缺少发展的空间，导致村级集体经济衰弱。基于此种情况，国家将土地所有权、承包权和经营权"三权分置"，即村集体拥有村庄土地的所有权，土地的承包权和经营权属于农民。农村实施土地承包权和经营权分离，农

❶ 郭晓鸣，张耀文，马少春. 农村集体经济联营制：创新集体经济发展路径的新探索：基于四川省彭州市的试验分析 [J]. 农村经济，2019 (4)：1-9.

❷ 李飞，杜云素. "弃地"进城到"带地"进城：农民城镇化的思考 [J]. 中国农村观察，2013 (6)：13-21, 92.

❸ 贺雪峰. 农民组织化与再造村社集体 [J]. 开放时代，2019 (3)：186-196.

民可以将土地经营权流转给"中坚农民"或者农业企业。同时，农民通过政府颁发的土地确权证，确保自身利益在土地流转中不受损害。农村土地的"三权分置"，使得村集体可以统筹分配进城农民的土地，将闲置和抛荒土地进行土地流转❶，通过资本下乡的农业产业发展，成立土地流转等专业合作社，以此壮大村庄集体经济。总体而言，随着国家资源对农村输入力度的加大，农村集体经济发展形式多样，发展农村集体经济成为重塑乡村治理体系和治理能力的重要内容。

空间改造型村庄通常是普通农业型村庄，其治理目标主要是发展村级集体经济和带动村民致富。目前在消除"薄弱村""空壳村"的背景下，主要是通过发展村级集体经济，提升治理主体在村庄空间改造和发展上的组织动员能力，实现空间改造的权力再生产。换言之，村庄治理主体通过村级集体经济进行权力再生产，构建村庄新型治理秩序，树立村庄治理权威。由于村庄共同体的消解，空心化村庄治理主体面临治理权威弱化的困境，村庄组织动员能力减弱，村庄缺乏内生发展动力。随着国家对乡村的政策由汲取型向输入型转变，村庄治理目标更多集中在发展村庄集体经济和改善村民生活两个层面。村民个体化的生活方式和社会关系，使得村级组织动员村民的难度加大，而发展壮大村庄集体经济，有利于重塑治理权威，增强村级组织的凝聚力，重塑村庄公共性。

G村在Y区相关部门的引导下，发展多种形式的村级集体经济，试图改变村级组织动员能力不强的局面，摘掉"薄弱村"和"空壳村"的"帽子"。G村2019年村级集体经济收入45万元。G村村级集体经济主要由以下四方面构成。第一，G村实施"支部+合作社"的村级集体经济发展经营模式，充分调动在外创业成功人士回乡创业，发展农业产业，成立组建了"G村养殖专业合作社"。G村村集体将40亩土地和80万元的党建扶持发展项目资金用作投资，与合作社实现入股经营，并占有合作社55%的股份，实施春椿采摘和雷竹笋项目，以及蔬菜大棚种植项目。G村养殖专业合作社共种植903个蔬菜大棚，占地面积500余亩，它是T市菜篮子工程，每年为村集体增收28万元。

---

❶ 贺雪峰. 乡村振兴与农村集体经济 [J]. 武汉大学学报（哲学社会科学版），2019（4）：185－192.

第二，G 村养殖专业合作社通过帮扶村内民营企业，实现互利共赢，并以此为合作社的长期发展提供平台。合作社帮扶村内民营企业，JH 家庭农场种植金丝黄菊 120 余亩。因该企业购买烘干机资金不足，G 村养殖专业合作社入股 30 万元原始资金给该企业进行资金周转，并且申请新型经营主体和家庭农场项目 20 万元。JH 家庭农场解决了村民的长期就业问题，拓宽了村民增收渠道，同时也壮大了村集体经济，村集体每年增收 5 万元。第三，G 村结合当地田园综合体的实施，成立村级集体劳务队，为企业提供劳动服务。G 村村民每年劳务收入可达到 110 万元，村集体可收益 5 万元。随着村集体收入的增长，G 村村"两委"在村民中的权威不断提升。第四，G 村将原有村集体房屋资产承租出去，每年收入 7 万元。总而言之，村庄空间流动，使得村民生产空间发生改变，村民生产方式由传统农业生产转为农业生产和非农生产的结合形式。由于土地流转和规模化经营等，传统的小农生产逐渐消失，农民成为兼业农民，土地耕种面积有限，农业生产占家庭主要经济来源比例较少。G 村村"两委"在空间改造过程中，一方面，通过"村集体 + 农户"等形式，引导村民积极参与村级集体经济发展，构建村庄与村民的利益共同体，促进村集体创收和村民致富；另一方面，通过发展村级集体经济，增强村庄治理资源，树立村庄治理权威。

空间改造型村庄通过发展村级集体经济，将村级集体经济作为村庄的重要治理资源，增强村庄治理的自主性，强化治理主体的组织动员能力。尤其是在村庄治理丧失传统治理资源的前提下，发展村级集体经济有利于改变空间改造型村庄治理能力弱化的现状。吉登斯曾将资源分为"权威性资源"和"配置性资源"。[1] 在村庄治理场域中，"权威性资源"主要是指治理主体的个人权威和村民对其的认可程度，"配置性资源"则是指村庄物质资源，包括以资源、资产、资金为代表的村庄"三资"。村级集体经济作为"配置性资源"的主要形式，在治理主体内生性权威不断衰落背景下，发挥着村庄治理资源的重要作用。此外，村级集体经济在提升村庄治理自主性的同时，还具有为村民提供就

---

[1]　安东尼·吉登斯. 民族—国家与暴力 [M]. 胡宗泽，赵力涛，译. 北京：生活·读书·新知三联书店，1998：14 – 17.

业机会、公共服务、社会福利及维持村庄秩序等村庄治理功能❶，从而整合村庄治理资源，实现村庄治理权力的再生产。

三、治理关系：流动共同体再造与网络空间联结

空间改造型村庄的空心化现状，其主要特征是人口流动性强，人口流动意味着传统村庄共同体的联结作用减弱。传统乡村社会是实体治理关系，治理主体和治理对象的互动是面对面的。当前，人口流动使得这种实体治理关系缺少正常运行的条件，导致村庄治理面临"缺场"困境，村庄共同体逐步解体。网络空间作为村庄联结纽带，它不仅能够促使村庄虚拟治理空间和共同体的再造，还可以推动治理关系由实体关系向虚拟关系转变，将远距离的不同空间主体拉入同一虚拟治理空间，从而构建空心化村庄的流动共同体。空间改造型村庄的虚拟治理关系，主要是应对空心化的结构困境，通过网络空间的运用，治理主体能够对"不在场"的治理对象实施"缺场"治理，进而形成空心化村庄的流动治理，以增强村庄治理能力。

（一）流动共同体再造：重建联结纽带

滕尼斯认为，共同体应该是"建立在自然情感一致基础上、紧密联系、排他的社会联系或共同生活方式"。❷ 当前，城乡流动的加速，村民间的联结纽带减弱，个体化的生活方式开始进入农村，农村呈现出"马铃薯化"和"原子化"特征。一方面，资本下乡改变了村民传统的生计模式，原本互帮互助的集体生活消失，具有集体意识的共同体受到冲击，传统农村的道德准则、礼俗规范逐步失效。另一方面，村民对村庄公共活动和公共生活逐步冷漠，对于村庄整体发展漠不关心，村庄公共空间和定期的公共活动形同虚设，导致农村社会生活市场化、社会关系利益化、农民交往功利化。❸ 传统村庄共同体逐

❶ 狄金华，曾建丰. 农地治理资源调整与村级债务化解：基于鄂中港村的调查分析 [J]. 山东社会科学, 2018 (11)：58-65, 81.
❷ 斐迪南·滕尼斯. 共同体与社会 [M]. 林荣远，译. 北京：商务印书馆, 1999：78.
❸ 吴理财，刘磊. 改革开放以来乡村社会公共性的流变与建构 [J]. 甘肃社会科学, 2018 (2)：11-18.

渐由一个紧密的治理单元变成了一个松散的治理单元，村庄公共生活和集体行动减少，村级组织无法有效调动村民参与村庄事务。同时，农民将时间精力投入个体家庭生活中，农村社会的原子化与异质化程度不断加深，村庄共同体日益瓦解。❶

> 现在村里都是老弱病残，年轻人都出去赚钱去了，就连过年的时候，村里都没有以前那么热闹了。(20190613 – G 村村干部 CXT)

村庄共同体的消解是农村社会结构变迁的重要表现。传统村庄共同体既有价值观取向的类似，也有利益诉求的相同，农民具有强烈的集体意识，由此组成的共同体具有较强的同质性。乡村社会的传统共同体包括地域共同体、价值共同体、利益共同体等，其中地域共同体作为客观实体存在，它是村民可以感知的共同体。由于生活在一起，地域共同体带给农民的集体意识最为显著，所谓"远亲不如近邻"，正是熟人社会的地域共同体的表现。地域共同体往往是农民根据居住距离形成的关系圈，反映了同一地域内相近的关系网络。价值共同体和利益共同体中的农民则拥有相似的价值取向和利益诉求，因为长期居住在一起，生活方式、生产方式和思维方式具有相似性，因此价值共同体和利益共同体是在地域共同体基础上逐渐形成的。

空间改造型村庄的共同体不同于传统封闭的共同体，它是兼具开放性和流动性的个体化的流动共同体。传统村落是熟人社会的共同体，表现在相似的价值观、利益观和人际圈，并且是基于"伦理"和"人情"的农村社会结构。而村庄空间流动所导致的村民经济利益上的分化和心理上"陌生人化"的趋势，打破了地域共同体的形成基础，逐渐形成"关起门过日子"的普遍心态。❷ 空心化村庄的流动共同体再造的基础是重建联结纽带，流动共同体在联结纽带的基础上形成和发展，并依靠联结纽带的性质形成特色鲜明的共同体。空心化村庄空间流动的特征，使得网络空间成为塑造乡村社会认同纽带的重要方式。因此，网络空间是流动共同体再造的重要联结纽带，它将分散和"不

❶ 杨郁，刘彤. 国家权力的再嵌入：乡村振兴背景下村庄共同体再建的一种尝试 [J]. 社会科学研究，2018 (5)：61 – 66.
❷ 钱全. 分利秩序、治理取向与场域耦合：一项来自"过渡型社区"的经验研究 [J]. 华中农业大学学报 (社会科学版)，2019 (5)：88 – 96.

在场"的治理对象组织动员起来，有利于改善治理关系。网络空间不同于实体空间，网络空间可跨越地域空间的阻隔。在网络空间中各个主体间的沟通，主要是依靠网络节点进行联系，其联结方式不是传统"面对面"的交往和联系，而是依靠网络信息的沟通。空心化村庄通过网络空间的联结纽带，将"不在场"的治理对象拉进村庄治理空间，进而实现村庄的重新整合。网络空间作为自由话语的空间，促使村民的"共同在场"和"公共交往"。村民可以不受实体空间的限制，通过网络空间"在场"参与村庄治理，重建流动共同体，拓展村民的社会关联，促进网络空间中的各个行为主体形成持续互动和共同行动。

卡斯特认为网络空间中群体是以社会认同为中心而集结形成。❶网络空间作为乡村社会公共空间的延伸，村民在网络空间中消除疏离感与陌生感，逐步从"私人领域"转向"公共领域"。❷ G 村外出打工的村民占村庄总人数的比例较高。村"两委"通过运用虚拟治理空间，一方面，提高村民参与村庄治理的积极性，使村民足不出户便可了解村庄各类公共事务，外出务工的村民虽然远离村庄空间，也能知晓村庄发展的动态；另一方面，强化村民身份认同，尤其是外出务工人员的自我认同，将分散各地的村民集聚在网络空间中，形成网络空间的流动共同体，增强外出务工人员的凝聚力和集体感。可以说，网络空间是再造流动共同体的联结纽带。网络空间作为弥补传统公共空间萎缩的重要途径，承载了传统公共空间的社会交往功能，能够重振流动共同体的活力。❸

> 有时在群里发个红包，大家抢一下，就开始互相聊天了。这样挺好的，不然我们现在在外面的人，一年都说不上话。(20190602 – G 村村民 LF)

空间改造型村庄的重要特征是流动性，流动性使得村民对原有村庄的认同感减弱，村庄公共性逐步流失。首先，村民外出务工进入城市，久而久之，他们对"生于斯，长于斯"的乡村社会的认同感降低，其中尤以外出务工的青

---

❶ 曼纽尔·卡斯特. 认同的力量 [M]. 曹荣湘, 译. 北京：社会科学文献出版社, 2006：416.
❷ 徐琴. "微交往"与"微自治"：现代乡村社会治理的空间延展及其效应 [J]. 华中农业大学学报（社会科学版）, 2020 (3)：129 – 137.
❸ 鞠真. 虚拟公共空间对基层治权的重塑：基于 A 镇实证调研 [J]. 天府新论, 2019 (5)：106 – 115.

年村民最为显著。长期在外打工的青年村民，向往城市生活，但由于多重原因形成"融不进、回不来"的城乡身份认同困境。然而，通过网络空间的互动，能够增强村民地域共同体的意识，强化对于他们所属村庄的身份认同。其次，网络空间唤醒乡村社会记忆，乡村社会记忆具有情感性，它是村民共同的情感记忆和文化基础。网络空间通过微信群图片、朋友圈等形式，唤醒村民集体的乡村社会记忆，特别是儿时乡村生活的记忆。村庄集体记忆是治理主体与治理对象互动的产物，也是乡村代际传承、乡村秩序建构、激发村民对乡村的情感的重要纽带，还是塑造村民乡村认同的重要力量。❶ 乡村社会记忆的唤醒在一定程度上重塑了村民身份认同，使离散化的村民强化了对家乡的认同感。最后，治理主体通过网络空间将本村在外居住的村民联结起来，以此撬动村庄治理资源，使村民外在资源信息可以在网络空间进行汇聚和交换，并借乡土情感进行公共交往，扩充和整合村庄的外在治理资源。简言之，网络空间作为空心化村庄的联结纽带，它是再造村庄流动共同体的重要基础。村民在网络空间的持续互动，不仅能够增进村民之间的公共交往，促使原子化的村民参与集体行动和公共事务，改变村庄公共性困境，而且可以塑造村庄流动共同体，不断强化村民对于村庄的认同感和归属感。❷

有的人在群里发村里以前的照片，我们就感慨啊，时间过得真快，这些照片都是我们小时候生活的模样，有时候真怀念那个时候的生活。(20190530 - G 村村民 ZAH)

（二）治理对象"缺场"与流动治理

流动是现代社会的重要特征，同时也是人们社会生活的主要形态。❸ 当前，随着网络空间的发展，个体、物品、想法、风险、技术以及社会网络都超越地理的界限，形成新的流动形式和流动关系，新的流动形式和流动关系相互

---

❶ 郭明. 虚拟型公共空间与乡村共同体再造 [J]. 华南农业大学学报（社会科学版），2019 (6)：130 - 138.

❷ 徐琴. "微交往"与"微自治"：现代乡村社会治理的空间延展及其效应 [J]. 华中农业大学学报（社会科学版），2020 (3)：129 - 137.

❸ 毛绵逵. 村庄共同体的变迁与乡村治理 [J]. 中国矿业大学学报（社会科学版），2019 (6)：76 - 86.

联结，并产生新的社会后果。对此，卡斯特将流动空间定义为"通过流动而运作的共享时间之社会实践的物质组织"，而共享时间之社会实践则是"空间把在同一时间里并存的实践聚拢起来"。❶ 因此，卡斯特强调流动是现代社会的主要特征之一，流动改变了处于社会结构中的行动者行动。鲍曼以"流动的现代性"，区分于固态的现代性，以理解现代社会的流动性。在鲍曼看来，流动性主要是指社会成员突破地理边界和社会边界，实现关系扩张、资源获取，以及社会流动的主体能力。❷

社会学对流动性的关注，主要集中在以人为主体的社会流动以及流动对社会结构造成的影响。❸ 流动性社会形态的形成，使得人们的归属感产生差异性，一方面，人们不属于任何组织或团体，进行原子化的个体生活；另一方面，人们不属于某个特定类型的组织或团体，但往往是多个组织或团体的成员，产生身份认同的"不确定性"。当前，农村社会结构由"熟人社会"转向"半熟人社会"，农村的传统社会联结纽带作用逐步减弱，农民之间的社会关系网络发生变化。G村流动人口主要是在城市务工，但无论是长期生活在城市，还是短期在城市务工，这部分流动人口主要是青年人居多。换言之，农村留守人口中老年人的比例较大。留守群体的数量占比大，使得村庄缺少主体发展力量，乡村空间的衰落和凋敝随处可见。

传统乡村社会作为一个封闭性共同体，村民外出流动的频率较小。随着改革开放后城乡流动的加速，村庄边界逐渐由封闭向开放转变，村民的流动性增强，并在流动过程中不断习得现代化生活方式。流动作为农村发展的主要特征，使村庄社会结构发生改变，村庄呈现空心化、空巢化和老龄化的特征。村庄治理关系随村庄流动性增强而变化，这种变化主要是"不在场"治理。村庄治理中缺少治理对象的参与，主要表现为"人户分离"，即村民户籍仍然在村，但工作生活在城市，村民不在户籍所在地生活，导致产生"人户分离"的现象。

---

❶ 曼纽尔·卡斯特. 网络社会的崛起 [M]. 夏铸九，王志弘，等译. 北京：社会科学文献出版社，2006：505.

❷ 齐格蒙特·鲍曼. 流动的现代性 [M]. 欧阳景根，译. 北京：中国人民大学出版社，2018.

❸ 王谦，文军. 流动性视角下的贫困问题及其治理反思 [J]. 南通大学学报（社会科学版），2018（1）：118－124.

　　村庄空间的流动性促使治理方式发生变化，国家权力难以通过传统治理方式进行下沉，导致村庄治理的低效和悬浮。传统治理方式是"在场治理"，治理主体与治理对象是"面对面"地直接交往和沟通。目前，村庄空间流动性特征显著，治理主体面临的治理难度越来越大。传统"面对面"的治理方式，在村庄流动性背景下，缺乏实施的基本条件，国家的政策制度等难以通过"在场"的形式贯彻执行。同时，村庄流动人口增加，治理对象的"身体缺场"，使"缺场交往"取代"在场交往"。❶ 因此，村庄治理由过去"在场"治理转为现在"缺场"治理，"缺场治理"成为村庄治理的重要方式。

　　综上所述，"流动性"改变了社会的基本构成要素和基本组织方式❷，重构了基层治理机制。传统地域性治理受到现代社会流动性特征的挑战，流动性正在重构社会治理的现实基础，社会治理需要主动纳入流动治理的逻辑。❸ 流动治理不同于传统治理模式，它作为应对社会治理变化的治理模式，强调治理主体应对治理对象的空间流动，采取不同于传统治理模式的治理方式。流动治理使得治理主体能够通过网络空间的联结纽带进行"远程办公"，避免出现由于治理对象的"不在场"，而造成无效治理的困境。换言之，流动治理是通过技术手段实现身体缺场情形下参与公共事务的治理行为。❹ 流动治理不仅增加了作为流动人口的治理对象，而且是以整体性的社会结构变迁对传统治理模式产生影响❺，并突出了治理主体的多元性、治理对象的流动性和治理手段的多样性❻，促进资源和权力在不同空间的流动、交换和互惠。简言之，流动治理是治理主体为应对治理对象的空间流动，而采取的治理手段，其中主要是通过网络空间的联结纽带，实现"缺场治理"。"缺场治理"主要依靠的是网络信息技术的运用，如微信、微博、QQ 等网络平台。网络信息技术可以突破空间

---

❶ 何钧力. 高音喇叭：权力的隐喻与嬗变：以华北米村为例 [J]. 中国农村观察, 2018（4）: 2 – 16.

❷❺ 吴越菲. 迈向流动性治理：新地域空间的理论重构及其行动策略 [J]. 学术月刊, 2019（2）: 86 – 95.

❸ 吴越菲. 地域性治理还是流动性治理？城市社会治理的论争及其超越 [J]. 华东师范大学学报（哲学社会科学版）, 2017（6）: 51 – 60.

❹ 何阳, 娄成武. 流动治理：技术创新条件下的治理变革 [J]. 深圳大学学报（人文社会科学版）, 2019（6）: 110 – 117.

❻ 谢小芹. "脱域性治理"：迈向经验解释的乡村治理新范式 [J]. 南京农业大学学报（社会科学版）, 2019（3）: 63 – 73.

地域的限制，进行"不在场的在场"，实现"缺场"的交往和沟通。因此，流动治理将传统治理手段与网络信息技术相结合，克服了治理对象流动性强的困境。[1]

空间改造型村庄的流动治理的社会基础是农村社会结构变迁，治理主体通过网络空间对远离居住地的流动人口进行有效治理。流动治理的主要平台不仅包括网络信息平台，如微信、微博、QQ 等，还有信息化的网络信息系统。流动治理通过构建网格化人工巡查的网络，借助视频监控、大数据分析等网络信息化手段，及时获取和处理村民的各项事务，以应对村庄空间流动的现状，实现智能化和网络化的治理形式。例如，G 村通过网络信息系统，运用自动拨通村民电话系统，不仅能够减少村干部的时间精力，而且可以提高村庄治理效率。因此，村庄治理通过网络信息技术，一方面，可以避免人格化特征影响治理过程，重视数字背后的治理效果；但另一方面，容易造成治理主体与治理对象的情感距离加大，不利于两者的有效沟通。尤其是治理主体过分强调数字化的治理效果，将导致治理过程不重视治理的实际影响，产生治理的悬浮和空转。

第四节　思考与小结

法国学者孟德拉斯在《农民的终结》中提出，"20 亿农民站在工业文明的入口处，这就是在 20 世纪下半叶当今世界向社会科学提出的主要问题"[2]。当前，中国农村面临现代化转型，乡村振兴战略无疑是推动农村转型发展的一剂强心针。空间改造型村庄的治理目标主要是突出发展型村庄的目标，提高治理能力和村民收入。空间改造型村庄代表着我国大多数传统村庄的转型过程。随着城乡流动加速，空间流动作为村庄的主要特征，导致农村空心化、农户空巢化和农民老龄化的结构困境出现。而村庄共同体的消解，使得村级组织难以有

---

[1] 何钧力. 高音喇叭：权力的隐喻与嬗变：以华北米村为例 [J]. 中国农村观察，2018 (4)：2 – 16.

[2] H. 孟德拉斯. 农民的终结 [M]. 李培林，译. 北京：社会科学文献出版社，2005：1.

效组织动员村民参与公共事务和集体活动，村级治理弱化成为目前农村普遍存在的问题。如何将原子化的农民重新组织起来，成为阻碍空间改造型村庄治理的重难点。❶ 空间改造型村庄通过运用网络空间的联结纽带，增强村级组织的组织动员和公共服务供给能力；同时，通过发展村级集体经济，提高村民的实际生活收入，增强村庄内生发展动力，从而为空间改造提供经济资本。

齐格蒙特·鲍曼曾提出："'流动的'现代性的到来，已经改变了人类的状况，否认甚至贬低这种深刻的变化都是草率的。系统性结构的遥不可及，伴随着生活政治非结构化的、流动的状态这一直接背景，以一种激进的方式改变了人类的状况，并且要求我们重新思考那些在对人类状况进行宏大叙事时起构架作用的旧概念。"❷

农村空间流动表现为农民在城乡之间流动，人们潜意识中的城市的拉力和农村的推力，促使农民向城市流动，并在城市居住生活，即农村向城市的单方面流入。随着乡村振兴等国家战略实施和国家资源下乡，农村基础设施和人居环境逐步优化，城乡之间往来的便利性增强。返乡农民越来越多，其中不仅有短期外出务工人员返乡，还有在城市生活多年的村庄精英，出现不同形式的城乡空间流动。可以说，以往城镇化进程中"推—拉"力主体是城市拉力和农村推力，现在逆城镇化的返乡"推—拉"力主体是城市推力和农村拉力。当前，高房价、堵车、上学难、就医难等城市问题凸显，生活成本不断增加。与此同时，农村基础设施不断得到改善，农村生活环境逐渐优化，加上故乡的情结和儿时的记忆，促使村庄精英返回乡村社会，并利用个体资源撬动村庄发展，为村庄治理增添资源和活力。

村庄空间流动的趋势，推动网络空间在乡村社会的崛起。网络空间是治理信息化的主要平台，村庄网络空间作为联结纽带，是村民普遍参与信息交流和交往联络的治理空间。❸ 网络空间将分散于不同空间的原子化村民进行"不在场"的重新整合，推动治理关系由实体转为虚拟。村庄网络空间作为自由话语的空间，促进村民"共同在场"和"公共交往"。虚拟治理空间作为网络空

❶ 丁波. 乡村振兴背景下农村集体经济与乡村治理有效性：基于皖南四个村庄的实地调查 [J]. 南京农业大学学报（社会科学版），2020（3）：53–61.

❷ 齐格蒙特·鲍曼. 流动的现代性 [M]. 欧阳景根，译. 北京：中国人民大学出版社，2018：33.

❸ 刘少杰. 网络空间的现实性、实践性与群体性 [J]. 学习与探索，2017（2）：37–41.

间的重要治理形式，它不仅提高了村民参与村庄治理的积极性，使村民足不出户便可了解村庄各类公共事务；而且强化了村民身份认同，尤其是流动人口的自我认同，再造空心化村庄的流动共同体。虚拟治理空间虽然可以促进协商自治和优化治理结构，但也存在一些治理弊端。首先，虚拟治理空间具有排斥性，排除了部分不会使用网络空间的村民，导致网络空间参与的代表性受限，影响虚拟治理空间的范围扩展。其次，虚拟治理空间针对村庄公共事务和议题进行广泛的讨论，这容易造成讨论的离散化，致使村民就公共事务和议题难以形成广泛的共识，降低虚拟治理空间的治理效率。最后，由于虚拟治理空间的门槛较低，在对村庄公共事务和议题的讨论中，易产生治理空间的群体哄闹，使虚拟治理空间的性质发生转变，动摇治理主体在虚拟治理空间的治理权威，不利于实体治理空间治理行动的开展。

空心化村庄流动人口的增多，促使村庄形成流动治理。流动治理不同于传统治理模式，流动治理的治理对象处于"缺场"状态。因此，治理主体通过流动治理的方式，实现不同地理空间的跨越。而流动治理主要是凭借网络信息技术实施精细化、精准化的治理方式，其主要特点是网络信息技术的运用，跨越地理空间阻隔进行流动治理。换言之，流动治理依靠网络信息技术，使得人们在不同空间地域进行沟通和交往，从而实现不同空间地域的有效治理。流动治理作为新时期重要的治理方式，不仅表现为治理方式的技术运用，而且体现在治理过程重视信息收集和数字反映。流动治理依赖于网络信息技术，但在实际治理过程中存在网络信息技术的双重效应，一方面，提高基层治理效率，便于流动人口的有效治理；另一方面，基层治理任务倍增，导致基层治理压力加大。

默顿在功能分析范式中指出，社会或文化事项具有不同的功能结果，要注意潜功能和负功能的存在。❶ 同样，网络信息技术是流动治理的重要手段，具有标准化、规范化的治理特征，将其在基层治理中广泛推广和运用，可方便上级政府对基层治理的监控和检查，能够显著提升治理效能。尤其是在人口流动性强的背景下，网络信息技术可以克服空间地域的差异性，提高不同空间地域的治理效率，有利于治理主体的操作和监督，使治理手段更加合理和规范。但

---

❶ 侯钧生. 西方社会学理论教程 [M]. 天津：南开大学出版社，2010：184.

是，我们也应该看到，它所代表的数字治理和治理硬度，使治理主体过分依赖数字表面和技术手段，并在治理过程中注重量化考核和专项治理，导致基层治理的悬浮化。一方面，基层为想方设法达到上级政府的数字要求，采取各项非常规治理行为，导致治理目标发生异化；同时，治理目标的数字要求，通过"层层加码"，使得基层的治理任务和治理压力剧增。另一方面，虽然网络信息技术能够适应流动治理新形势的变化，如对流动人口的有效追踪和管理等，但过密化的技术发展，不但增加治理成本，而且影响治理效能的边际优化。❶此外，流动治理缺乏传统"面对面"治理的情感温度，使治理主体和治理对象的情感距离加大，不利于两者的情感沟通和治理共同体构建。

---

❶ 王雨磊. 数字下乡：农村精准扶贫中的技术治理 [J]. 社会学研究，2016 (6)：119–142.

第六章

结论与讨论

随着城镇化的快速发展，城乡人口比例不断变化。自从 2011 年城镇化率达到 51.27%，即城市人口首次超过农村人口后，农村人口的数量不断减少，2021 年年底中国常住人口的城镇化率是 64.72%。[1] 目前，各地在乡村振兴背景下兴起"农民上楼""现代农业经营""资本下乡"等运动，彻底或部分地改变了农村原有的空间形态，导致农村空间呈现出多种空间形态。其中，不但有政府自上而下推动的空间重构，包括单元楼式的"撤村并居""村改居"社区、独栋单院的新型农村社区，还有农民自下而上改造居住空间的地域化村庄等。不同的空间形态反映出不同的治理体系和治理能力，空间治理作为理解空间变迁与基层治理的一个新视角，它关注的是空间形态与治理模式的适应性，以及治理过程中的空间维度。

空间变迁使得农村原有空间结构和空间关系发生不同程度的变革，而新的空间结构和空间关系对治理体系和治理能力要求不同。首先，"撤村并居""村改居"等社区作为空间重组型社区的变迁形式，拥有城市社区的外在物理空间，其治理体系和治理能力着重于学习借鉴城市社区治理机制。但是，由于社区居民是从"农民"身份直接转换而来，所以社区居民产生身份认同、社会适应等多重困境。同时，社区治理主体进行治理角色和功能转变后，更加强调社区服务，并运用网格化治理方式，提升社区治理的精细化程度，满足社区不同群体的利益诉求。其次，单栋独院的集中居住式农村空间，在资本下乡背景下，推动村民由分散居住转为集中居住，村民的生活空间、生产空间和村庄

---

❶ 国家统计局. 中国统计年鉴 2022 ［M］. 北京：中国统计出版社，2022.

公共空间发生变迁。虽然变迁程度不及"农民上楼"，但集中居住的空间形态将促使治理转型。具体而言，资本下乡嵌入村庄权力结构，形成村企合作治理，这不仅提升了村庄治理能力，还有利于减少村企之间的矛盾纠纷。最后，农民自下而上地改变居住空间，使村庄形成新、旧空间地域。空心化村庄的空间流动性特征显著，可通过吸引新乡贤等村庄精英返乡治村，重塑村庄治理的权力结构和治理能力，并以网络空间搭建治理主体和治理对象的虚拟治理空间，实现村落空间的流动治理。

第一节　空间治理：理解空间变迁与基层治理的一个新视角

一、空间治理的生成逻辑与内涵特征

列斐伏尔拓展了"空间差异"的概念，他通过从"抽象空间"到"差异空间"的研究议程，实现了一个真正意义上的"社会主义空间"。[1] 他认为，超越资本主义的空间生产方式，主要是寻求差异性权力，并促使差异的空间生产。列斐伏尔强调，差异权力是一种实践的权力，空间的差异权力拒绝空间的歧视、隔离和边缘化。[2] 空间形态是由空间变迁程度的不同，而形成的空间外在物质的表现形式。"差异空间"的直接体现是空间形态的差异，空间形态差异意味着空间结构内行动者的组织方式和联结纽带受到影响，并由外而内影响整体空间结构的权力运作和联结关系。

当前，"空间"与"治理"的互动关系，主要表现为空间的治理转向和治理的空间转向。[3] 其中，从空间角度来看，治理是在一个地域空间内的正式与非正式的治理过程。[4] 而空间是国家与个体、正式权力与非正式权力相互作用的场域，空间是人与人之间的权力控制、联结的场所，所以空间治理不仅是治

---

❶　刘少杰. 西方空间社会学理论评析 ［M］. 北京：中国人民大学出版社，2020：284.

❷　刘少杰. 西方空间社会学理论评析 ［M］. 北京：中国人民大学出版社，2020：289.

❸❹　张丽新. 空间治理与城乡空间关系重构：逻辑·诉求·路径 ［J］. 理论探讨，2019（5）：191－196.

理过程的重要维度❶，也是治理主体为了实现治理目标而进行共同管理的过程。治理遵循的是"主体—过程—结果"的内在逻辑，当治理转向空间治理时，其实质是"一种空间资源的生产与分配"❷。治理主体通过采用同质化、层级化和碎片化等方式来塑造空间。❸ 基层社会空间作为一个治理场域，基层社会外在物理空间的差异，使得基层治理的形式、内容和过程发生变化。基层社会的空间变迁与空间治理的联系，在本书中以三个案例的形式呈现，并以一种空间视角分析基层治理转型，搭建空间和治理之间的联结桥梁。因此，本书试图提出基层社会的"空间治理"，用其阐述和分析基层社会空间形态差异下的治理机制。

本书中的空间治理不同于地理学、规划学等学科的空间区域规划治理。本书提出的空间治理，不是物理空间规划、设计与应用，而是更加注重空间变迁后的权力主体的权力运作，以及由此产生的治理关系变化。地理学、规划学等学科的空间治理着重于研究城市规划设计的社会互动与公共参与❶，同时运用地理信息系统（GIS）等方法，分析行政区域边界的治理与国家宏观的国土空间资源的配置、管理和使用等。本书的空间治理重视空间形态差异所带来的基层治理体系和治理能力的不同，即将空间形态作为划分标准，对不同类型的基层空间形态进行分类。本书通过理想类型的构建，将空间变迁后的空间形态划分为空间重组型、空间集中型和空间改造型，这三种空间变迁类型分别对应着不同的基层空间形态。可以说，空间变迁作为基层治理的重要变量，导致基层不同治理模式的生成。

从基层治理的现代化来说，空间重组型社区的网格化治理是在城市社区的网格化管理体制基础上形成，反映了现代社区的治理模式。它具有高效的治理特征，侧重于社区居民的管理和服务。因此，在网格化治理中治理主体是提升

---

❶　茹婧，杨发祥. 迈向空间正义的国家治理：基于福柯治理理论的谱系学分析 [J]. 探索，2015（5）：61 - 65.

❷　闫帅. 从治理城市到城市治理：城市空间正义的政治学分析 [J]. 华中科技大学学报（社会科学版），2017（4）：6 - 10.

❸　安真真. 多维空间视角下社会关系变迁研究：以 B 市幸福城研究为例 [J]. 河北学刊，2020（4）：184 - 190.

❶　周晨虹. 社区空间秩序重建：基层政府的空间治理路径：基于 J 市 D 街的实地调研 [J]. 求实，2019（4）：54 - 64.

社区服务和治理水平的重要主体。空间集中型村庄的合作治理，顾名思义，其治理主体的特征主要是村级组织和企业进行合作治理。在当前资本下乡的背景下，社会资本进入农村，作为改造农村空间的重要主体之一，推动集中居住的空间变迁，并与原有村庄治理主体共同"经营村庄"。显然，村企合作治理能够提升治理主体对于集中居住的整体性治理能力。空间改造型村庄的流动治理是村庄治理主体应对农村空心化、农户空巢化、农民老龄化的结构困境，以及人口流动性强的现状，通过网络空间运用，增强村庄治理能力，实现人口流动背景下的"缺场"治理。

空间治理是在社会学学科背景下形成的一种新的分析视角，它以空间作为观察和研究基层治理的视角，是在空间变迁的情境下形成的新型治理模式。空间治理的重点是强调治理的空间逻辑，即治理过程中的空间视角和维度，可以说，空间与治理是相辅相成的关系。众所周知，社会学学科主要回答的是社会秩序是如何建构的，而空间变迁带来的基层社会关系断裂、规范模糊、权力冲突、秩序失调等问题，直接或者间接影响着空间变迁后的治理秩序。空间治理通过重构治理行动和治理关系，实现空间治理秩序的重建。因此，空间治理不仅是包含治理主体的各种空间治理策略和权力运作，还是维持空间正义和空间秩序的建构方式。传统治理往往关注治理方式和治理效果，即运用什么样的治理手段达至何种治理效果，并没有将空间作为治理的重要维度，重视治理的"技术"作用，却忽视了其他治理要素，如空间因素，使得基层治理缺少空间关怀。空间治理既关注治理中的"物"，又关注"人"，即物理空间变迁和社会空间变迁的治理影响。换言之，空间治理不同于传统基层治理模式，空间治理突出空间对治理的全过程影响，尤其是空间对治理主体和治理对象及其两者间治理关系的影响。首先，治理主体将空间作为权力运作的主要方式，运用空间分配、空间规划和设计等治理技术，将空间作为重要的治理策略。其次，空间治理关注治理对象的个体空间和公共空间变迁，这种变迁改变着传统治理内容和治理方式，迫使传统治理模式进行创新，以更加有效地应对治理对象的社会空间变革。最后，空间治理将治理共同体作为治理的落脚点，重视空间变迁带来的联结纽带和治理关系的变化。本书中"微共同体"、文化共同体和流动共同体分别从形式、内容和特征等方面，分析不同空间形态下基层社会共同体中的治理关系。

空间治理强调空间形态与治理模式的适应性，以空间作为治理的起点和终点，关注空间治理技术的运用，并分析空间变迁对空间结构内在行动者的组织方式、社会关系和权力结构的影响。空间治理关注空间变迁对基层治理的影响，其作用机制首先是空间变迁作为外在物理空间变化作用于其中的农民，表现为农民生活空间、生产空间、关系空间等，以及农民活动的公共空间变化。然后是农民的社会空间和村庄公共空间变化，这影响着治理内在构成要素，导致治理主体和治理对象的角色和功能发生变化，进而产生治理目标、治理策略、治理手段等差异。空间治理与空间变迁是相互作用的关系，主要表现在两方面。一方面，空间变迁为空间治理提供外部条件和治理情境；空间变迁改变原有治理模式的内在要素和运行机制，重构新的权力结构和治理关系，推动空间治理模式的应运而生。另一方面，空间治理建构适应新的空间形态的权力主体和治理策略，并通过空间治理主体的权力运作，促使空间变迁中的行动者适应空间转换和身份认同。空间变迁分为空间重组型、空间集中型和空间改造型，从江镇三个不同空间形态的治理实践来看，空间变迁使得农民的生产和生活方式发生改变，进而影响治理的内在运作机制（见表6-1）。

表6-1　空间变迁与基层治理

变迁类型	变迁形态	变迁动力	空间重构		治理主体		治理过程		治理关系	
			生活空间	生产空间	公共空间	权力结构	治理策略	治理能力	联结关系	联结纽带
空间重组型	"农民上楼"的社区单元楼空间	政府自上而下推动	立体化和交织性	现代化和非农化	稀缺性和私人化	主体重组和权威重塑	网络化治理与"楼宇自治"	扩大内外治理资源	空间"微共同体"	情感关系
空间集中型	集中居住的新型农村空间	"政府+资本"推动	闲暇生活空间消失	资本下乡与生产空间产业化	空间规划与"正式"公共空间兴起	"能人治村"与"经营村庄"	治理主体下沉与空间治理技术	村企合作治理	文化共同体重建	公共文化
空间改造型	分散居住的农村空间	村民自下而上推动	空间消费与生活空间改造	土地流转与生产空间易地化	娱乐空间与非正式公共空间崛起	主体改造与"新乡贤治村"	网络空间运用与治理权力再生产	增强村级集体经济	流动共同体再造	网络空间

空间重组型社区的外在居住空间和城市社区一样，空间结构内的行动者身份发生变化，由"农民"转为"居民"，"农民上楼"后的身份认同和社会适应成为社区治理面临的主要困境。因此，空间适应是治理主体的治理重心。治理主体在由村庄治理转为社区治理的过程中，需要重构"低治理权"和弱治理资源的权力结构。针对"农民上楼"的生活空间和生产空间的社会适应，采用网格化治理和"楼宇自治"相结合的治理策略，通过"软硬兼施"的情感治理，重建社区"微共同体"。同时，居民的空间转换是由于服从国家制度安排而产生的，因此治理主体在行动和心理上会尽量满足居民的利益诉求，由此两者之间形成了"父爱主义"的依赖关系。

空间集中型村庄由分散杂乱的居住空间转变为集中居住的居住空间，村民的生产和生活方式发生变化。集中居住的空间变迁，促使治理权力和治理策略产生改变。空间集中型村庄的空间建设与资本下乡相结合，治理主体面对集中居住的空间形态，通过村企合作，增强治理能力，推动治理主体的"资源互补、优势互借"。空间集中型村庄治理不同于传统村庄治理，它强调利用集中居住的空间特点，采取治理下沉的方式，提升治理效率，并运用议事协商的形式，提高治理权威和村民生活满意度。治理主体对集中居住的公共文化空间进行有效治理，将公共文化作为联结纽带，营造集体意识，重建文化共同体。

空间改造型村庄治理重心随村庄空间形态变化而转移，空间改造型村庄与大多数传统型村庄一样，村庄人口流动性强，其结构特征主要是空间流动。治理主体吸引新乡贤等村庄精英群体返乡治村，改造村庄权力结构，增强村庄治理能力。空间改造型村庄由于村民流动性特征显著，村庄治理难以"在场"治理，所以村庄治理通过网络空间，实现村庄的流动治理。同时，通过虚拟网络空间搭建治理平台，再造社会联结纽带，构建虚拟治理关系，以增强村民身份认同和拓展村民自治协商，重建流动共同体。

空间治理力图概括空间与基层治理之间的关系。空间治理凸显了空间既是外在物理空间，也是内在空间结构和关系，两者构成空间的重要表现形式。因此，空间治理不仅体现在外部物理空间形态的治理，更是空间内部社会关系和权力结构的重塑，其重点是空间形态与治理模式的适应性。综观目前基层社会的空间变迁，我们会发现无论空间变迁程度强弱，其内部空间结构和空间关系都会发生一定程度的变化，这种改变将推动基层治理逐步朝着正式化、规范化和制度化的方向转型。究其原因，一是空间实践主体的身份发生变化，乡村社会中的"农民"转变为"居民"，服务诉求也随之提高，身份转变使得基层治理共同体的性质转变。二是空间变迁往往伴随着资源下乡，基层社会的空间建设资金巨大，为保证空间建设资金的合理分配和使用，建立了一系列空间建设的制度规则，正式治理规则的下乡，推动基层治理制度化。三是基层社会的空间变迁剧烈，这意味着外在物理空间类同于城市社区，如"村改居"社区、"撤村并居"社区等，这些社区融入城市发展序列后，其治理必然不同于传统村庄治理。因此，这些新型社区通过借鉴城市社区治理机制，其治理权力的规范性逐步增强。综上所述，空间变迁与基层治理的关系是一个相互适应的关系，即空间变迁后的空间形态对应着不同的治理模式。空间变迁作为治理模式变化的外部动力，它推动着基层治理转型，其中，空间变迁程度越强，基层治理越凸显规范化和正式化。

二、空间治理与权力运作：变迁主体的行动逻辑

基层社会空间变迁包含多种形式，如"村改居"社区、失地农民安置社区、易地扶贫搬迁等。在基层社会空间变迁中，空间塑造的主体可分为不同类型的塑造主体，其中包含国家、基层政府、社会资本、基层民众等。空间变迁主体的行动逻辑主要有国家的行政逻辑、资本的市场逻辑和村民的生活逻辑❶，不同主体对空间变迁的利益诉求不同，因此在基层社会空间变迁中存在着不同主体的权力运作。在福柯看来，空间作为一种治理技术，是国家进行政治管理的重要方式。空间变迁中的空间治理并不是乡村社会空间发展的自然过程，它更多体现了国家的制度安排、基层政府治理行为和村民之间的互动关系，这种互动关系表现为不同主体的权力运作逻辑。❷ 换言之，空间变迁是国

❶ 颜德如，张玉强."接点治理"：乡村振兴中的公共空间再造：基于上海市 Y 村的空间治理实践 [J]. 理论探讨，2020（5）：160－167.
❷ 陆益龙，韩梦娟. 村落空间的解构与重构：基于华北 T 村新型农村社区建设的考察 [J]. 社会建设，2020（1）：44－57.

家力量与基层回应共同作用的结果❶，这反映出空间变迁自上而下的空间治理逻辑和自下而上的空间实践逻辑。治理逻辑是将空间作为治理工具，突出空间的权力价值。实践逻辑是将空间作为展开日常实践的场所，强化空间的使用价值，维护个体的空间权益。❷

（一）国家：制度安排与权力下沉

在基层社会空间变迁中，国家的角色和地位往往是空间变迁的主导力量，拥有乡村社会空间变迁的绝对话语权。国家对乡村社会的空间治理逻辑成为村落空间变迁的主导逻辑，这是因为基层空间变迁的项目审批、资源划拨等，主要依靠国家自上而下的行政资源。尤其是在当前土地审批制度严格的情况下，乡村社会的空间变迁基本上是按照国家对村落空间的长期规划和安排进行重组和改造。同时，国家各项制度安排也在不断强化国家的治理逻辑。项目制作为"项目治国"的重要手段，其实质是国家权力下沉所采取的技术性治理控制手段。❸ 项目制能够增强国家对项目执行的全程监控，这种对项目的监督控制，主要是通过自上而下的资源监督，使得基层政府按照国家正式制度和治理规则执行，推动国家正式制度在乡村社会的落地。因此，国家通过项目制等资源下乡方式，潜移默化地改变着基层治理模式。

传统基层治理秉承着"皇权不下县"的格局，国家权力对于基层治理的影响力有限，基层治理主要是非正式治理和人格化权威治理。基层社会的非正式治理相较于正式治理，一方面，可使国家的治理成本得到较好的控制；另一方面，基层社会拥有一定的治理自主权，能够结合地方文化习俗进行非正式治理。新中国成立以来，国家不断强化对乡村社会的控制，并在集体化时期控制乡村社会的政治、经济、文化等，成为"全能型政府"。随着家庭联产承包责任制和农村税费减免的实施，国家抽离于乡村社会，逐步形成国家权力悬浮于

❶ 崔宝琛，彭华民. 空间重构视角下"村改居"社区治理 [J]. 甘肃社会科学，2020（3）：76–83.

❷ 安真真. 多维空间视角下社会关系变迁研究：以 B 市幸福城研究为例 [J]. 河北学刊，2020（4）：184–190.

❸ 朱静辉，林磊. 空间规训与空间治理：国家权力下沉的逻辑阐释 [J]. 公共管理学报，2020（3）：139–149.

乡村社会的局面。新时代，国家资源下乡和基层治理现代化要求，使得国家权力不断嵌入乡村社会，国家权力在乡村社会中的角色越来越突出，并成为乡村社会空间变迁中的主导力量。国家权力改变着基层治理的内在要素和发展模式，推动基层治理规范化和行政化，从而实现国家主导的基层空间治理。换言之，国家将空间变迁作为一项制度安排，使乡村社会按照国家意志进行空间建设，对乡村社会空间变迁的控制力逐步增强，进而建构空间治理权力的合法性。例如，空间变迁中的公共空间充满着国家权力的政治符号，具有政治意义上的教育和规训作用。❶ 公共空间是公共权力的符号和形式，它是权力主体所要塑造的空间载体。公共文化空间作为政治和文化符号形式，在潜移默化中将意识形态内化于村民的思想。

　　此外，国家作为行政权力实施的主体，通过自上而下的制度安排，推动国家权力下沉至基层社会，使国家意志在基层社会得到贯彻和执行，以确保基层能够按照国家的发展轨道稳定发展。国家基础权力是迈克尔·曼提出来的，它强调国家对基层社会的控制力，主要概括为"国家渗透公众社会、在整个领域以提供后勤补给的方式贯彻政治决策的能力"❷。当前，国家治理体系和治理能力现代化的要求，突显了国家基础权力建设的重要性。国家建设乡村社会的基础权力，有利于国家增强在乡村社会的组织动员能力。同时，国家权力下沉至基层社会，不但改变了传统基层治理中的非正式治理，减少基层治理过程中的制度外因素影响，而且促使国家正式治理规则逐步取代地方非正式治理规则，推动基层治理向规范性治理的方向发展。简言之，国家在乡村社会空间变迁中的权力运作，主要是通过自上而下的治理资源控制，掌控乡村社会空间变迁的过程和目标。国家以行政力量推动乡村社会的空间变迁，并以此为基础推进行政主体的空间治理。例如，在 S 社区的空间建设过程中，国家规定社区的建设规模和建设标准，以及空间置换的补偿方案，S 社区按照国家相关政策标准进行空间建设，避免了在空间建设中的无序和混乱。同时，政府积极推行社区治理模式，并形成以行政为主体的空间治理。

---

　　❶ 靳永广，项继权. 权力表征、符号策略与传统公共空间存续 [J]. 华中农业大学学报（社会科学版），2020（3）：119－128，174－175.
　　❷ 狄金华. 空间的政治"突围"：社会理论视角下的空间研究 [J]. 学习与实践，2013（1）：90－96.

（二）基层政府：政绩"打造"与权力再生产

基层政府在压力型体制下，其主要行政动力来源是政绩能力的显现，凭借政绩能力在"政治锦标赛"中获得优势。基层政府处于国家和民众的中间位置，具有承上启下的治理结构角色。一方面，基层政府承接上级政府的各项治理任务，在基层治理过程中，获得国家自上而下的治理资源。"政治锦标赛"的逻辑凸显了基层政府治理资源的重要性，尤其是国家自上而下的治理资源，往往成为基层政府治理能力高低的外显标志。换言之，基层政府获得国家各项治理资源越多，它在"政治锦标赛"中优势地位就越突出，基层政府的行政人员就越能够实现政治晋升。因此，基层政府的主要目标是在国家资源下乡背景中，得到相对较多的国家资源，以此拥有日常治理行动的资金、技术、人员等。另一方面，基层政府作为村级组织的管理者，它将国家制度的内容和形式传递到基层，并给予治理任务的合理分配，同时将基层的实际发展情况和治理机制创新方式上报至上级相关部门。此外，由于基层政府直接连接着村庄社会，基层政府运用非正式治理策略，能够调和国家正式制度与乡村传统习俗之间的张力。

综上所述，各地基层政府之所以热衷于推动乡村社会空间变迁，其中最为主要的是因为政绩工程的"打造"。乡村振兴和美丽乡村的政策话语，使基层政府谋求乡村社会空间形态的突破。空间变迁中的整体性居住空间，给人眼前一亮的视觉冲击，整洁的农村人居环境成为乡村振兴和美丽乡村的外在显像。因此，基层政府往往以乡村社会的空间变迁作为乡村振兴和美丽乡村建设的突破口。基层政府通过村庄空间变迁在属地内打造"亮点"工程，使其在上级政府考察中有可供视察的"亮点"。

基层政府积极以村庄空间变迁打造政绩"亮点"工程，同时也在空间变迁中实现了空间治理权力的再生产。基层政府通过国家制度安排的执行，获得了空间实践权力，并以此实现空间治理权力的再生产。国家制度的运行需要自上而下的执行者，基层政府作为国家政策制度的执行者，在执行政策制度过程中，实现权威重塑和权力增长。其中，空间治理权力再生产主要有以下两方面原因。一是在村庄空间变迁中，基层政府掌握着治理资源的分配权力。基层政府根据主观行政意愿和村庄客观发展情况，在众多村庄中选择合适的空间变迁村庄，并赋予一定的治理资源。显然，基层政府在选择村庄过程中，这些有意愿进行空间变迁的村庄，将会利用各种方式"巴结"基层政府，以此推动村容村貌发生改变。二是村庄空间变迁往往是多个行政村的"合村并居"，传统村庄治理权威逐步消失，新的治理权威在新的社区空间中难以短时间内重塑。这时，基层政府成为这些"新居民"的国家权力代表，基层政府在新的社区空间中进行空间治理权力安排和制度设计，指导新的社区空间建立新的治理主体。因此，基层政府在空间变迁中可以实现空间治理权力再生产，并直接影响空间变迁后的基层权力结构。

（三）基层民众：空间适应和权力抗争

基层民众作为空间实践的主体，他们是具有能动性的行动者，将空间变迁的自上而下治理逻辑与自下而上权利诉求相融合。空间权利诉求是行动者集体行动的内在动机，而行动者进行集体运动的过程，其实质是社会动员与社会整合的过程。❶ 列斐伏尔提出，空间生产将会产生空间的权利抗争。❷ 在空间变迁中，村民的空间权利往往容易被忽视。但是，村民作为具有主观能动性的行动者，其对空间资源的权利抗争是争取空间权利的重要方式。例如，在 S 社区中缺少居民公共活动空间，S 社区居民为此经常通过信访渠道向江镇和 T 市相关部门反映情况，其中尤以社区老年人居多。L 村的集中居住区域，在建设之初规划配套相关产业，其中包括引进的 L 村养鸡场。L 村养鸡场虽然雇用了村庄较多剩余劳动力，但是村庄环境却受到影响。养鸡场气味弥漫于村庄内外，尤其是夏季，村民的日常生活都受到影响，离养鸡场近的村民家基本门窗紧闭。为此，L 村村民每天轮流拨打"市长热线"、相关部门以及 T 市信访部门的电话。经过区环保局、区农业局、L 村村"两委"和养鸡场的协商，将养鸡场搬迁至村外的其他场地，村民的生活逐步恢复正常。

在乡村社会的空间变迁中，基层政府遵循着"政绩"逻辑，村民则主要践行"生计"逻辑，即如何在空间变迁中确保家庭的日常生活和生产不受影

---

❶ 崔宝琛，彭华民. 空间重构视角下"村改居"社区治理 [J]. 甘肃社会科学，2020（3）：76－83.

❷ 王艺璇，刘谞. 空间边界的生产：关于 B 市格林苑社区分区的故事 [J]. 社会学评论，2018（4）：77－86.

响。村民在这种"生计"逻辑指引下，对空间变迁中的利益诉求也会有所差异。村民的利益诉求需要内在权利意识作为保障，可以说，当前乡村社会的空间变迁促使村民的权利意识得到增强，而这种权利意识往往能够促成村民的集体行动。尤其是在宅基地补偿和空间资源争夺方面，因为这些空间关乎村民的切身利益，因此空间变迁搅动了原先稳定的村庄权力结构。例如，村民在空间变迁中对空间置换的标准和补偿，提出自己的利益诉求。尽管当地政府按照国家设定标准进行补偿，但是村民认为补偿标准过低，便联合村庄其他村民抵制宅基地拆迁和新居搬迁。S 社区是由三个行政村合并而成，虽然现在三个行政村的绝大部分村民已搬迁入住，但是仍有少数居住位置边缘的村民不肯搬迁入住，他们共同与 S 社区的社会事务部进行谈判，争取在原来标准上考虑他们加盖房屋的面积。显然，空间变迁改变了村庄的利益格局，村民为了维护自身利益进行空间变迁的权利抗争。

与此同时，村民在新的空间形态中容易形成村民集体行动，这不同于传统村落空间，原先离散化的村民行动无法形成集体性力量。一方面，空间形态的变化，使原先分散的居住空间转变为集中的居住空间；居住空间的聚集和统一，使居民的空间同质性增加，村民集体行动具有了物理空间基础。另一方面，在空间变迁过程中，村民的生活方式和生计模式发生改变。村民为保证自己的家庭生活不受影响，进而提出自己的利益诉求。其中，生活方式和生计模式的类似，导致他们的利益趋同，利益趋同推动村民行动转向集体行动发展。此外，与传统村落空间的低存在感有所不同，村民在新的社区空间治理中存在感更强。例如，在 S 社区中同一楼栋的居民组建楼栋微信群，共同探讨楼栋卫生、噪声等问题。社区居民通过微信群的互动，逐步形成基于楼栋的"微共同体"，这些"微共同体"不同于个体居民，具有意见统一和行动一致的特征。因此，社区居民参与空间治理的行动效率更高，可避免出现低效参与社区公共事务的情况，居民的权利意识显著提升。

三、空间治理与变迁动力：行政与自治的动力

当前，国家在基层的治理策略主要表现为两方面，一方面，认同基层村民自治和地方性规则；另一方面，强调基层治理的规范性，推行制度化和可视化

的治理考核方式。然而，这种治理策略可能会产生基层治理的内在张力，进而影响治理主体的积极性和主动性。❶ 基层治理既要贯彻国家主流的秩序精神，同时也要充分考虑基层乡土惯习与村民利益诉求，使基层治理具有一定程度上的平衡性。❷ 本书所提出的空间治理是在空间变迁基础上的治理新视角，它是基层空间变迁不同治理模式的实践概括和理论升华。本书的空间变迁类型包括空间重组型、空间集中型和空间改造型，三种类型的空间变迁程度不同。其中，空间变迁程度对治理主体权力结构的影响表现为：空间重组型的变迁程度最强，空间集中型次之，空间改造型则最弱。而从三种空间变迁的重构主体来看，空间重组型和空间集中型是国家自上而下地进行推进，空间改造型是农民自发改造空间。可以说，空间变迁的主体来源不同，将会影响空间治理的内在结构和运行机制。国家自上而下的空间变迁，强调居住空间的整齐划一，方便管理和形象提升。农民自下而上的空间变迁，则突出居住空间的舒适性，所以空间改造形式多样。同时，两种空间变迁主体来源的不同，不仅表现为外在物理空间形态的差异，还体现在空间治理主体与治理对象、上级政府的治理关系上的不同。从一定程度上来看，空间变迁的权力主体将影响空间治理的方式和效果。换言之，由国家自上而下主导的空间变迁，呈现出行政色彩浓厚、社区组织自治和居民参与较弱、社会组织缺乏等特点。与此相反，由农民自下而上推动的空间变迁，农民参与治理的积极性和空间建设主体性显著。因此，空间变迁应该采取"因地制宜"的方式，不仅要考虑地方的人文、自然、国土规划等因素，而且要重视农民主体的空间利益诉求，这样才能满足农民在空间变迁中的现实需要和情感需求。

空间重组型在本书中是"撤村并居""村改居"等空间变迁方式。空间重组型不同于空间集中型、空间改造型，它是多个行政村的"合村并居"，其内在权力结构和社会关系遭到一定程度上的重塑，治理主体的权力和权威弱化，村民的关系网络发生断裂。因此，需要重新弥合关系网络，构建新的权力结构和社会关系。在空间重组过程中，政府作为主导社区空间变迁的主导力量，拥

---

❶ 张红阳. 国家与农村关系的演变与新型危机 [J]. 华南农业大学学报（社会科学版），2020（3）：130－140.

❷ 李斌，黄改. 秩序与宣泄：乡村社区治理中的互动逻辑 [J]. 理论学刊，2019（5）：130－140.

有社区空间治理的主导话语权。同时，治理主体主要是按照上级政府的指导组建，所以这种治理主体的构成状况，意味着政府对社区治理的实际影响较大。虽然空间重组型社区作为基层自治单元，治理主体由社区居民选举产生，但是治理权威没有原先稳定的社会基础，社区居民在自治过程中缺乏目标性和导向性。政府将合适的治理主体推到社区治理"前台"，并为新的治理主体提供重塑治理权威的治理平台，使来自不同村庄的社区居民逐步熟知新的治理主体。一方面，重建社区治理主体，有利于空间重组型社区在"撤村并居"过程中稳步推进，避免社区治理空转；另一方面，新的治理主体作为上级政府在空间重组社区的主要"代理人"，主要是推动上级政府政策制度的落地和运行，配合和执行上级政府的各项治理任务和监督考察。此外，空间重组型社区的单元楼式居住空间，使城市个体化的生活方式得以在"农民上楼"后习得，改变着"农民上楼"后的思维方式和行为模式。城市单元楼式的居住空间，压缩了人们的交往空间，生活空间的私密化导致人们更倾向于个体独立的生活。个体化的生活方式，缩小了社区居民的社会关系圈，使传统熟人社会的村庄社会结构发生改变，社区居民的生活逐渐呈现出原子化状态。其中，行为表现主要是社区居民对社区公共事务和集体活动的冷漠，不热衷于参与社区中各项公共事务，社区自治的参与度不强。空间重组型社区在短时间内的空间变迁，导致社区内在的社会组织不健全和不成熟。社区缺乏联结居民的重要纽带，致使治理主体和治理对象产生陌生感和距离感，从而不利于社区治理情感沟通和共同体再造。与此同时，因为外在物理空间与城市社区相似，城市社区的网格化治理被引入空间重组型社区，强调社区治理下沉，并实施社区精细化管理，因此网格化治理成为空间重组型社区的主要治理方式。

空间集中型同样是自上而下的空间变迁，但不同于空间重组型的"撤村并居"形式。空间集中型往往是单个村庄的空间平移变迁，国家力量并不是直接的空间变迁主体，而是通过项目资源使得村级组织推动空间变迁。空间集中型村庄的治理主体较为稳定，其治理权威稳定性也强于空间重组型。空间集中型村庄的空间变迁虽然是由国家政策制度推进，但村庄治理主体在其中扮演"经纪人"的角色，使国家政策制度能够在乡村合理落地和运行。村庄治理主体在空间集中型村庄的空间变迁中，具有关键的引领作用，所以其治理权威没有在空间变迁过程中减弱，反而得到相应的增强。村庄治理主体对村庄空间变

迁进行整体规划，其治理权威在空间集中过程中不断强化。一方面，动员村民
参与集中居住建设，形成空间规模和形态的整齐划一，打造乡村振兴的空间模
板；另一方面，积极争取外来发展资源，为集中居住注入发展动力，这种外来
发展资源不仅是上级政府的各种项目资源，还有社会资本下乡的体制外资源。
村级组织在资本下乡过程中，与下乡企业进行资源合作和共享，实现村企的合
作治理，这不但增强了村庄治理资源，而且推动了村庄内生发展。可以说，空
间集中型村庄的空间变迁，虽然有国家政策制度的推进，但村庄治理主体在空
间变迁上拥有一定的话语权，在集中居住的空间治理中具有治理主动性和积极
性。农民住进统一规划和建设的集中居住空间，空间形态呈现规模化、统一化
和整体化。同时，私人空间和公共空间的划分清晰可见，集中居住的正式公共
空间兴起，与农民的生产空间相分离。此外，资本下乡使农民的生产空间转为
非农生产空间，农民传统的生活、生产方式发生解构。空间集中型村庄是集中
居住的新型农村，其整齐划一的居住空间不同于城市社区的单元楼式居住空
间，因此其治理模式也不同于城市社区治理模式。集中居住突出治理空间的整
体性，而空间集中重构村庄治理关系。

　　空间改造型村庄的空间变迁，表现为村民拥有自主选择空间形态的权利。
因此，空间变迁的主体主要是村民，村庄治理主体只是设定村民空间改造的规
范条件。空间改造型村庄往往是居住空间不断新建和更新，但是村庄缺少人
气，所以村庄空心化的情况较为普遍。空间改造型村庄主要呈现两种不同的改
造模式。一是外向发展，这类村庄普遍靠近省道、县道等道路，村民选择在道
路两旁规定的区域新建住房，并放弃村庄内部的老房屋，导致村庄内部呈现凋
敝、破损的状态，本书中的空间改造型村庄是基于此类村庄的调查研究。二是
内向发展，这类村庄并不靠近主要道路，村民的空间改造主要是在原来宅基地
的基础上进行重建或修缮，由于空间形态和空间位置并没有发生剧烈变化，所
以这类村庄的内部权力和社会关系变迁较慢。空间改造型村庄反映了我国大多
数地区农村的现实空间变迁情况，虽然村庄空间流动性，使得村庄面临空心
化、空巢化和老龄化的结构困境，但村庄内部的空间改造并没有就此停止，村
民不同形式的空间改造层出不穷，其中包括新建居住空间和更新旧居住空间。
村民新建住宅需要申请新的宅基地，其申请原因需要符合程序规范，而更新居
住空间则显得较为自由。因此，空间改造型村庄的空间变迁动力主要来自村民

的内在需求，国家权力的干涉较少。此外，空间流动是这类村庄的结构特征，流动是村庄空间变迁的内在动力和外在形式。村民的空间流动，不仅使村民的生活空间和生产空间随之改变，而且推动村庄治理由"在场"治理变为"缺场"治理。空间改造型村庄的有效治理，一方面，通过发展村级集体经济，增强治理资源和重塑治理权威，以提高村庄治理能力，改变治理主体赢弱的状况，避免出现"薄弱村"和"空壳村"现象；另一方面，通过网络空间联结在外生活的村民，进行身体"缺场"的治理形式，并依靠网络空间重新再造流动共同体，形成乡村社会的流动治理。

综上所述，乡村社会的两种空间变迁动力的实质是国家政权与基层社会的行政与自治关系，因此平衡国家权力对乡村社会空间变迁的控制程度，成为保持乡村发展主体性的重要内容。[1] 近年来，随着国家权力的扩张和下沉，村级组织在一定程度上被纳入行政体制，具有新的正式身份和角色。村级组织逐步沦为上级政府的办事机构，执行上级政府的治理任务，基层政府"代理人"角色显著，村庄自治空间不断缩小[2]，显现村级治理的行政化。诚然，基层治理的制度化和规范化可以限制基层社会的模糊空间，有效控制基层的权力滥用和职权腐败行为。然而，国家权力的单向度扩张可能限制基层社会创新的活力，产生基层治理的"等靠要"困境[3]，导致村级组织的行动力缺乏，行政约束增强，基层治理主体的主观性和能动性受到影响。同时，乡村社会受行政制度的约束程度不断加强，致使乡村社会的自治空间受到挤压，社会组织和非正式力量的发展受限，不利于基层各种治理资源的激发。[4] 因此，空间变迁中的空间治理要掌握行政和自治的平衡，将自上而下的空间治理逻辑与自下而上的空间实践逻辑相结合。既要推行制度化和规范化的治理体系，又要尊重基层社会的自主精神，让基层社会自治在制度规范的框架内实施，调动自下而上的治理资源。简言之，空间治理的关键在于既发挥制度约束的效能，又避免行政理

---

[1] 张良. 乡村社会的个体化与公共性建构 [D]. 武汉：华中师范大学，2014：2.
[2] 王春光. 中国乡村治理结构的未来发展方向 [J]. 人民论坛·学术前沿，2015 (3)：44-55.
[3] 杜鹏. 乡村治理结构的调控机制与优化路径 [J]. 中国农村观察，2019 (4)：51-64.
[4] 郭占锋，李琳，吴丽娟. 村落空间重构与农村基层社会治理：对村庄合并的成效、问题和原因的社会学阐释 [J]. 学习与实践，2017 (1)：85-95.

性扩张的消极后果❶，防止由于国家权力的过度下沉而破坏基层自治空间，导致国家与社会二者之间缺乏必要的缓冲地带。空间治理的重点是理顺治理主体的权、责、利关系，充分激发空间权力主体的治理积极性，增强国家制度性规范与治理情境的适应关系，提升治理主体与空间变迁之间动态关联的调适能力。❷

第二节　空间正义与空间调适

在快速城镇化背景下，村落空间变迁是不可逆转的趋势，空间变迁后的适应和治理是面临的两大主题。村落空间变迁关乎基层民众的衣食住行，空间变迁改变着他们原有的生活和生产，可以说，村落空间变迁与基层民众的幸福生活息息相关。因此，村落空间变迁要坚持空间生产和空间使用的平衡，不仅要遵守自上而下的空间规划，更要尊重基层民众自下而上的空间诉求，使空间生产与空间使用相衔接，促进空间变迁中的空间正义。当前，随着国家权力下沉，村落空间变迁拥有空间建设标准化和治理标准化的倾向，基层空间形态差异和治理标准化相冲突，不利于空间变迁后治理秩序的重塑。村落空间变迁后的治理模式选择，需要考虑治理模式和空间形态的适应度，使治理模式和空间形态之间具有一定的韧性，并在结合地区文化、经济水平、自然等因素的基础上，因地制宜地探索适合本地区空间形态的治理模式。

一、空间正义：空间生产与空间使用的平衡

随着城镇化的快速推进，基层社会的空间变迁剧烈，各种新型空间形态层出不穷。在基层社会的空间变迁中，空间正义有利于基层社会空间重构的合法性，从而保障基层民众利益在空间变迁中不受损失。苏贾提出，空间是社会公

---

❶ 杜鹏. 乡村治理结构的调控机制与优化路径 [J]. 中国农村观察, 2019 (4): 51 - 64.

❷ 唐皇凤, 王豪. 可控的韧性治理：新时代基层治理现代化的模式选择 [J]. 探索与争鸣, 2019 (12): 53 - 62.

平正义的内在基础和外在形式，空间生产出特定的社会结构，因此空间正义影响着社会正义。❶ 哈维将空间正义与城市权利相联系，强调拥有城市空间建设和改造的话语权是空间正义的直接体现。换言之，空间正义是保证各类群体平等占有和享有空间资源的生产与分配机会。空间正义的过程，经由"空间中的生产到空间的再生产"❷，促使空间资源的配置更加公平正义，并重视空间使用人群的群体特征和使用需求。空间正义具体表现在重视弱势群体的空间边缘问题，让他们拥有空间生产和使用的权利，尊重不同空间使用群体的诉求。在实际空间治理中，空间正义不仅体现在人们生活空间的改善、生产空间的转变，更体现在公共空间的便利性、使用性和共享性。公共空间是基层民众日常生活的公共场所，也是提高民众公共意识和再造新型共同体的重要载体。同时，公共空间是基层治理的主要空间载体，基层民众对社区公共空间公共资源的占有、使用和管理的权利是空间正义的重要体现❸，基层公共空间的空间正义，有利于培育民众的公共精神，再造守望相助的共同体。因此，建设设施健全和功能全面的公共空间❹，成为基层民众在空间变迁中的内在需求。

　　然而，在现实的空间变迁中，基层社会存在空间权力失范、空间分配不均衡等问题，这些空间问题将会产生空间的阶级化和层次化，出现空间排斥或歧视现象，进而导致空间资源冲突的问题❺，使基层民众正常的空间需求受到影响。例如，空间重组型社区的公共空间普遍缺乏，社区居民没有原先较为方便和自由的公共空间，居民的日常公共活动受到影响，产生空间资源争夺的矛盾纠纷。因此，在基层社会的空间变迁中，为满足民众合理使用各类空间的诉求，基层政府需要扶持社区自治或村庄自治力量，使其成为社区治理或村庄治理的主要主体。同时，推动居民或村民争取空间资源规划和适应的话语权和主导权，积极引导和鼓励居民或村民参与自治，运用个人资源积极参与基层治理。尤其是公共空间具有公共性，所以需要考虑民众的共同实际需求。而多元主体共治提供了基层民众参与治理的平台，使基层民众能够参与空间变迁的各

────────────

　❶❸❹ 谭立满. 空间正义视角下城市社区公共空间治理实现路径研究：以 W 市 J 社区停车系统改造为例 [J]. 湖北社会科学，2019（11）：49–55.

　❷ 张玉，朱博宇. 论空间正义形成中的城乡社区治理路径 [J]. 社会科学，2018（5）：13–20.

　❺ 张丽新. 空间治理与城乡空间关系重构：逻辑·诉求·路径 [J]. 理论探讨，2019（5）：191–196.

个阶段，实现空间变迁重视基层民众的空间需求和空间权利的目标。基层民众在以往的村落空间变迁中往往是"失语"的状态，所以基层空间变迁要尊重民众的主观意愿，重视民众在空间变迁中的利益诉求，让民众真正参与空间变迁的全过程。

传统村落文化习俗依靠村落空间作为载体，祠堂、庙宇等公共文化空间通常是村落文化习俗的外在表现。这些公共文化空间承载着几代人的记忆，并且是村庄熟人社会的重要组成部分，具有凝聚人心和强化认同的作用。在空间变迁中，村落传统公共文化空间遭受到不同程度的破坏。例如，"村改居""撤村并居"等空间变迁形式，往往会导致这些传统公共文化空间荡然无存，人们的精神寄托逐步消失。传统公共文化空间具有特定功能，其消失不仅是空间形式的变化，而且致使人们的公共意识发生转变。❶ 同时，空间变迁后的公共文化空间具有正式化的特征，缺少以往的村庄传统性。正式化的公共文化空间，使人们缺乏原有的归属感，从而间接影响公共性的生长。其中，年纪稍大的村民对公共文化空间缺失感受更多，他们认为传统村庄的"根"消失了，青年人则由于受传统文化影响因素较小，他们在精神上的失落要弱于年纪大的村民。因此，村落空间变迁中的空间设计和建设，应当着重考虑目前居住群体的需要，并做到空间建设以人为本，使空间设计和建设具有针对性和适应性，如老年群体和儿童的公共活动场所。❷ 空间变迁改变了传统村庄的公共空间形式，"正式"公共空间的兴起，使得村民的日常公共活动集中在"正式"公共空间。但是，"正式"公共空间的建设不应千篇一律，应该根据目前村庄的人口结构决定，使公共空间的设施与村民的人口结构相配套，提升村民对空间变迁的满意度。

此外，据笔者基层调研所知，在空间变迁过程中，农民更加期望的空间变迁形态是集中居住式的独栋单院。虽然集中居住改变了传统农村空间左邻右舍的社会关系，但独栋单院的空间形态使得农民的生活空间可以在一定程度上得到延续。农民的农具、家禽、粮食等都有空间进行摆放，所以农民原先的生活

---

❶ 安真真. 多维空间视角下社会关系变迁研究：以 B 市幸福城研究为例 [J]. 河北学刊, 2020 (4)：184 - 190.

❷ 李飞，钟涨宝. 农民集中居住背景下村落熟人社会的转型研究 [J]. 中州学刊, 2013 (5)：74 - 78.

方式并没有发生剧烈改变,空间变迁对他们的冲击也较小,农民也较为适应这类空间变迁。但是,有些地区受土地资源、空间规划等因素影响,空间变迁的形式往往是"农民上楼",农民成为新的社区居民,居住在单元楼式的生活空间。这种空间变迁使得农民的生活和生产方式发生翻天覆地的变化,进而产生"农民上楼"后的社会适应困境,形成日常生活的相对剥夺感。因此,"农民上楼"后的社区治理应积极利用空间重组型社区的空间优势,再造新型社区共同体,进一步推动居民融入新的社区空间,使居民拥有新的社区归属感和集体感,营造和谐共处的社区治理关系。

二、空间调适:空间形态与治理模式的适合

空间调适要求空间形态与治理模式相适应,体现出空间结构的内在治理特征。当前,我国处于城镇化进程中,不同地区间的发展程度差异大,各地村落空间形态受地区自然、人文和经济水平等因素影响,村落空间变迁形成了不同的空间形态。但综合来看,目前主要以本书中空间重组型的"农民上楼"社区、空间集中型的集中居住新村、空间改造型的农民新建住房这三种类型为主。空间变迁所产生的空间形态差异,使得空间结构内的重构程度、权力结构和社会关系不同,反映在空间治理的治理权威、治理能力、治理方式等方面有所差异。因此,村落空间变迁后的治理需要因地制宜,构建合适的治理模式。简言之,空间形态的差异不仅是外在物理空间的不同,而且是空间内部权力结构和社会关系的不同,所以空间形态不同将会形成差异化的治理模式。

随着国家权力下沉,基层政府作为官僚组织的重要一环,在基层治理中重视科层规范的运用,如讲究效率、程序规范、权责明确、专业分工、办事留痕等。基层治理中逐步呈现出治理的规范化、程序化、标准化等,并努力排除"非正式治理"的手段方式。科层制强调治理程序的规范性、操作性和推广性,它能够实现治理效率的提升和治理经验的推广。在这种治理逻辑下,各地纷纷选择考察学习其他地区的治理手段和治理经验,以实现短期内提升治理能力和治理效率的目的。例如,T市Y区参照沿海Z省A市的村务公开制度,并在全区推广。具体要求是做到村级集体"三资"公开和村庄每笔开销要有票据,以及每次村庄决策需要有文字材料作证,并利用照相机、扫描仪等设备上

传至村务公开系统，使社会大众可以及时准确地监督村庄财务情况和民主决策，确保村务公开的及时和准确。村务公开制度在 Y 区推广过程中，并不是十分顺利。一是基层缺少专业设备，如扫描仪、照相机等；二是基层缺乏懂网络技术的基层干部，有些村干部年龄较大，不懂电脑操作；三是配套制度措施没有跟上，导致村务公开执行时产生较多问题；四是有些村级组织存在抵触情绪，延迟上传时间，甚至推脱上传。A 市作为发达地区，其基层社会的办公硬件条件较好，同时基层干部综合素质较高，并且各种体制内行政人员下派或挂职到基层，使得规范的村务公开制度得以在基层落地运行。换言之，两地各种治理基础的不同，致使同一政策制度在两地出现不同的治理效果。因此，政策制度的执行，以及治理手段和治理模式需要因地制宜。治理标准化的前提是拥有相似的治理基础，而过度重视治理标准化不仅不利于治理主体积极性和主动性的发挥，还会产生各种形式主义，导致基层治理的形式化。

回归到本书的空间变迁所产生的空间形态差异，基层治理模式应该与空间形态相适应，避免出现空间形态与治理模式不衔接、不适合等问题。随着基层社会的国家政权建设不断深入，基层社会的规范化治理逐步盛行，行政官僚体制的特点使得基层治理标准化的动力明显。有些地方不顾治理基础的不同和空间形态的差异，照搬照抄其他地区的治理模式，这容易造成基层治理秩序混乱和治理效率低下。空间形态差异是影响治理模式选择的重要因素之一，各地应当重视空间形态对基层治理的影响，尤其是村落空间变迁程度的差异，使治理模式与空间形态相得益彰。例如，农村空间不仅仅是村民的居住空间，而且具有多种功能，包括交往功能、娱乐空间、社会关系功能等。同时，农村空间是生产空间和生活空间的重叠，居住空间离耕地距离不远，农村空间结构具有熟人社会的特征。与此相反，城市社区空间往往作为居民的居住空间，由于职住空间的分离和封闭的私人空间，城市社区空间的交往功能、娱乐功能等受限，居民的社会关系处于陌生化和原子化的状态。城市社区的空间结构更类似于"陌生人社会"，缺少共同体的联结纽带。农村与城市空间特征不同，由于农村公共服务需求的多样化，难以实现标准化供给，同时农民居住分散，公共服务很难达到城市社区标准化要求。在乡村治理中往往是具体事情具体处理，运用人情关系等熟人社会纽带进行因事因人而异的针对性治理。● 因此，城市社区治理模式与农村治理模式并不能相同或统一，否则农村治理成本巨大、治理效率低下。

综上所述，基层治理需要在考虑地区文化、经济水平、自然等因素的基础上，结合不同地区的成功治理经验，博采众长，探索出适合本地区空间形态的治理模式。一是空间建设的"因地制宜"。空间建设的标准化，导致各地具有地方性特征的空间文化消失，使人们在空间变迁中缺少情感依托和村庄记忆，从而加速传统共同体的消解。因此，空间建设应具有地方性的特色，不能"千篇一律""南北一样"，地区的人文、自然等各种因素应该考虑在内，使人们在空间建设中"望得见山，看得见水，记得住乡愁"，全新的社区空间成为人们新的生活乐园。二是空间规划的长期有效。空间规划要避免"朝夕令改"所造成的资源浪费。例如，有些地区新农村建设和美丽乡村建设投入了大量资源，现如今"合村并居"的空间变迁，造成原先村庄空间建设的资源浪费。三是空间变迁的有效民主。空间变迁要利用村民自治、议事协商等基层民主形式，广泛地倾听基层民众对空间变迁的实际想法和利益需求，包括空间变迁后的空间形态、空间规划、空间分配等环节，尊重基层民众对空间变迁过程中的建设性意见，让基层民众参与到空间变迁中，让基层民众有参与感和归属感。

● 贺雪峰. 村级治理的变迁、困境与出路 [J]. 思想战线，2020（4）：129 – 136.

参考文献

一、中文著作

[1] 包亚明. 后现代性与地理学的政治 [M]. 上海：上海教育出版社，2001.

[2] 包亚明. 现代性与空间的生产 [M]. 上海：上海教育出版社，2003.

[3] 费孝通. 乡土中国 [M]. 北京：人民出版社，2017.

[4] 费孝通. 乡土重建 [M]. 长沙：岳麓书社，2012.

[5] 风笑天. 社会学研究方法 [M]. 北京：中国人民大学出版社，2009.

[6] 冯雷. 理解空间：20 世纪空间观念的激变 [M]. 北京：中央编译出版社，2017.

[7] 冯兴元，柯睿思，李人庆. 中国的村级组织与村庄治理 [M]. 北京：中国社会科学出版社，2009.

[8] 付高生. 社会空间问题研究 [M]. 北京：新华出版社，2018.

[9] 高宣扬. 布迪厄的社会理论 [M]. 上海：同济大学出版社，2004.

[10] 郭亮. 土地流转与乡村秩序再造：基于皖鄂湘苏浙地区的调研 [M]. 北京：社会科学文献出版社，2019.

[11] 郭正林. 中国农村权力结构 [M]. 北京：中国社会科学出版社，2005.

[12] 何包钢. 协商民主：理论、方法和实践 [M]. 北京：中国社会科学出版社，2008.

[13] 贺雪峰. 新乡土中国 [M]. 修订版. 北京：北京大学出版社，2013.

[14] 侯钧生. 西方社会学理论教程 [M]. 天津：南开大学出版社，2010.

[15] 解彩霞. 现代化·个体化·空壳化：一个当代中国西北村庄的社会变迁 [M]. 北京：中国社会科学出版社，2017.

[16] 李培林. 村落的终结：羊城村的故事 [M]. 北京：商务印书馆，2010.

[17] 刘少杰. 西方空间社会学理论评析 [M]. 北京：中国人民大学出版社，2020.

[18] 陆益龙. 后乡土中国 [M]. 北京：商务印书馆，2017.

[19] 苏力. 送法下乡：中国基层司法制度研究 [M]. 北京：中国政法大学出版社，2000.

[20] 孙立平，郭于华. "软硬兼施"：正式权力非正式运作的过程分析：华北 B 镇收粮的

个案研究［C］//清华大学社会学系. 清华社会学评论：特辑. 厦门：鹭江出版社，2000.

[21] 项继权. 集体经济背景下的乡村治理：南街、向高和方家泉村村治实证研究［M］. 武汉：华中师范大学出版社，2002.

[22] 徐勇. 中国农村村民自治［M］. 武汉：华中师范大学出版社，1997.

[23] 叶涯剑. 空间重构的社会学解释：黔灵山的历程与言说［M］. 北京：中国社会科学出版社，2013.

[24] 于雷. 空间公共性研究［M］. 南京：东南大学出版社，2005.

[25] 俞可平. 治理与善治［M］. 北京：社会科学文献出版社，2000.

[26] 张兆曙. 农民日常生活中的城乡关系［M］. 上海：上海三联书店，2018.

[27] 郑杭生. 社会学概论新修［M］. 北京：中国人民大学出版社，2010.

[28] 周雪光. 组织社会学十讲［M］. 北京：社会科学文献出版社，2003.

[29] 斐迪南·滕尼斯. 共同体与社会［M］. 林荣远，译. 北京：商务印书馆，1999.

[30] 齐奥尔格·西美尔. 社会学：关于社会化形式的研究［M］. 林荣远，译. 北京：华夏出版社，2002.

[31] 齐奥尔格·西美尔. 时尚的哲学［M］. 费勇，吴青，译. 北京：文化艺术出版社，2001.

[32] 哈尔特穆特·罗萨. 加速：现代社会中时间结构的改变［M］. 董璐，译. 北京：北京大学出版社，2015.

[33] 爱弥尔·涂尔干. 宗教生活的基本形式［M］. 渠东，汲喆，译. 上海：上海人民出版社，1999.

[34] 亨利·列斐伏尔. 空间与政治［M］. 李春，译. 上海：上海人民出版社，2015.

[35] 梅洛·庞蒂. 知觉现象学［M］. 姜志辉，译. 北京：商务印书馆，2001.

[36] 孟德拉斯. 农民的终结［M］. 李培林，译. 北京：社会科学文献出版社，2005.

[37] 米歇尔·福柯. 必须保卫社会［M］. 钱翰，译. 上海：上海人民出版社，1999.

[38] 米歇尔·福柯. 疯癫与文明［M］. 刘北成，杨远婴，译. 北京：生活·读书·新知三联书店，2003.

[39] 米歇尔·福柯. 规训与惩罚：监狱的诞生［M］. 刘北成，杨远婴，译. 北京：生活·读书·新知三联书店，2003.

[40] 米歇尔·福柯. 权力的地理学［M］//包亚明. 权力的眼睛：福柯访谈录. 严峰，译. 上海：上海人民出版社，1997.

[41] 皮埃尔·布迪厄. 实践感［M］. 蒋梓骅，译. 北京：译林出版社，2003.

[42] 皮埃尔·卡蓝默. 破碎的民主：试论治理的革命 [M]. 高凌瀚，译. 北京：生活·读书·新知三联书店，2005.

[43] 罗伯·希尔兹. 空间问题：文化拓扑学和社会空间化 [M]. 谢文娟，张顺生，译. 南京：江苏教育出版社，2017.

[44] 爱德华·W. 苏贾. 后现代地理学：重申批判社会理论中的空间 [M]. 王文斌，译. 北京：商务印书馆，2004.

[45] 戴维·哈维. 后现代的状况：对文化变迁之缘起的探究 [M]. 阎嘉，译. 北京：商务印书馆，2003.

[46] 克利福德·吉尔兹. 地方性知识：阐释人类学论文集 [C]. 王海龙，张家宣，译. 北京：中央编译出版社，2004.

[47] 麦克·布洛维. 公共社会学 [M]. 沈原，译. 北京：社会科学文献出版社，2007.

[48] 曼纽尔·卡斯特. 认同的力量 [M]. 曹荣湘，译. 北京：社会科学文献出版社，2006.

[49] 曼纽尔·卡斯特. 网络社会的崛起 [M]. 夏铸九，王志弘，等译. 北京：社会科学文献出版社，2006.

[50] 詹姆斯·C. 斯科特. 农民的道义经济学：东南亚的反叛与生存 [M]. 程立显，刘建，等译. 南京：译林出版社，2013.

[51] 詹姆斯·N. 罗西瑙. 没有政府的治理：世界政治中的秩序与变革 [M]. 张胜军，刘小林，等译. 南昌：江西人民出版社，2001.

[52] 詹姆斯·布坎南. 自由、市场和国家 [M]. 吴良健，桑伍，曾获，译. 北京：北京经济学院出版社，1988.

[53] 亚诺什·科尔内. 短缺经济学：下卷 [M]. 张晓光，李振宁，黄卫平，译. 北京：经济科学出版社，1986.

[54] 安东尼·吉登斯，菲利普·萨顿. 社会学基本概念 [M]. 王修晓，译. 北京：北京大学出版社，2019.

[55] 安东尼·吉登斯. 民族—国家与暴力 [M]. 胡宗泽，赵力涛，译. 北京：生活·读书·新知三联书店，1998.

[56] 安东尼·吉登斯. 社会的构成 [M]. 李康，李猛，译. 北京：生活·读书·新知三联书店，1998.

[57] 安东尼·吉登斯. 现代性的后果 [M]. 田禾，译. 南京：译林出版社，2011.

[58] 安东尼·吉登斯. 现代性与自我认同：现代晚期的自我与社会 [M]. 赵旭东，方文，王铭铭，译. 北京：生活·读书·新知三联书店，1998.

[59] 弗里德里希·奥古斯特·哈耶克. 自由宪章 [M]. 杨玉生，冯兴元，陈茅，等译.

北京：中国社会科学出版社，1998.

[60] 齐格蒙特·鲍曼. 流动的现代性 [M]. 欧阳景根，译. 北京：中国人民大学出版社，2018.

[61] 约翰·厄里. 关于时间与空间的社会学 [M] //布赖恩·特纳. Blackwell 社会理论指南. 李康，译. 2 版. 上海：上海人民出版社，2003.

二、中文期刊

[1] 埃里克汉斯·克莱恩，基普·柯本让，程熙，等. 治理网络理论：过去、现在和未来 [J]. 国家行政学院学报，2013（3）：122 - 127.

[2] 安永军. 政权"悬浮"、小农经营体系解体与资本下乡：兼论资本下乡对村庄治理的影响 [J]. 南京农业大学学报（社会科学版），2018（1）：33 - 40.

[3] 安真真. 多维空间视角下社会关系变迁研究：以 B 市幸福城研究为例 [J]. 河北学刊，2020（4）：184 - 190.

[4] 包先康. 农村社区微治理研究基本问题论纲 [J]. 北京社会科学，2018（1）：67 - 77.

[5] 包先康. 农村社区"微治理"中"软权力"的生成与运作逻辑 [J]. 南京农业大学学报（社会科学版），2018（5）：11 - 18.

[6] 蔡长昆，沈琪瑶. 从"行政吸纳社会"到"行政吸纳服务"：中国国家—社会组织关系的变迁：以 D 市 S 镇志愿者协会为例 [J]. 华中科技大学学报（社会科学版），2020（1）：120 - 129.

[7] 曹海林. 村庄红白喜事中的人际交往准则 [J]. 天府新论，2003（4）：77 - 79.

[8] 曾莉，周慧慧，龚政. 情感治理视角下的城市社区公共文化空间再造：基于上海市天平社区的实地调查 [J]. 中国行政管理，2020（1）：46 - 52.

[9] 陈柏峰. 村务民主治理的类型与机制 [J]. 学术月刊，2018（8）：93 - 103.

[10] 陈晨. 城中村：城市社区治理的安全阀 [J]. 新视野，2019（2）：109 - 115.

[11] 陈福平，李荣誉. 见"微"知著：社区治理中的新媒体 [J]. 社会学研究，2019（3）：170 - 193.

[12] 陈家建，赵阳. "低治理权"与基层购买公共服务困境研究 [J]. 社会学研究，2019（1）：132 - 135.

[13] 陈明. 拆迁安置社区：治理困境与改革路径：基于北京市海淀区 Z 村的调查 [J]. 农村经济，2018（4）：75 - 81.

[14] 陈荣卓，刘亚楠. 城市社区治理信息化的技术偏好与适应性变革：基于"第三批全

国社区治理与服务创新实验区"的多案例分析 [J]. 社会主义研究, 2019 (4):
112 - 120.

[15] 陈荣卓, 肖丹丹. 从网格化管理到网络化治理: 城市社区网络化管理的实践、发展
与走向 [J]. 社会主义研究, 2015 (4): 83 - 89.

[16] 陈绍军, 任毅, 卢义桦. "双主体半熟人社会": 水库移民外迁社区的重构 [J]. 西
北农林科技大学学报 (社会科学版), 2018 (4): 95 - 102.

[17] 陈瑜, 丁堃. 治理网络视角下新兴技术治理的社会公众角色演变 [J] 科技进步与对
策, 2018 (5): 1 - 7.

[18] 陈忠. 批判理论的空间转向与城市社会的正义建构: 为纪念爱德华·苏贾而作 [J].
学习与探索, 2016 (11): 15 - 20.

[19] 崔宝琛, 彭华民. 空间重构视角下 "村改居" 社区治理 [J]. 甘肃社会科学, 2020
(3): 76 - 83.

[20] 狄金华, 曾建丰. 农地治理资源调整与村级债务化解: 基于鄂中港村的调查分析
[J]. 山东社会科学, 2018 (11): 58 - 65, 81.

[21] 狄金华, 钟涨宝. 从主体到规则的转向: 中国传统农村的基层治理研究 [J]. 社会
学研究, 2014 (5): 73 - 97, 242.

[22] 狄金华. "权力—利益" 与行动伦理: 基层政府政策动员的多重逻辑: 基于农地确权
政策执行的案例分析 [J]. 社会学研究, 2019 (4): 122 - 145.

[23] 狄金华. 空间的政治 "突围": 社会理论视角下的空间研究 [J]. 学习与实践, 2013
(1): 90 - 96.

[24] 狄金华. 农村基层政府的内部治理结构及其演变: 一个组织理论视角的分析 [J].
北京大学学报 (哲学社会科学版), 2020 (2): 87 - 98.

[25] 丁波, 李雪萍. 乡村振兴背景下民族地区空间改造与农村现代化建设 [J]. 中央民
族大学学报 (哲学社会科学版), 2020 (2): 71 - 77.

[26] 丁波. 精准扶贫中贫困村治理网络结构及中心式治理 [J]. 西北农林科技大学学报
(社会科学版), 2020 (1): 1 - 8.

[27] 丁波. 乡村振兴背景下农村集体经济与乡村治理有效性: 基于皖南四个村庄的实地
调查 [J]. 南京农业大学学报 (社会科学版), 2020 (3): 53 - 61.

[28] 丁波. 新主体陌生人社区: 民族地区易地扶贫搬迁社区的空间重构 [J]. 广西民族
研究, 2020 (1): 56 - 62.

[29] 丁波. 农村生活垃圾分类的嵌入性治理 [J]. 人文杂志, 2020 (8): 122 - 128.

[30] 董磊明. 村庄公共空间的萎缩与拓展 [J]. 江苏行政学院学报, 2010 (5): 51 - 57.

[31] 杜德斌，崔裴，刘小玲. 论住宅需求、居住选址与居住分异 [J]. 经济地理，1996（1）：82－90.

[32] 杜鹏. 情之礼化：农民闲暇生活的文化逻辑与心态秩序 [J]. 社会科学研究，2019（5）：137－143.

[33] 杜鹏. 熟人社会的空间秩序 [J]. 华南农业大学学报（社会科学版），2020（5）：115－129.

[34] 杜鹏. 乡村治理结构的调控机制与优化路径 [J]. 中国农村观察，2019（4）：51－64.

[35] 杜威漩. 村民自治问题、对策与未来走向研究综述 [J]. 河南科技大学学报（社会科学版），2011（4）：88－92.

[36] 方菲，靳雯. 精准扶贫中农户"争贫"行为分析 [J]. 西北农林科技大学学报（社会科学版），2018（6）：44－51.

[37] 房静静，袁同凯. 空间结构、时间叙事与乡村生活变迁 [J]. 重庆社会科学，2017（5）：63－71.

[38] 房亚明，刘远晶. 软治理：新时代乡村公共文化空间的拓展 [J]. 长白学刊，2019（6）：138－145.

[39] 冯仕政. 典型：一个政治社会学的研究 [J]. 学海，2003（3）：124－128.

[40] 符平. 市场体制与产业优势：农业产业化地区差异形成的社会学研究 [J]. 社会学研究，2018（1）：169－193，245－246.

[41] 符平. 次生庇护的交易模式、商业观与市场发展：惠镇石灰市场个案研究 [J]. 社会学研究，2011（5）：1－30，243.

[42] 符平. "嵌入性"：两种取向及其分歧 [J]. 社会学研究，2009（5）：141－164，245.

[43] 付光伟. 从"两栖"到"三栖"：农民工生存方式的变化及其影响 [J]. 西北农林科技大学学报（社会科学版），2018（3）：31－36，44.

[44] 耿芳兵. 马克思空间理论特性考察：基于空间正义、共同体实践、空间解放三个维度 [J]. 理论界，2017（7）：29－34.

[45] 谷玉良，江立华. 空间视角下农村社会关系变迁研究：以山东省枣庄市 L 村"村改居"为例 [J]. 人文地理，2015（4）：45－51.

[46] 顾永红，向德平，胡振光. "村改居"社区：治理困境、目标取向与对策 [J]. 社会主义研究，2014（3）：107－112.

[47] 桂华. "东部地区"村级治理的类型建构 [J]. 中共杭州市委党校学报，2016（3）：

54 - 60.

[48] 郭亮. 扶植型秩序：农民集中居住后的社区治理：基于江苏 P 县、浙江 J 县的调研 [J]. 华中科技大学学报（社会科学版），2019（5）：114 - 122.

[49] 郭明. 虚拟型公共空间与乡村共同体再造 [J]. 华南农业大学学报（社会科学版），2019（6）：130 - 138.

[50] 郭占锋，李琳，吴丽娟. 村落空间重构与农村基层社会治理：对村庄合并的成效、问题和原因的社会学阐释 [J]. 学习与实践，2017（1）：85 - 95.

[51] 郭晓鸣，张耀文，马少春. 农村集体经济联营制：创新集体经济发展路径的新探索：基于四川省彭州市的试验分析 [J]. 农村经济，2019（4）：1 - 9.

[52] 韩鹏云. 乡镇政权研究：何在、何为又走向何处：兼评欧阳静《策略主义：桔镇运作的逻辑》[J]. 中国农业大学学报（社会科学版），2012（3）：126 - 133.

[53] 何钧力. 高音喇叭：权力的隐喻与嬗变：以华北米村为例 [J]. 中国农村观察，2018（4）：2 - 16.

[54] 何雪松. 空间、权力与知识：福柯的地理学转向 [J]. 学海，2005（6）：44 - 48.

[55] 何艳玲，赵俊源. 差序空间：政府塑造的中国城市空间及其属性 [J]. 学海，2019（5）：39 - 48.

[56] 何阳，娄成武. 流动治理：技术创新条件下的治理变革 [J]. 深圳大学学报（人文社会科学版），2019（6）：110 - 117.

[57] 贺雪峰，仝志辉. 论村庄社会关联：兼论村庄秩序的社会基础 [J]. 中国社会科学，2002（3）：124 - 134，207.

[58] 贺雪峰. 村级治理的变迁、困境与出路 [J]. 思想战线，2020（4）：129 - 136.

[59] 贺雪峰. 关于实施乡村振兴战略的几个问题 [J]. 南京农业大学学报（社会科学版），2018（3）：19 - 26，152.

[60] 贺雪峰. 如何再造村社集体 [J]. 南京农业大学学报（社会科学版），2019（3）：1 - 8，155.

[61] 贺雪峰. 规则下乡与治理内卷化：农村基层治理的辩证法 [J]. 社会科学，2019（4）：64 - 70.

[62] 贺雪峰. 乡村治理 40 年 [J]. 华中师范大学学报（人文社会科学版），2018（6）：14 - 16.

[63] 贺雪峰. 乡村治理研究的三大主题 [J]. 社会科学战线，2005（1）：219 - 224.

[64] 贺雪峰. 农民组织化与再造村社集体 [J]. 开放时代，2019（3）：186 - 196.

[65] 贺雪峰. 乡村振兴与农村集体经济 [J]. 武汉大学学报（哲学社会科学版），2019

（4）：185 – 192.

[66] 胡春光. 惯习、实践与社会空间：布迪厄论社会分类 [J]. 重庆邮电大学学报（社会科学版），2013（4）：120 – 128.

[67] 胡鹏辉，高继波. 新乡贤：内涵、作用与偏误规避 [J]. 南京农业大学学报（社会科学版），2017（1）：20 – 29，144 – 145.

[68] 胡振光. "村改居"社区治理与社区社会资本培育 [J]. 安徽理工大学学报（社会科学版），2017（5）：80 – 85.

[69] 黄成亮. 村改居社区公共性治理机制重构研究：基于四川省某市 H 社区的个案分析 [J]. 云南大学学报（社会科学版），2020（5）：127 – 134.

[70] 黄成亮. 村改居社区治理的现实困境及其破解 [J]. 中州学刊，2019（2）：80 – 85.

[71] 黄振华. 能人带动：集体经济有效实现形式的重要条件 [J]. 华中师范大学学报（人文社会科学版），2015（1）：15 – 20.

[72] 黄宗智. 集权的简约治理：中国以准官员和纠纷解决为主的半正式基层行政 [J]. 开放时代，2008（2）：10 – 29.

[73] 黄中伟，王宇露. 关于经济行为的社会嵌入理论研究述评 [J]. 外国经济与管理，2007（12）：1 – 8.

[74] 江立华，王斌. 个体化时代与我国社会工作的新定位 [J]. 社会科学研究，2015（2）：124 – 129.

[75] 姜方炳. "乡贤回归"：城乡循环修复与精英结构再造：以改革开放 40 年的城乡关系变迁为分析背景 [J]. 浙江社会科学，2018（10）：71 – 78，157 – 158.

[76] 焦长权，周飞舟. "资本下乡"与村庄的再造 [J]. 中国社会科学，2016（1）：100 – 116，205 – 206.

[77] 靳永广，项继权. 权力表征、符号策略与传统公共空间存续 [J]. 华中农业大学学报（社会科学版），2020（3）：119 – 128，174 – 175.

[78] 鞠真. 虚拟公共空间对基层治权的重塑：基于 A 镇实证调研 [J]. 天府新论，2019（5）：106 – 115.

[79] 蓝煜昕，林顺浩. 乡情治理：县域社会治理的情感要素及其作用逻辑 [J]. 中国行政管理，2020（2）：54 – 59.

[80] 冷波. 基层规范型治理的基础与运行机制：基于南京市 W 村的经验分析 [J]. 南京农业大学学报（社会科学版），2018（4）：27 – 34，156 – 157.

[81] 冷波. 形式化民主：富人治村的民主性质再认识：以浙东 A 村为例 [J]. 华中农业大学学报（社会科学版），2018（1）：106 – 112，161.

[82] 李斌，黄改. 秩序与宣泄：乡村社区治理中的互动逻辑 [J]. 理论学刊，2019 (5)：130 – 140.

[83] 李春敏. 马克思的空间思想初探：《1857—1858 年经济学手稿》解读 [J]. 学术交流，2009 (8)：12 – 15.

[84] 李飞，杜云素. 中国村落的历史变迁及其当下命运 [J]. 中国农业大学学报 (社会科学版)，2015 (2)：41 – 50.

[85] 李飞，杜云素. "弃地" 进城到 "带地" 进城：农民城镇化的思考 [J]. 中国农村观察，2013 (6)：13 – 21，92.

[86] 李飞，钟涨宝. 农民集中居住背景下村落熟人社会的转型研究 [J]. 中州学刊，2013 (5)：74 – 78.

[87] 李涵，李超超. 个案研究的延伸价值：布洛维扩展个案法与费孝通社区研究法的比较 [J]. 贵州师范学院学报，2018 (5)：42 – 46.

[88] 李怀. 争夺城市空间："正式权力正式行使" 的制度分析："城中村" 改造中村集体与地方政府博弈的民族志观察 [J]. 兰州大学学报 (社会科学版)，2020 (1)：10 – 22.

[89] 李秀玲，秦龙. "空间生产" 思想：从马克思经列斐伏尔到哈维 [J]. 福建论坛 (人文社会科学版)，2011 (5)：60 – 64.

[90] 李雪松. 社会治理共同体的再定位：一个 "嵌入型发展" 的逻辑命题 [J]. 内蒙古社会科学，2020 (4)：40 – 47.

[91] 李延伟. 治理网络理论及其分析中国治理的适用性 [J]. 江海学刊，2017 (2)：125 – 131，238.

[92] 李云新，阮皓雅. 资本下乡与乡村精英再造 [J]. 华南农业大学学报 (社会科学版)，2018 (5)：117 – 125.

[93] 李祖佩，梁琦. 资源形态、精英类型与农村基层治理现代化 [J]. 南京农业大学学报 (社会科学版)，2020 (2)：13 – 25.

[94] 李祖佩. 项目制基层实践困境及其解释：国家自主性的视角 [J]. 政治学研究，2015 (5)：111 – 122.

[95] 林聚任，申丛丛. 后现代理论与社会空间理论的耦合和创新 [J]. 社会学评论，2019 (5)：15 – 24.

[96] 林聚任，王春光，李善峰，等. 东亚村落的发展比较研究：经验与理论反思笔谈 [J]. 山东社会科学，2014 (9)：60 – 72.

[97] 林聚任. 村庄合并与农村社区化发展 [J]. 人文杂志，2012 (1)：160 – 164.

[98] 刘刚，李建华. 空间秩序与城中村治理的实践逻辑 [J]. 齐鲁学刊，2018 (3)：

82 – 87.

[99] 刘红，张洪雨，王娟. 多中心治理理论视角下的村改居社区治理研究 [J]. 理论与改革，2018 (5)：153 – 162.

[100] 刘启英. 乡村振兴背景下原子化村庄公共事务的治理困境与应对策略 [J]. 云南社会科学，2019 (3)：141 – 147.

[101] 刘少杰. 网络空间的现实性、实践性与群体性 [J]. 学习与探索，2017 (2)：37 – 41.

[102] 刘学. 回到"基层"逻辑：新中国成立 70 年基层治理变迁的重新叙述 [J]. 经济社会体制比较，2019 (5)：27 – 41.

[103] 刘玉珍. 合作治理：新型城市社区居民的土地情感行动及其治理模式 [J]. 深圳大学学报（人文社会科学版），2019 (5)：122 – 130.

[104] 龙彦亦，刘小珉. 易地扶贫搬迁政策的"生计空间"视角解读 [J]. 求索，2019 (1)：114 – 121.

[105] 卢福营，何花. 城镇化进程中城郊村基层治理方式转换：基于浙江省武义县王村"撤村建居"的历时性考察 [J]. 河北学刊，2019 (1)：153 – 159，173.

[106] 卢福营. 城中村改造：一项系统的新型城镇化工程 [J]. 社会科学，2017 (10)：84 – 89.

[107] 卢俊秀. 从"乡政村治"到"双轨政治"：城中村社区治理转型：基于广州市一个城中村的研究 [J]. 西北师大学报（社会科学版），2013 (6)：26 – 32.

[108] 卢晖临，李雪. 如何走出个案：从个案研究到扩展个案研究 [J]. 中国社会科学，2007 (1)：118 – 130，207 – 208.

[109] 卢青青. 资本下乡与乡村治理重构 [J]. 华南农业大学学报（社会科学版），2019 (5)：120 – 129.

[110] 卢义桦，陈绍军. 情感、空间与社区治理：基于"毁绿种菜"治理的实践与思考 [J]. 安徽师范大学学报（人文社会科学版），2018 (6)：141 – 149.

[111] 鲁先锋，芮雯艳. 土地增减挂钩与美丽乡村建设协同机制的构建 [J]. 西北农林科技大学学报（社会科学版），2016 (5)：87 – 93.

[112] 陆益龙，韩梦娟. 村落空间的解构与重构：基于华北 T 村新型农村社区建设的考察 [J]. 社会建设，2020 (1)：44 – 57.

[113] 鹿斌，金太军. 权力结构新解：在社会治理创新中的考量 [J]. 江汉论坛，2018 (6)：18 – 23.

[114] 欧阳静. 基层治理中的策略主义 [J]. 地方治理研究，2016 (3)：58 – 64.

[115] 钱全. 分利秩序、治理取向与场域耦合：一项来自"过渡型社区"的经验研究 [J]. 华中农业大学学报（社会科学版），2019（5）：88－96.

[116] 渠敬东. 迈向社会全体的个案研究 [J]. 社会，2019（1）：1－36.

[117] 渠鲲飞，左停. 协同治理下的空间再造 [J]. 中国农村观察，2019（2）：136－146.

[118] 茹婧，杨发祥. 迈向空间正义的国家治理：基于福柯治理理论的谱系学分析 [J]. 探索，2015（5）：61－65.

[119] 茹婧. 空间、治理与生活世界：一个理解社区转型的分析框架 [J]. 内蒙古社会科学，2019（2）：146－152.

[120] 申端锋. 村庄权力研究：回顾与前瞻 [J]. 中国农村观察，2006（5）：51－58.

[121] 申端锋. 集中居住：普通农业型村庄的振兴路径创新 [J]. 求索，2019（4）：157－164.

[122] 沈费伟. 技术能否实现治理：精准扶贫视域下技术治理热的冷思考 [J]. 中国农业大学学报（社会科学版），2018（5）：81－89.

[123] 沈菊生，杨雪锋. 城郊"违建"综合治理机制与空间重构模式：以上海S村"拆违"实践为个案 [J]. 学习与实践，2018（6）：83－91.

[124] 施雪华，张琴. 国外治理理论对中国国家治理体系和治理能力现代化的启示 [J]. 学术研究，2014（6）：31－36.

[125] 宋辉. 新型城镇化推进中城市拆迁安置社区治理体系重构研究 [J]. 中国软科学，2019（1）：62－71.

[126] 孙柏瑛，于扬铭. 网格化管理模式再审视 [J]. 南京社会科学，2015（4）：65－71，79.

[127] 孙其昂，杜培培. 城市空间社会学视域下拆迁安置社区的实地研究 [J]. 河海大学学报（哲学社会科学版），2017（2）：67－71.

[128] 谈小燕. 三种"村转居"社区治理模式的比较及优化：基于多村合并型"村转居"社区的实证研究 [J]. 农村经济，2019（7）：111－118.

[129] 谭立满. 空间正义视角下城市社区公共空间治理实现路径研究：以W市J社区停车系统改造为例 [J]. 湖北社会科学，2019（11）：49－55.

[130] 谭志敏. 流动社会中的共同体：对齐格蒙特·鲍曼共同体思想的再评判 [J]. 内蒙古社会科学，2018（2）：160－165.

[131] 唐皇凤，王豪. 可控的韧性治理：新时代基层治理现代化的模式选择 [J]. 探索与争鸣，2019（12）：53－62.

[132] 唐文玉. 行政吸纳服务：中国大陆国家与社会关系的一种新诠释 [J]. 公共管理学报, 2010 (1)：13 – 19.

[133] 唐云锋, 刘涛, 徐小溪. 公共场域重构、社区归属感与失地农民城市融入 [J]. 中国农业大学学报 (社会科学版), 2019 (4)：78 – 85.

[134] 田凯, 黄金. 国外治理理论研究：进程与争鸣 [J]. 政治学研究, 2015 (6)：47 – 58.

[135] 田先红, 张庆贺. 城市社区中的情感治理：基础、机制及限度 [J]. 探索, 2019 (6)：160 – 172.

[136] 田毅鹏, 李珮瑶. 计划时期国企"父爱主义"的再认识：以单位子女就业政策为中心 [J]. 江海学刊, 2014 (3)：87 – 95.

[137] 仝志辉, 贺雪峰. 村庄权力结构的三层分析：兼论选举后村级权力的合法性 [J]. 中国社会科学, 2002 (1)：158 – 167.

[138] 汪杰贵. 改革开放40年村庄治理模式变迁路径探析：基于浙江省村治实践 [J]. 河南大学学报 (社会科学版), 2019 (3)：25 – 32.

[139] 汪毅, 何淼. 新马克思主义空间研究的逻辑与脉络 [J]. 华中科技大学学报 (社会科学版), 2014 (5)：41 – 46.

[140] 王爱平. 权力的文化网络：研究中国乡村社会的一个重要概念：读杜赞奇《文化、权力与国家》[J]. 华侨大学学报 (哲学社会科学版), 2004 (2)：128 – 132.

[141] 王春光. 城市化中的"撤并村庄"与行政社会的实践逻辑 [J]. 社会学研究, 2013 (3)：15 – 28.

[142] 王春光. 农村流动人口的"半城市化"问题研究 [J]. 社会学研究, 2006 (5)：107 – 122.

[143] 王春光. 中国乡村治理结构的未来发展方向 [J]. 人民论坛·学术前沿, 2015 (3)：44 – 55.

[144] 王刚, 宋错业. 治理理论的本质及其实现逻辑 [J]. 求实, 2017 (3)：50 – 65.

[145] 王华桥. 空间社会学：列斐伏尔及以后 [J]. 晋阳学刊, 2014 (2)：142 – 145.

[146] 王会. 乡村社会闲暇私人化及其后果：基于多省份农村的田野调查与讨论 [J]. 广东社会科学, 2016 (6)：206 – 213.

[147] 王黎. 寡头治村：村级民主治理的异化 [J]. 华南农业大学学报 (社会科学版), 2019 (6)：121 – 129.

[148] 王玲. 乡村社会的秩序建构与国家整合：以公共空间为视角 [J]. 理论与改革, 2010 (5)：29 – 32.

[149] 王萍. 城市化的诉求与弱质村庄的形成机制 [J]. 浙江学刊, 2016 (4): 217 – 224.

[150] 王谦, 文军. 流动性视角下的贫困问题及其治理反思 [J]. 南通大学学报 (社会科学版), 2018 (1): 118 – 124.

[151] 王文龙. 新乡贤与乡村治理: 地区差异、治理模式选择与目标耦合 [J]. 农业经济问题, 2018 (10): 78 – 84.

[152] 王义保, 李宁. 社会资本视角下新型农村社区治理秩序困境与能力创新 [J]. 思想战线, 2016 (1): 141 – 146.

[153] 王艺璇, 刘诣. 空间边界的生产: 关于 B 市格林苑社区分区的故事 [J]. 社会学评论, 2018 (4): 77 – 86.

[154] 王勇, 李广斌. 苏南乡村集中社区建设类型演进研究: 基于乡村治理变迁的视角 [J]. 城市规划, 2019 (6): 55 – 63.

[155] 王雨磊. 数字下乡: 农村精准扶贫中的技术治理 [J]. 社会学研究, 2016 (6): 119 – 142.

[156] 王寓凡, 江立华. 空间再造与易地搬迁贫困户的社会适应: 基于江西省 X 县的调查 [J]. 社会科学研究, 2020 (1): 125 – 131.

[157] 魏玉君, 叶中华. 项目制服务下的身份认同与社会融合: 公益组织促进失地农民市民化研究 [J]. 中国行政管理, 2019 (10): 120 – 126.

[158] 魏治勋. 论乡村社会权力结构合法性分析范式: 对杜赞奇 "权力文化网络" 的批判性重构 [J]. 求是学刊, 2004 (6): 99 – 104.

[159] 文军, 吴越菲. 流失 "村民" 的村落: 传统村落的转型及其乡村性反思: 基于 15 个典型村落的经验研究 [J]. 社会学研究, 2017 (4): 22 – 45.

[160] 吴重庆. 无主体熟人社会 [J]. 开放时代, 2002 (1): 121 – 122.

[161] 吴理财. 中国农村社会治理 40 年: 从 "乡政村治" 到 "村社协同": 湖北的表述 [J]. 华中师范大学学报 (人文社会科学版), 2018 (4): 1 – 11.

[162] 吴理财, 刘磊. 改革开放以来乡村社会公共性的流变与建构 [J]. 甘肃社会科学, 2018 (2): 11 – 18.

[163] 吴莉娅. 论城中村改造的政府空间治理 [J]. 行政论坛, 2019 (6): 108 – 114.

[164] 吴宁. 列斐伏尔的城市空间社会学理论及其中国意义 [J]. 社会, 2008 (2): 112 – 127.

[165] 吴尚丽. 易地扶贫搬迁中的文化治理研究: 以贵州省黔西南州为例 [J]. 贵州民族研究, 2019 (6): 21 – 26.

[166] 吴伟, 周五平. 易地搬迁扶贫模式存在的问题及对策研究: 以湖北省鹤峰县易地搬迁模式为例 [J]. 农村经济与科技, 2018 (5): 148 – 150.

[167] 吴晓燕, 赵普兵. "过渡型社区" 治理: 困境与转型 [J]. 理论探讨, 2014 (2): 152 – 156.

[168] 吴新叶, 牛晨光. 易地扶贫搬迁安置社区的紧张与化解 [J]. 华南农业大学学报 (社会科学版), 2018 (2): 118 – 127.

[169] 吴莹, 叶健民. "村里人" 还是 "城里人": 上楼农民的社会认同与基层治理 [J]. 江海学刊, 2017 (3): 88 – 95.

[170] 吴莹. 空间变革下的治理策略: "村改居" 社区基层治理转型研究 [J]. 社会学研究, 2017 (6): 94 – 116.

[171] 吴越菲. 地域性治理还是流动性治理? 城市社会治理的论争及其超越 [J]. 华东师范大学学报 (哲学社会科学版), 2017 (6): 51 – 60.

[172] 吴越菲. 迈向流动性治理: 新地域空间的理论重构及其行动策略 [J]. 学术月刊, 2019 (2): 86 – 95.

[173] 谢家智, 王文涛. 社会结构变迁、社会资本转换与农户收入差距 [J]. 中国软科学, 2016 (10): 20 – 36.

[174] 谢小芹. "脱域性治理": 迈向经验解释的乡村治理新范式 [J]. 南京农业大学学报 (社会科学版), 2019 (3): 63 – 73.

[175] 徐丙奎, 李佩宁. 社区研究中的国家—社会、空间—行动者、权力与治理: 近年来有关社区研究文献述评 [J]. 华东理工大学学报 (社会科学版), 2012 (5): 36 – 47.

[176] 徐宏宇. 转换角色与规范秩序: 空间变革视角下过渡型社区治理研究 [J]. 社会主义研究, 2019 (2): 110 – 116.

[177] 徐琴. "微交往" 与 "微自治": 现代乡村社会治理的空间延展及其效应 [J]. 华中农业大学学报 (社会科学版), 2020 (3): 129 – 137.

[178] 徐勇. 民主与治理: 村民自治的伟大创造与深化探索 [J]. 当代世界与社会主义, 2018 (4): 28 – 32.

[179] 徐勇. 挣脱土地束缚之后的乡村困境及应对: 农村人口流动与乡村治理的一项相关性分析 [J]. 华中师范大学学报 (人文社会科学版), 2000 (2): 5 – 11.

[180] 许伟, 罗玮. 空间社会学: 理解与超越 [J]. 学术探索, 2014 (2): 15 – 21.

[181] 许中波. 典型治理: 一种政府治理机制的结构与逻辑 [J]. 甘肃行政学院学报, 2019 (5): 61 – 73, 127.

[182] 闫帅. 从治理城市到城市治理：城市空间正义的政治学分析 [J]. 华中科技大学学报 (社会科学版)，2017 (4)：6 - 10.

[183] 杨波. 论我国失地农民社区治理模式的创新与改革 [J]. 农村经济，2006 (7)：92 - 95.

[184] 杨筱柏，赵霞. 简析传统乡贤的自治能力及现代新乡贤的培育 [J]. 社科纵横，2018 (5)：92 - 95.

[185] 杨郁，刘彤. 国家权力的再嵌入：乡村振兴背景下村庄共同体再建的一种尝试 [J]. 社会科学研究，2018 (5)：61 - 66.

[186] 叶涯剑. 空间社会学的方法论和基本概念解析 [J]. 贵州社会科学，2006 (1)：68 - 70.

[187] 叶涯剑. 空间社会学的缘起及发展：社会研究的一种新视角 [J]. 河南社会科学，2005 (5)：73 - 77.

[188] 营立成. 作为社会学视角的空间：空间解释的面向与限度 [J]. 社会学评论，2017 (6)：11 - 22.

[189] 游红红. 马克思空间理论及其价值 [J]. 中共山西省直机关党校学报，2016 (3)：18 - 20.

[190] 俞可平. 全球治理引论 [J]. 马克思主义与现实，2002 (1)：20 - 32.

[191] 殷民娥. 培育乡贤"内生型经纪"机制：从委托代理的角度探讨乡村治理新模式 [J]. 江淮论坛，2018 (4)：25 - 29.

[192] 翟绍果，张星，周清旭. 易地扶贫搬迁的政策演进与创新路径 [J]. 西北农林科技大学学报 (社会科学版)，2019 (1)：15 - 22.

[193] 张必春，许宝君. 整体性治理：基层社会治理的方向和路径：兼析湖北省武汉市武昌区基层治理 [J]. 河南大学学报 (社会科学版)，2018 (6)：62 - 68.

[194] 张晨. 城市化进程中的"过渡型社区"：空间生成、结构属性与演进前景 [J]. 苏州大学学报 (哲学社会科学版)，2011 (6)：74 - 79.

[195] 张红阳. 国家与农村关系的演变与新型危机 [J]. 华南农业大学学报 (社会科学版)，2020 (3)：130 - 140.

[196] 张建. 运动型治理视野下易地扶贫搬迁问题研究：基于西部地区 X 市的调研 [J]. 中国农业大学学报 (社会科学版)，2018 (5)：70 - 80.

[197] 张劲松，杨颖. 论城郊失地农民社区的治理 [J]. 学习与探索，2013 (8)：52 - 58.

[198] 张丽新. 空间治理与城乡空间关系重构：逻辑·诉求·路径 [J]. 理论探讨，2019

(5)：191 – 196.

[199] 张梅，李厚羿. 空间、知识与权力：福柯社会批判的空间转向 [J]. 马克思主义与现实，2013 (3)：113 – 118.

[200] 张扬金. 村治实现方式视域下的能人治村类型与现实选择 [J]. 学海，2017 (4)：36 – 41.

[201] 张玉，朱博宇. 论空间正义形成中的城乡社区治理路径 [J]. 社会科学，2018 (5)：13 – 20.

[202] 张祝平. 新乡贤的成长与民间信仰的重塑 [J]. 宁夏社会科学，2018 (5)：229 – 238.

[203] 章文光，刘丽莉. 精准扶贫背景下国家权力与村民自治的"共栖" [J]. 政治学研究，2020 (3)：102 – 122.

[204] 赵呈晨. 社会记忆与农村集中居住社区整合：以江苏省 Y 市 B 社区为例 [J]. 中国农村观察，2017 (3)：16 – 26.

[205] 赵浩. "乡贤"的伦理精神及其向当代"新乡贤"的转变轨迹 [J]. 云南社会科学，2016 (5)：38 – 42.

[206] 赵聚军. 跳跃式城镇化与新式城中村居住空间治理 [J]. 国家行政学院学报，2015 (1)：91 – 95.

[207] 赵泉民，井世洁. 合作经济组织嵌入与村庄治理结构重构：村社共治中合作社"有限主导型"治理模式剖析 [J]. 贵州社会科学，2016 (7)：137 – 144.

[208] 赵泉民，井世洁. 利益链接与村庄治理结构重建：基于 N 村"村企社"利益相关者"合作治理"个案 [J]. 上海行政学院学报，2015 (6)：64 – 74.

[209] 赵晔琴. 农民工：日常生活中的身份建构与空间型构 [J]. 社会，2007 (6)：175 – 188.

[210] 郑杭生，邵占鹏. 治理理论的适用性、本土化与国际化 [J]. 社会学评论，2015 (2)：34 – 46.

[211] 郑娜娜，许佳君. 易地搬迁移民社区的空间再造与社会融入：基于陕西省西乡县的田野考察 [J]. 南京农业大学学报（社会科学版），2019 (1)：58 – 68.

[212] 郑娜娜，许佳君. 易地搬迁移民社区文化治理的实践逻辑：以陕南 G 社区为例 [J]. 云南大学学报（社会科学版），2020 (1)：87 – 95.

[213] 郑永君. 农村传统组织的公共性生长与村庄治理 [J]. 南京农业大学学报（社会科学版），2017 (2)：50 – 58.

[214] 郑永君. 属地责任制下的谋利型上访：生成机制与治理逻辑 [J]. 公共管理学报，

2019 (2)：41 – 56.

[215] 郑震. 空间：一个社会学的概念 [J]. 社会学研究, 2010 (5)：167 – 191.

[216] 钟晓华. 社会实践的空间分析路径：兼论城镇化过程中的空间生产 [J]. 南京社会科学, 2016 (1)：60 – 66.

[217] 周晨虹. 社区空间秩序重建：基层政府的空间治理路径：基于 J 市 D 街的实地调研 [J]. 求实, 2019 (4)：54 – 64.

[218] 周飞舟. 从汲取型政权到"悬浮型"政权：税费改革对国家与农民关系之影响 [J]. 社会学研究, 2006 (3)：1 – 38, 243.

[219] 周和军. 空间与权力：福柯空间观解析 [J]. 江西社会科学, 2007 (4)：58 – 60.

[220] 周红云. 社会创新理论及其检视 [J]. 国外理论动态, 2015 (7)：78 – 86.

[221] 周建国. 行政吸纳服务：农村社会管理新路径分析 [J]. 江苏社会科学, 2012 (6)：10 – 14.

[222] 周晶晶, 朱力. 城乡结合部失地农民安置房社区管理问题研究：以 Y 市 X 镇 XF 社区为例 [J]. 东南学术, 2015 (3)：42 – 49.

[223] 周晓虹. 理想类型与经典社会学的分析范式 [J]. 江海学刊, 2002 (2)：94 – 99.

[224] 周雪光, 练宏. 中国政府的治理模式：一个"控制权"理论 [J]. 社会学研究, 2012 (5)：69 – 93.

[225] 周谨平. 社会治理与公共理性 [J]. 马克思主义与现实, 2016 (1)：160 – 165.

[226] 朱静辉, 林磊. 空间规训与空间治理：国家权力下沉的逻辑阐释 [J]. 公共管理学报, 2020 (3)：139 – 149.

[227] 朱凌飞, 胡为佳. 道路、聚落与空间正义：对大丽高速公路及其节点九河的人类学研究 [J]. 开放时代, 2019 (6)：166 – 181.

[228] 朱士华. 以信息化打造农村社区治理新图景 [J]. 人民论坛, 2018 (18)：66 – 67.

三、外文文献

[1] AMITAI ETAIONI. The spirit of community：rights, responsibilities and the communitarian agenda [M]. New York：Crown, 1993.

[2] CHEUK YUET HO. Exit or evict：re – grounding rights in needs in China's urban housing demolition [J]. Asian Anthropology, 2013, 12 (2)：141 – 155.

[3] EMIL DURKHEIM. Suicide：a study in sociology [M]. New York：The Free Press, 1951.

[4] FRIEDMAN EDWARD, PAUL G PICKOWICZ, MARK SELDEN. Chinese village, socialist state [M]. New Haven：Yale University Press, 1991.

[5] GEERTZ CLIFFORD. The interpretation of cultures [M]. New York: Basic Books, 1973.

[6] GOFFMAN E. The presentation of self in everyday life [M]. New York: The Overlook Press, 1959.

[7] HENRY LEFEBVRE. Space: social product and use value [M] // J W FREIBERG. Critical Sociology: European Perspective. New York: Irvingtong, 1979.

[8] HENRL LEFEBVRE. The production of space [M]. Oxford: Wiley – Blackwell, 1991.

[9] H K COLEBATCH. Making sense of governance [J]. Policy and Society, 2014, 33 (4): 307 – 316.

[10] JILL GRANT. Planning the good community: new urbanism in theory and practice [M]. New York: Routledge, 2006.

[11] LOBEL O. Setting the agenda for new governance research [J]. Social Science Electronic Publishing, 2005, 89 (498).

[12] LU YAO. Empowerment or disintegration? migration, social institutions, and collective action in rural China [J]. American Journal of Sociology, 2019, 125 (3): 683 – 729.

[13] LANDES DAVID S. Why Europe and West? Why not China? [J]. Journal of Economic Prespectives, 2006, 20 (2): 3 – 22.

[14] MAX WEBER. Economy and society: an outline of interpretive sociology [M]. New York: Bedminster Press, 1968.

[15] MAX WEBER. The methodology of the social science [M]. New York: The Free Press, 1949.

[16] MARK CONSIDINE. Governance networks and the question of transformation [J]. Public Administration, 2013, 91 (2): 438 – 447.

[17] MICHELS, ROBERT. Political party [M]. New York: Free Press, 1968.

[18] PIERRE BOURDIEU, LOIC J D. Wacquant an invitation to reflexive sociology [M]. Chicago: Chicago University Press, 1992.

[19] PIERRE BOURDIEU. Distinction: a social critique of the judgment of taste [M]. New York: Routledge, 1984.

[20] POLANYI KARL. The great transformation [M]. Boston: Beacon Press, 1999.

[21] ROBERT E PARK, ERNEST W BURGESS, RODERICKE D MCKENZIE. The city [M]. Chicago: Chicago University Press, 1968.

[22] ROSENAU J N. Governance, order and change in world politics [M]. Cambridge: Cambridge University Press, 1992.

[23] ROBERT NISBET. The sociological tradition [M]. New York: Basic Books, 1966.

[24] SCOTT, JAMES C. Weapons of the weak: everyday forms of peasant resistance [M]. New Haven: Yale University Press, 1985.

[25] TSAI LILY L. Solidary groups, informal accountability, and local public goods provision in rural China [J]. The American Political Science Review, 2017, 101 (2): 355 – 372.

[26] TILLY, CHARLES. Regimes and repertoires [M]. Chicago: Chicago University Press, 2006.

[27] WHITING, SUSAN H. Power and wealth in rural China: the political economy of institutional change [M]. New York: Cambridge University Press, 2000.

[28] ZHOU XUEGUANG. The state and life chances in urban China: redistribution and stratification, 1949—1994 [M]. New York: Cambridge University Press, 2004.